西安交通大学"十一五"规划教材

U0743050

材料的结构、组织与性能

孙占波 梁工英 编

西安交通大学出版社
XI'AN JIAOTONG UNIVERSITY PRESS

图书在版编目(CIP)数据

材料的结构、组织与性能/孙占波等编. —西安:西安
交通大学出版社,2010.6(2023.7重印)
ISBN 978-7-5605-3539-5

Ⅰ.①材…　Ⅱ.①孙…　Ⅲ.①材料科学　Ⅳ.①TB3

中国版本图书馆 CIP 数据核字(2010)第 083349 号

书　　名	材料的结构、组织与性能	
编　　者	孙占波　梁工英	
责任编辑	邹　林　田　华	

出版发行	西安交通大学出版社
	(西安市兴庆南路 1 号　邮政编码 710048)
网　　址	http://www.xjtupress.com
电　　话	(029)82668357　82667874(市场营销中心)
	(029)82668315(总编办)
传　　真	(029)82668280
印　　刷	西安日报社印务中心

开　　本	727mm×960mm　1/16　**印张** 18.625　**字数** 342 千字
版次印次	2010 年 6 月第 1 版　2023 年 7 月第 3 次印刷
书　　号	ISBN 978-7-5605-3539-5
定　　价	42.00 元

如发现印装质量问题,请与本社市场营销中心联系。
订购热线:(029)82665248　(029)82667874
投稿热线:(029)82664954
读者信箱:jdlgy@yahoo.cn

前　言

　　材料是人类物质文明的基础,每一种新材料的出现总会引起新的技术革命。用石器时代、铜器时代和铁器时代来划分人类文明史的不同阶段,就表明了材料在人类文明进程中的决定性作用。当今层出不穷的高、精、尖技术都是以材料科学的发展作为前提。因此,材料科学在现代科技领域的重要作用无论如何强调都不过分。随着现代科技特别是电子科技的发展,人类越来越重视从原子尺度研究物质的结构、组成和性能。纳米材料的发展已促使现代科技产生了革命化的进步。材料科学已不局限于过去的冶金、铸造、加工、热处理等专业,更是近代物理、凝聚态物理、数学、化学、机械、电力、电子等理工科各专业必须掌握的基础知识,并逐渐向医学和农业各专业通识学科迈进。材料科学与其它学科的交叉、交融无论对材料科学还是其它学科的发展都有重大意义。本书就是基于上述目的而编写的。

　　本书从材料的原子排列出发,首先阐述各种材料的基本结构、相的分类与结构,各种材料的基本相组成,并重点阐述相图及相变的基本规律;其次介绍材料的力学、物理和化学基本性质及变化的基础理论;最后介绍金属材料、高分子材料及无机非金属材料的基本知识,使读者初步掌握材料的化学成分、相的组成和微观组织与宏观性能之间关系的基本理论、了解常用材料化学组成、特点、制备和加工技术,具备初级选材的能力。以上内容既强调了包括金属材料、陶瓷材料和高分子材料的结构、相变、性能表征等材料科学的基础知识,又包括了这些材料加工、材料分类与使用等工程应用,同时介绍了材料科学的最新进展以及纳米材料等最新材料。使读者全面、概括地掌握材料科学的基础以及材料学的概况,对相关学科起到补充和促进作用。

　　本书第1~4章、第6章由孙占波编写,第7~10章由梁工英编写,第5章由祝要民编写,第11章由杨志懋编写,郭永利担任全书图片的绘制和整理工作。全书由孙占波、梁工英主编,王亚平教授主审。本教材的内容可根据课时灵活选择,适用于理工科各(非材料)专业本科生以及专科生作为专业基础知识和相关课程使用。

　　编者感谢西安交通大学教务处给予的经费支持,感谢参与本书大纲制定和稿件审查的专家学者,感谢西安交大理学院给予的高度重视和各方面的支持。

编者
2009 年 11 月

目　录

第 1 章

材料中的原子排列

构成物质的基本粒子是原子,材料也不例外。绝大部分材料是在固态下使用的,已经证明,材料中原子间的结合以及排列方式在很大程度上决定了材料所表现出的宏观性质。因此,我们应该首先了解和熟悉固体中原子间的结合、排列方式和分布规律。

1.1 原子键合

通常把材料的液态和固态统称为凝聚态。在凝聚态下,由于原子间的距离十分微小而产生了原子间的作用力,即原子键。大量的原子间依靠原子键结合就成为一般意义上的材料。按照原子间的结合性质,可以将原子键分为离子键、共价键、金属键、Van Der Waals 键和氢键。

1.1.1 离子键

在凝聚态时,负电性很小的原子,如金属原子全部或部分给出最外层或次外层(过渡族金属、稀土元素)电子而变成正离子,负电性很大的原子如 O、Cl 等得到电子而变成负离子,正负离子间靠静电引力结合在一起而形成离子键。

典型的离子键材料有 NaCl、Al_2O_3 和 ZrO_2 等。图 1-1 是 NaCl 离子键示意图,由于键的性质,其原子排列的特点是与正离子相邻的必然是负离子,与负离子相邻的必然是正离子。离子键的结合力很大,任何破坏这种排列方式的企图都需

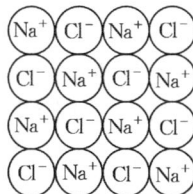

图 1-1 NaCl 离子键示意图

很大的外力。因此,离子键材料硬度极高、热膨胀系数小。当离子键被破坏后会直接导致材料的断裂,所以离子键材料的脆性较大。

1.1.2　共价键

一些材料中的原子间相互贡献出部分最外层电子形成公用电子对,使相邻原子最外层电子都达到满壳层,两个原子间靠共用电子对结合在一起,原子间的这种键合称为共价键。一般两个相邻原子只能共用一对电子。但根据原子最外层电子数量的不同,一个原子可以和相邻几个原子形成多个共价键。不过,一个原子的共价键数只能小于或等于 $8-N$(N 为该原子最外层的电子数),这个现象称为共价键的饱和性。

图 1-2 是硅共价键示意图。在共价晶体中,由于共用电子对的关系,相邻的原子间的键角或相邻原子键的几何关系必定是固定的,即共价键具有强烈的方向性。因此共价键结合力很大,共价晶体熔点高、硬度高、结构和化学性质稳定,但塑性低、脆性大。典型的共价键材料有 Si、金刚石、高分子化合物等。

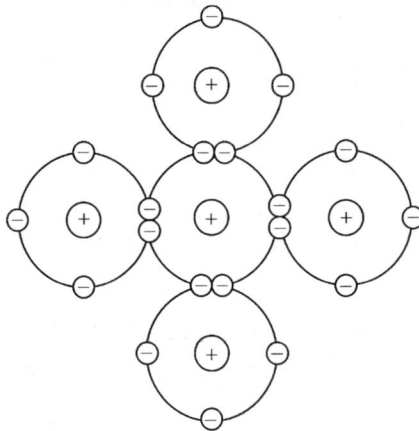

图 1-2　硅共价键示意图

1.1.3　金属键

金属原子失去或部分失去最外层或次外层(过渡族金属)电子而变成正离子,失去的电子成为自由电子。大量的自由电子归所有金属离子所共有,形成"电子海洋"、"电子气"或"电子云"。每个正离子都与电子云产生强大的静电引力,大量的金属正离子靠这种静电引力结合在一起。热力学稳定态下,固态的金属阳离子在空间常常排列整齐,组成金属晶体。金属键材料常简称为金属材料,包括 Fe、Al、

Cu、Au、Ag、Pt、Ni 等所有纯金属和它们的合金。

　　显然,金属正离子间的位移、错位或交换位置并不改变金属键的性质,金属键也不会因此而破坏,因此,金属键材料一般都具有良好的可塑性。按经典的导电理论,在电场作用下,电子云产生定向移动——电流,因此金属一般具有良好的导电性。同时,金属离子在平衡位置可产生较大振幅的热振动,所以金属键材料也具有好的导热性。图 1-3 给出了金属键示意图。

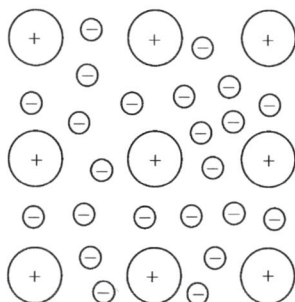

图 1-3　金属键示意图

1.1.4　分子键

　　有些物质在分子团或离子团内的原子间是共价键或离子键结合,理想条件下这些分子或离子团对外不显电性。但实际的分子或离子团往往具有极性,即离子或分子团的一部分带有正电,另一部分带有负电。不同分子团或离子团之间,带有正电的部分和带有负电的部分存在弱的静电引力。这种引力称为范德瓦尔斯(Van der Waals)力。存在于中性分子或离子团间的这种结合键称为分子键或范德瓦尔斯键。分子或离子团间靠这种静电引力结合在一起。例如,高分子材料聚氯乙稀中,C、H、Cl 构成的大分子的内部,主链中 C—C 原子间是共价键,主链两侧的 H 原子带正电,而 Cl 原子带负电。两个分子链间带正电的部分和带负电的部分相互存在静电引力。靠这种静电引力分子链间结合在一起。范德瓦尔斯键能很小,在外力作用下易产生滑动而产生很大变形。因此分子晶体的熔点低、硬度低。这种键在其它化学键类型的晶体中也可以存在,但由于其键能很小而常常被忽视。图 1-4 给出了分子键模型示意图。

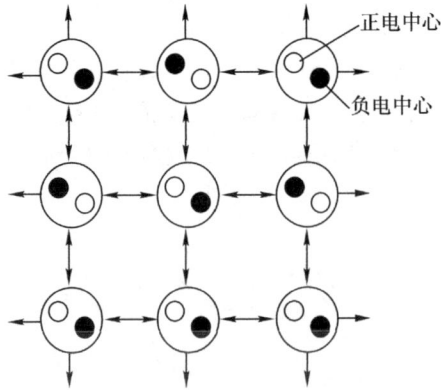

图 1-4　分子键模型示意图

1.1.5　氢键

含氢的物质,例如 H_2O(冰)中,氢原子某一原子形成共价键时,共用电子向这个原子强烈偏移,使氢原子几乎变成了一个半径很小且带有正电的核,而与其形成共价键的另一个原子则带有负电。这种极性分子间,带正电的部分核带负电的部分靠静电引力结合在一起。这种键称为氢键。氢键是一种弱键,并带有明显的方向性。

为了便于比较,将五种结合键的主要特征列于表 1-1 之中,五种结合键的键能按离子键、共价键、金属键、范德瓦尔斯键和氢键的顺序依次递减。在实际材料中,除了一些如纯金属、单质化合物等绝对纯的材料之外,许多材料都是几种结合键共存。例如,Si、Ge 等半导体材料中,原子间应该是以共价结合,但这些元素也往往会失去一些电子,因此晶体中往往有自由电子存在,失去电子的离子间形成金属键。这些半导体材料往往是共价键和金属键共存。

表 1-1　五种结合键的键能和特征

键的类型	实例	结合能 /kcal · mol^{-1}	主要特点
离子键	NaCl	183	无方向性、高配位数、高温时离子导电
	KCl	166	
	RbCl	159	

键的类型	实例	结合能 /kcal·mol^{-1}	主要特点
共价键	C[①]	170	空间方向键、低配位数、常温及低温下导电率极低
	Si	108	
	Ge	89	
金属键	Li	37.7	非方向键、配位数及密度极高、高导电率、高延展性
	Na	25.7	
	K	21.5	
分子键	Ne	0.46	低熔点、低沸点、压缩系数很大
	Ar	1.79	
	Kr	2.67	
氢键	H$_2$O[②]	12	与无氢键的相似分子相比结合力较高
	HF	7	

① 指金刚石晶体　② 指固态水（冰）

　　材料尤其是固体材料中的原子之间是靠结合键结合起来的。下面以金属键双原子模型为例，简单解释原子间结合力的产生和原子间的平衡间距。设 A、B 是金属键中的两个正离子，离子 A 保持静止，B 原子是 A 附近的的另一个原子。当 A、B 无穷远时，A、B 间不存在相互作用；当 A、B 两离子相互靠近时，显然，两离子间随即产生相互作用。其中引力来自于 A、B 两原子间之间电子云，引力大小为

$$f_a = -\frac{a}{R^m} \tag{1-1}$$

而斥力来自正离子间的静电交互作用，大小为

$$f_b = \frac{b}{R^n} \tag{1-2}$$

合力为

$$f = f_a + f_b = -\frac{a}{R^m} + \frac{b}{R^n} \tag{1-3}$$

式中：R 为两离子间的间距，其它符号为与原子性质有关的常数，并且有 $m < n$。图 1-5 给出了两原子间的相互作用示意图。显然，当 $R < R_0$ 时，合力为斥力；$R > R_0$ 时合力为引力；只有当 $R = R_0$ 时，合力为 0，R_0 则为正离子之间的平衡距离。

　　虽然其它结合键的情况与金属键有所不同，但如果将图 1-5 中的 A、B 二离子当成共价键中原子或分子键中的分子或分子团，则其作用情况大同小异。显然，从双原子模型，至少可以解释材料中的以下几个基本问题。

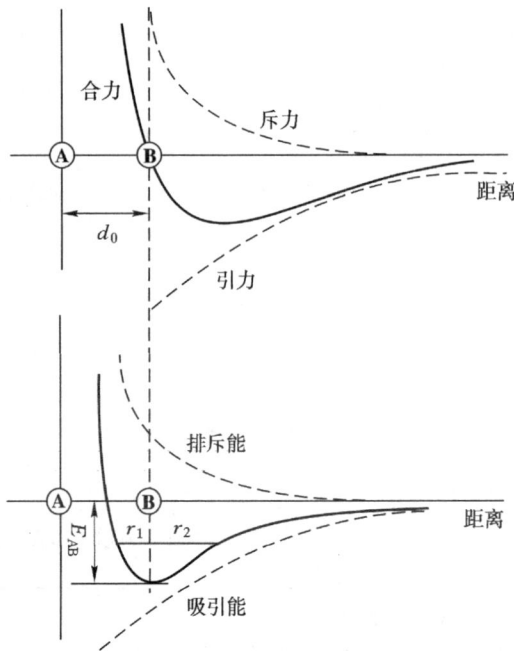

图 1-5　双原子作用模型

　　(1) 当大量的原子、分子或分子团结合成固体时,为使系统具有最低能量状态,大量的原子、分子或分子团间趋近于保持相同的平衡距离,这就需要原子或分子团间保持规则排列,即形成晶体。

　　(2) 欲将 B 原子、分子或分子团从平衡位置拉开一个小的位移时,需要一定的力;当外力撤除时,原子会自动回到平衡位置。即固体材料都有一定的弹性。

　　(3) 当将 B 拉开到无穷远处时,则需要更大的力。这个力所做的功即结合能 E_{AB}。因此固体材料都有一定的强度。

　　(4) 原子、分子或分子团 B 可在平衡位置附近作热振动,振幅为 $r_1 + r_2$,振幅越大能量越高。但由于结合能曲线(图 1-5)不是一条对称曲线,即 $r_1 \neq r_2$,原子热振动时,随着振幅的加大,平衡位置附近 $R > R_0$ 一侧的振幅(r_2)大于 $R < R_0$ 一侧(r_1)。这样,温度升高,固体(晶体)的体积会增加,即材料具有热胀冷缩的特性。

1.2　晶体与晶体结构

　　物质中的原子排列可分为三种形式,一是原子间完全无规则排列,例如惰性气体;二是原子团、分子或分子团内部的原子规则排列,而原子团、分子或分子团之间无规则排列,例如液态水、金属熔体等;三是在大尺寸范围内,原子、原子团、分子或分子团之间规则排列,例如 $NaCl$、Al_2O_3 固体等。第一种称为完全无序,第二种称为短程有序,第三种则称为长程有序或晶体。

　　传统意义上,原子、原子团、分子或分子团在三维空间有规则、周期性重复排列的固体称为晶体。前文已知,在离子键或共价键材料中,原子在分子内是规则排列的,因此,晶体可简单地理解为原子在三维空间有规则、周期性重复排列的固体。新材料中,有些分子或分子团在液态也可以是长程有序,这些材料称为液晶。

1.2.1　晶体学基础

1. 晶体中的原子排列

　　既然晶体中原子是规格排列的,原子的排布规律在很大程度上决定了晶体的性能。作为材料科学的一部分,就应详细研究各种材料中的原子排布规律。为研究方便,一般采用以下的几种方法描述原子的排布规律。

　　钢球模型:将原子、原子团、分子或分子团抽象成为一个个不可压缩的刚性球,并将其堆垛起来,用以描述晶体内的原子排列规律,如图 1-6(a)所示。其特点是比较接近实际晶体的情况,但由于不能观察到晶体内部的情况,因此使用极为不便。

　　空间点阵:为了描述大尺寸晶体中原子的排布规律,将晶体中几何环境和化学环境都相同的位置抽象为一系列的几何点,这些点称为节点或阵点。这些点可以是原子、原子团、分子或分子团所占据的几何位置,也可以是一般意义上的点。为讨论方便,可将这些几何点理解成晶体中的原子。几何环境相同意味着所有这些几何点周围的相同性质的几何点(如果将几何点理解成原子的话,不同原子周围其它原子)的排布规律相同。化学环境相同是指所有几何点或原子周围几何点或原子的化学性质相同。将这些点用直线连接起来,构成三维空间格架,这个格架称为空间点阵。晶体学上,这个用于描述晶体中原子、原子团、分子或分子团排布规律的空间格架称为晶格或晶体结构,如图 1-6(b)所示。注意,无论晶体结构多么复杂,任何节点或阵点的地位都是相同的。

　　晶胞:在图 1-6(b)中,空间点阵或晶体结构可以反映晶体中原子排布的全貌。事实上,由于原子排布具有周期性和重复性,只要从晶格中选取如图 1-6(c)那样的一个结构单元,即可反映晶体结构全貌。整个晶体可以看作由这个结构单元堆砌而成。这个能够完全反映晶格特征的最小几何单元称为晶胞。通常,为讨论方便,在晶格中选取一个最小的平行六面体作为晶胞,见图 1-6(c)。

　　为了表达晶胞或晶体结构的特性,可通过晶胞中的某一阵点(一般为六面体的顶点)为坐标中心,沿三个棱边按一般坐标规则作 x、y 和 z 轴,三个棱边长度 a、b

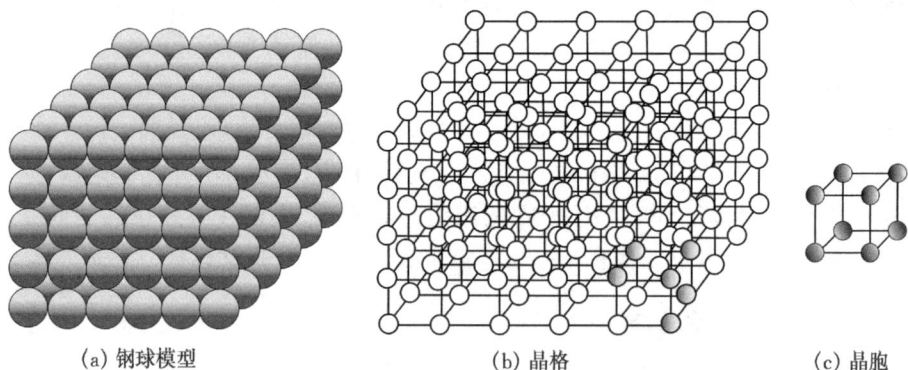

(a) 钢球模型　　　　　　　　　　(b) 晶格　　　　　　　　(c) 晶胞

图 1-6　晶体中的原子排列模型

和 c 作为 x、y 和 z 轴的坐标单位,坐标轴(也称晶轴)间的夹角分别标以 α、β 和 γ,如图 1-7 所示。a、b、c、α、β、γ 则完全反映了晶胞乃至整个晶体中原子的排布规律,这 6 个参数称为晶格参数,也称点阵参数。

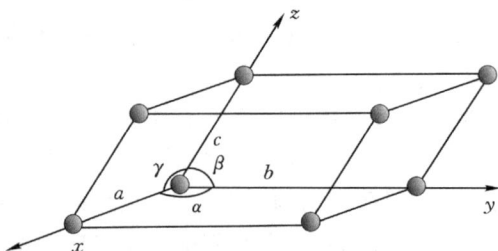

图 1-7　晶胞与晶格参数

2. 布拉维斯(Bravais)点阵

自然界中的晶体千变万化,似乎无规律可寻。但在 1848 年,法国晶体学家 A. Bravais 利用数学方法证明空间点阵只能有 14 种。根据其晶胞形状,又将 14 种点阵分为 7 大晶系。图 1-8 是 7 大晶系 14 种 Bravais 点阵。表 1-2 列出了 7 大晶系 14 种 Bravais 点阵的特征。

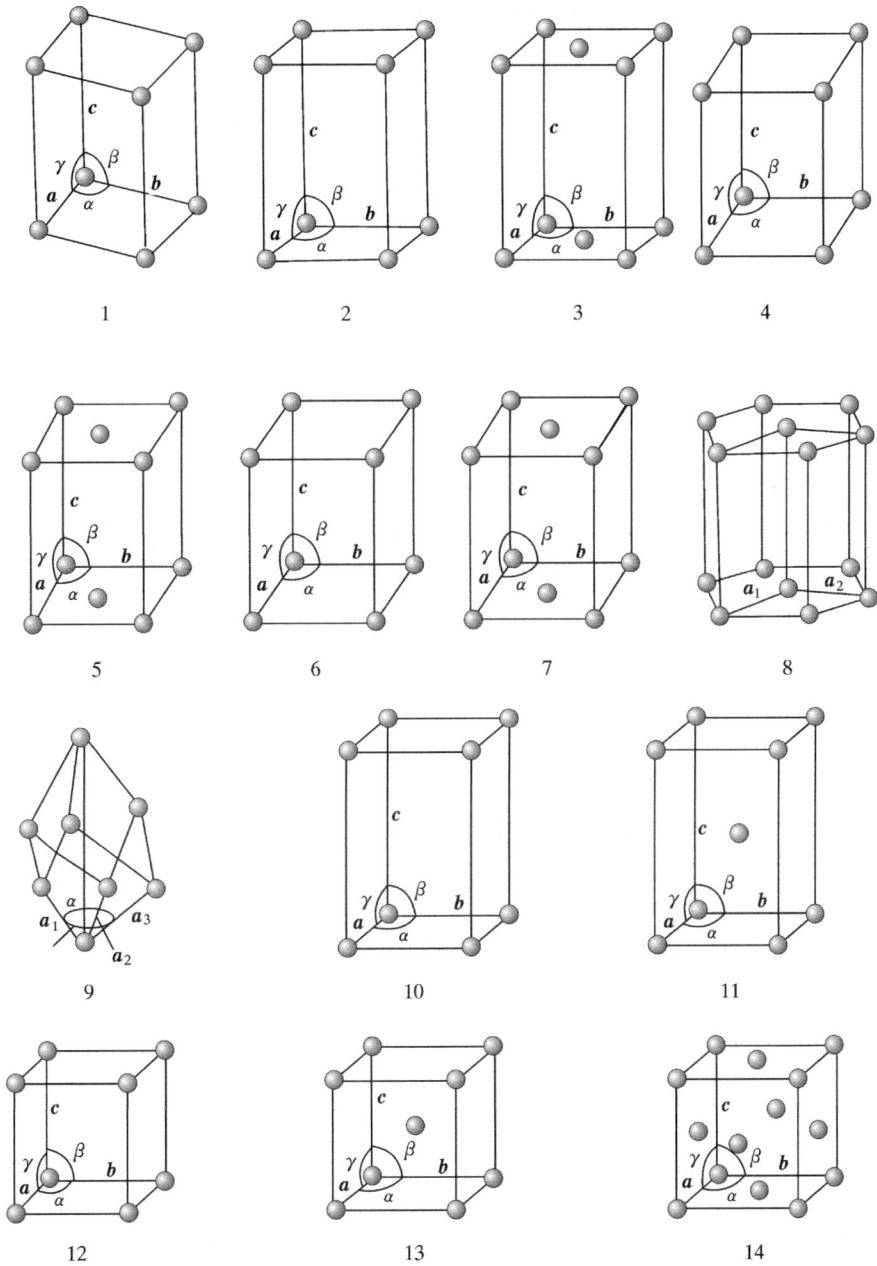

图 1 - 8　14 种 Bravais 点阵示意图

表1-2 晶系与空间点阵

编号	晶系	空间点阵	晶胞特征	编号	晶系	空间点阵	晶胞特征
1	三斜	简单三斜	$a\neq b\neq c$, $\alpha\neq\beta\neq\gamma\neq90°$	8	六方	简单六方	$a=b\neq c$ $\beta=\gamma=90°,\alpha=120°$
2	单斜	简单单斜	$a\neq b\neq c$ $\beta=\gamma=90°\neq\alpha$	10	正方	简单正方	$a=b\neq c$ $\alpha=\beta=\gamma=90°$
3		底心单斜		11		体心正方	
4	正交	简单正交	$a\neq b\neq c$ $\alpha=\beta=\gamma=90°$	9	菱方	简单菱方	$a=b=c,\alpha=\beta=\gamma\neq90°$
5		底心正交		12	立方	简单立方	$a=b=c$ $\alpha=\beta=\gamma=90°$
6		体心正交		13		体心立方	
7		面心正交		14		面心立方	

3. 晶向与晶面指数

从图1-7或图1-8中可以看出,在一个晶格中,不同位向或不同平面上,原子排布规律并不相同。为表达这种特性,引入晶向与晶面指数的概念。

晶格中,自然任意两个节点都可连成直线。坐标系建立后,为表示这条直线与坐标系的关系,通常以射线表示。晶体中一个原子列在空间的位向称为晶向。点阵中节点所在的平面称为晶面。为了方便,给晶向和晶面赋以坐标值就是晶向和晶面指数。目前通用的是密勒(Miller)指数。

(1)晶向指数的求法

以图1-9中的立方晶系为例,求 AB 晶向的晶向指数:

①以晶胞的某一阵点为原点 O,三条棱边为坐标轴 x、y、z,以晶胞的棱边长度 a、b、c 作为坐标轴的单位长度。

②过原点,作一射线 OB',使其平行于待定晶向 AB。

③在 OB' 上选取任意一点 Q,求出该点的坐标值 (x,y,z)。

④将上述坐标值化为最小整数 u、v、w 并放于 [　] 内,即为该晶向的晶向指数。

图1-9的待定晶向为 $[110]$。如果晶向指数中出现负数,例如 u、v、w 分别为 -1、-2、-3,则将负号冠在数字顶端,即 u、v、w 分别为 -1、-2、-3 的晶向指数标示为 $[\bar{1}\bar{2}\bar{3}]$。

图1-9还显示,一个晶向指数代表一系列互相平行、位向相同的晶向;数字相同符号完全相反的两个晶向指数代表同一直线上方向相反的两个晶向。晶体中,许多晶向虽然晶向指数不同,但原子的排列规律完全相同。例如在图1-9所示的立方晶系中,$[\bar{1}10]$ 与 $[110]$ 晶向原子排列完全相同。这样,原子排列相同,但

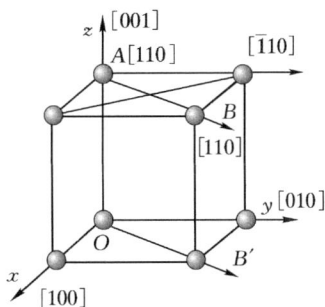

图 1-9　晶向指数及其求法

空间位向不同的晶向组成一个晶向族,用 $\langle uvw \rangle$ 表示。例如 $\langle 100 \rangle$ 晶向族包括 $[100]$、$[010]$、$[001]$、$[\bar{1}00]$、$[0\bar{1}0]$、$[00\bar{1}]$ 六个晶向。应该注意,非立方晶系中,如正交晶系中的 $[100]$ 和 $[001]$ 则不属于一个晶向族。

(2)晶面指数的求法

以图 1-10a 中的立方晶系为例,求阴影晶面的晶面指数。

①以晶胞的某一阵点为原点 O,三条棱边为坐标轴 x、y、z,以晶胞的棱边长度 a、b、c 作为坐标轴的单位长度。

②求出待定晶面在三个坐标轴上的截距 (x,y,z)。如果晶面平行于某一坐标轴,其截距为 ∞。

③为避免在指数中出现 ∞,求出三个截距的倒数 $h=\dfrac{1}{x}$,$k=\dfrac{1}{y}$,$l=\dfrac{1}{z}$。

④将 h、k、l 化为最小整数并放于(　　)内,即为该晶面的晶面指数。

图 1-10(a)的待定晶面为 $[110]$。如果晶面指数中出现负数,例如 h、k、l 分别为 -1、-2、-3,则将负号冠在数字顶端,即 h、k、l 分别为 -1、-2、-3 的晶面指数标示为 $(\bar{1}\,\bar{2}\,\bar{3})$。

图 1-10(b)还显示,一个晶面指数代表一系列互相平行、位向相同的晶面;数字相同符号完全相反的两个晶面指数代表两个相互平行的晶面。因此,在求晶面指数时,如果待定晶面正好过坐标原点(待定晶面的截距为 0),则可以将待定晶面平移以后求截距。

晶体中,许多晶面虽然晶面指数不同,但原子的排列规律完全相同。例如在图 1-10(b)所示的立方晶系中,(100) 与 (001) 晶面原子排列完全相同。这样,原子排列相同,但空间位面不同的晶面组成一个晶面族,用 $\{hkl\}$ 表示。例如 $\{100\}$ 晶向族包括 (100)、(010)、(001) 三个晶面(三个与其相互平行、符号完全相反的晶面不计算在内)。应该注意,非立方晶系,如正交晶系中,(100) 和 (001) 则不属于一个晶面族。

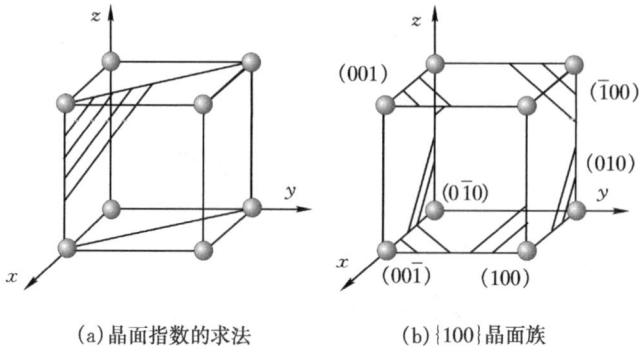

(a)晶面指数的求法　　　　　　(b)｛100｝晶面族

图 1-10　晶面指数与晶面族

(3)六方晶系中的晶向与晶面指数

在六方晶系中,为了正确表达晶体的对称性,对六方晶系一般采用四轴坐标系来确定其晶向与晶面指数。如图 1-11 所示,在六边形中,以 x_1、x_2 和 x_3 作为三个相互夹角为 120°的水平坐标轴,z 轴垂直于 x_1、x_2 和 x_3 构成的平面,构成四轴坐标系。之后,晶面与晶向的求法则与三轴系完全相同。晶向指数用 $[uvtw]$ 表示、晶面指数用 $[hkil]$ 表示。

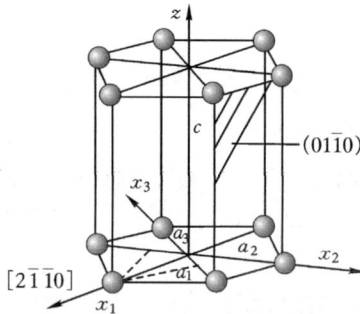

图 1-11　六方晶系的晶向与晶面指数

注意,在求晶向指数时,晶向上点的坐标需要向四个坐标轴作垂直投影而取得。因此,x_1 坐标轴的晶向指数为 $[2\,\overline{1}\,\overline{1}0]$。由于 x_1、x_2 和 x_3 互为 120°,则总有 $i = -(h+k)$ 和 $t = -(u+v)$。

在六方晶系中,自然可以用三轴坐标系表示其晶向指数。假如三轴系的晶向指数为 $(u'v'w')$,经过简单换算,可求出四轴系的晶向指数

$$u=\frac{1}{3}(2u'-v'), \quad v=\frac{1}{3}(2v'-u'), \quad t=-(u+v), w=w'$$

以上讨论表明,任何晶面任何晶向都可以用指数表示。晶向与晶面指数不仅可以表示一特定的晶向与晶面,还可以表达原子排布相同但位向不同的一系列晶面和晶向。根据几何关系,相同指数的晶向与晶面相互垂直;晶向位于晶面内时,$hu+kv+lw\equiv 0$。

4. 晶面间距

晶面间距是晶体的另一个非常重要的参数。显然,只有相互平行的晶面才谈得到晶面间距,因此晶面间距应严格的称为平行晶面间的距离,一般用 d_{hkl} 表示,hkl 为平行晶面的晶面指数。

在简单立方结构中,晶面间距可用下式简单求出

$$d_{hkl}=\frac{a}{\sqrt{h^2+k^2+l^2}} \tag{1-4}$$

其它晶体结构则一般不能用上式计算,但可采用几何法求出。

1.2.2　晶体结构

1. 金属中常见的几种晶体结构

金属晶体的结合键是金属键,由于金属键没有方向性和饱和性,因此大多数金属晶体都具有紧密排列、对称性高的简单晶体结构。工业上常使用的金属不到 50 种,常见的晶体结构有体心立方(body centered cubic, bcc)、面心立方(face centered cubic, fcc)和密排六方(hexagonal close packed, hcp)结构。下面简单介绍这三种晶体结构的特性,重要的是通过分析这几种晶体结构,掌握复杂晶体结构的分析方法。

(1) 体心立方

体心立方结构的晶胞示意图如图 1-12 所示。其特点是立方晶胞的八个顶点上各有一个原子(或阵点),在立方体的中心有一个原子。用于描述晶体特征的参数还有以下几种。

①晶格常数。体心立方晶格的晶格常数为:$a=b=c$,常用 a 表示;$\alpha=\beta=\gamma=90°$。

②原子半径。晶体中的原子半径定义为原子中心间最小距离的一半。bcc 结构中,原子排布最紧密的方向为〈111〉,因此其原子半径为 $r=\frac{\sqrt{3}}{4}a$。

③晶胞原子数。指一个晶胞中所含原子(或阵点)的数量。在图 1-12 所示的 bcc 结构中,属于该晶胞的原子有:体心一个,八个顶点的原子各属 8 个晶胞所有,

因此 bcc 晶胞内有 $1+8\times\dfrac{1}{8}=2$ 个原子。

④配位数。指原子或阵点周围最邻近的等距离的原子数。在图 1-12,显然体中心原子的周围最邻近、等距离的原子为 8 个顶角上的原子,因此 bcc 结构的原子配位数为 8。

⑤致密度。指晶体或晶胞中原子所占的体积。这里的原子体积是按晶体中的原子半径来计算的。在 bcc 晶格中,致密度 k 为: $k=\dfrac{2\times\dfrac{4}{3}\pi(\dfrac{\sqrt{3}}{4}a)^3}{a^3}\approx0.68$

⑥密排面与密排方向。任何一种晶体结构都有其原子(或阵点)排列最紧密的晶面和晶向。容易得到 bcc 结构的密排面为{110},密排方向为⟨111⟩。

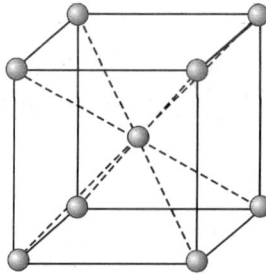

图 1-12　体心立方晶胞

(2) 面心立方

面心立方结构的晶胞示意图如图 1-13 所示。其特点是立方晶胞的八个顶点上各有一个原子(或阵点),在立方体的六个面的中心各有一个原子。其特征为如下。

①晶格常数。体心立方晶格的晶格常数为: $a=b=c$,常用 a 表示; $\alpha=\beta=\gamma=90°$。

②原子半径。fcc 结构中,原子排布最紧密的方向为⟨110⟩,因此其原子半径为 $r=\dfrac{\sqrt{2}}{4}a$。

③晶胞原子数。在图 1-13 所示的 fcc 结构中,属于该晶胞的原子有:八个顶点的原子各属 8 个晶胞,六个面上的原子各属两个晶胞,因此 bcc 晶胞内有 $6\times\dfrac{1}{2}+8\times\dfrac{1}{8}=4$ 个原子。

④配位数。图 1 - 13 中,显然面心原子的周围最邻近、等距离的原子为 4 个顶角上的原子和上下各 4 个侧面的面心原子,因此 fcc 结构的原子配位数为 12。

⑤致密度。fcc 晶格中,致密度 k 为 $k = \dfrac{4 \times \dfrac{4}{3}\pi(\dfrac{\sqrt{2}}{4}a)^3}{a^3} \approx 0.74$

⑥fcc 结构的密排面为 {111},密排方向为 ⟨110⟩

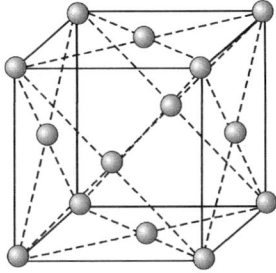

图 1 - 13　面心立方晶胞

(3) 密排六方

密排六方结构本不在 14 种 Bravais 点阵之中,它是由三个六方晶格拼接而成。

密排六方结构如图 1 - 14 所示。外形为上下两个边长为 a 的正六边形为底面构成的六棱柱,高度为 c。在正六边形的每个顶角上各有一个原子,正六边形的中心有一个原子,在六棱柱的中央有三个原子,这三个原子的位置如图 1 - 14(b)所示。

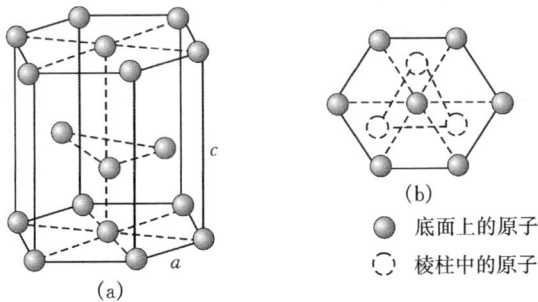

(b)

● 底面上的原子

○ 棱柱中的原子

(a)

图 1 - 14　密排六方晶胞

①晶格常数。密排六方晶格的晶格常数为:底边边长 a,高度 c,$a \neq c$,$\beta = \gamma =$

$90°,\alpha=120°$。

②原子半径。fcc 结构中,原子排布最紧密的方向为$\langle 11\bar{2}0\rangle$,因此其原子半径为 $r=\dfrac{1}{2}a$。

③晶胞原子数。在图 1-14 所示的 fcc 结构中,属于该晶胞的原子有:12 个顶点的原子各属 6 个晶胞,两个底面上的原子各属两个晶胞,棱柱内有三个,因此 hcp 晶胞内有 $12\times\dfrac{1}{6}+2\times\dfrac{1}{2}+3=6$ 个原子。

④配位数。图 1-13 中,显然面心原子的周围最邻近、等距离的原子为 6 个顶角上的原子,因此 hcp 结构的原子配位数为 12。

⑤致密度。容易计算 hcp 晶格中,致密度 k 为 0.74。

⑥hcp 结构的密排面为$\{0001\}$,密排方向为$\langle1120\rangle$。

2. 晶体中的间隙

从上述讨论中可知,即使将原子或阵点处理成刚球,fcc、bcc 和 hcp 结构的致密度也仅为 74%、68% 和 74%,表明在晶体中存在许多间隙。在刚球模型前提下,不难理解间隙的存在,即刚球之外的体积均为间隙。在 fcc、bcc 和 hcp 结构中,间隙所占的体积分数为 26%、32% 和 26%。

间隙对晶体的性质影响巨大。既然晶体中原子排列是长程有序的,那么晶体中的间隙也应该有一定规则。图 1-15~图 1-17 分别给出了 fcc、bcc 和 hcp 结构中的间隙位置和形状。

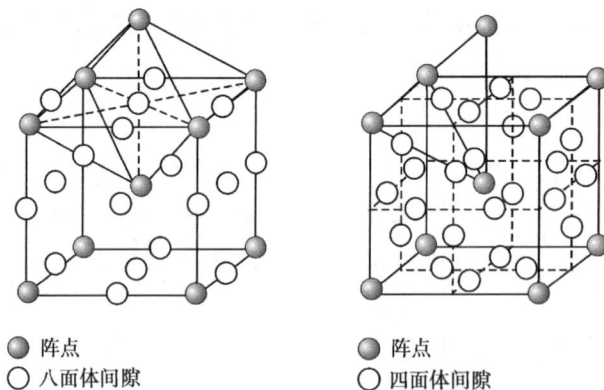

● 阵点　　　　　　　　　　● 阵点
○ 八面体间隙　　　　　　　○ 四面体间隙

图 1-15　体心立方晶格中的间隙

由图中可以看出,fcc、bcc 和 hcp 结构中都同时存在四面体和八面体两种形状的间隙。同时在面心立方和密排六方晶格中,八面体或四面体间隙均为正八面体和正四面体;而体心立方中八面体间隙为扁八面体,四面体间隙也不是正四面体。同时也可以看出,不同晶体结构、不同形状的间隙大小不同。为表示这种差别,定义能放入间隙内刚球的最大半径为间隙半径。由几何方法很容易求出这些间隙的大小。表 1-3 给出了这些间隙的性质和间隙半径的大小。但注意,间隙不是晶体缺陷。

表 1-3　三种晶体结构的间隙及性质

晶体结构类型	间隙类型	间隙形状	间隙大小/r_A
fcc	八面体间隙	正八面体	0.146a
	四面体间隙	正四面体	0.06a
bcc	八面体间隙	扁八面体	0.067a
	四面体间隙	不对称四面体	0.126a
hcp	八面体间隙	正八面体	0.207a
	四面体间隙	正四面体	0.112a

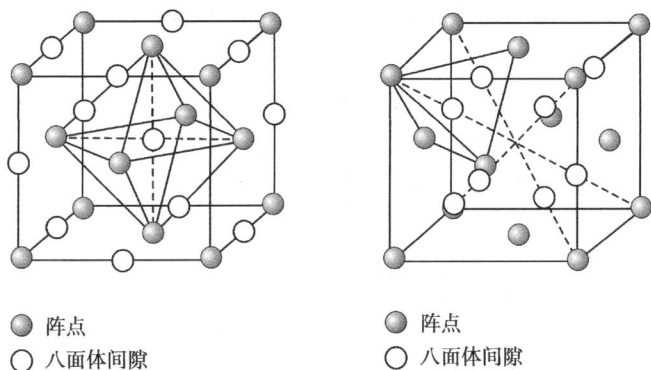

● 阵点
○ 八面体间隙

● 阵点
○ 八面体间隙

图 1-16　面心立方晶格中的间隙

3. 晶体的堆垛序

前面的讨论已知,面心立方和密排六方结构在许多性质上有相同之处,但晶体结构不同。这个差别来自于晶体中原子面的堆垛次序不同。

对于任何一种结构的晶体都可以认为是由一系列密排的原子面堆垛而成。在体心立方结构中,我们已知其密排的原子面为{110}面,由图 1-18 很容易得到 bcc 结构原子面的堆垛次序(简称晶体的堆垛序)为⋯ABABABABAB⋯。

在图 1-19 中,纸面层上的原子即可看成是 fcc 结构的密排面{111}面,也可看

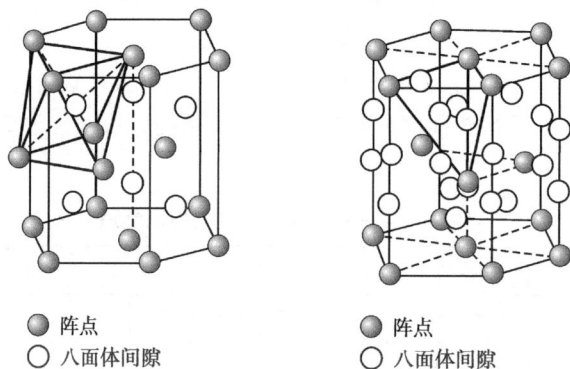

图 1-17　密排六方晶格中的间隙

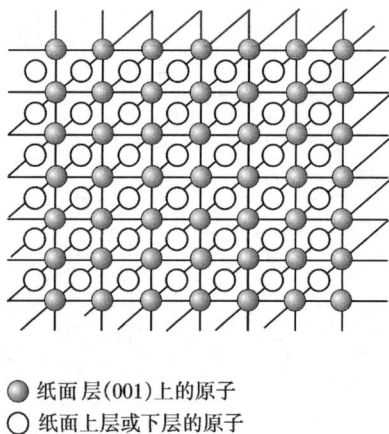

● 纸面层(001)上的原子
○ 纸面上层或下层的原子

图 1-18　bcc 结构的堆垛序

成是 hcp 结构的{0001}面,不妨称其为 B 层。纸面下面的一层原子放置在黑点位置,不妨称其为 A 层。那么,纸面上层的原子面(空心点)就有两种放置方式,假如放置在与 A 层位置重叠,其堆垛序则为…ABABABABAB…;假如放在 C 位置,其堆垛序则为…ABCABCABCABCABC…。容易看出,前者的晶体结构为 hcp 型,而后者为 fcc 型。前面的讨论已知,fcc 与 hcp 结构在许多晶体结构参数上一致,其晶体结构的差别只在于晶体的堆垛序不同。但以后的讨论将会知道,堆垛序不同使这两种晶体结构的性能差别很大。

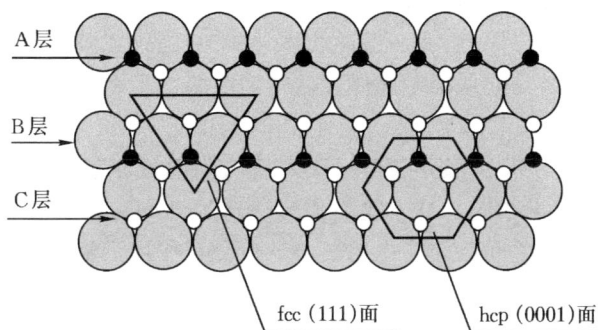

图 1-19　fcc 和 hcp 结构中的堆垛序

1.2.3　晶体特性

由于晶体中原子排列的周期性和重复性所决定,晶体具有区别于非晶体特有的性质,突出表现在:

在一个特定的温度下,晶体中的原子会失去排列的周期性和重复性。即每一个特定成分的晶体都具有特定的形成温度,即晶体具有一定的熔点。而非晶体在温度升高时,一般首先软化,而后再慢慢熔化。

晶体学知识显示,对于一个单晶体(即整块材料原子排布取向相同)来讲,不同晶向、不同晶面上原子排布的规律不同。这导致了单晶体不同方向上的性能不同。这个现象称为单晶体性能的各项异性。

由于各项异性,不同晶面间分离(断裂)所需要力的大小不同,脆弱的面自然容易断裂。因此单晶体破裂后往往具有规则的形状。

有些元素或化合物在不同的温度区间具有不同的晶体结构。例如 Fe 从高温到低温具有以下转变: $\delta-Fe_{bcc} \underset{}{\overset{1394\text{℃}}{\rightleftharpoons}} \gamma-Fe_{fcc} \underset{}{\overset{912\text{℃}}{\rightleftharpoons}} \alpha-Fe_{bcc}$。

1.3　晶体缺陷

原子在三维空间内,周期性重复排列而形成晶体。在理想情况下,晶体内应该是完整无缺的,自然界或人工制备条件下,这种完整晶体只有在极特殊的情况,例如晶须中才会存在。实际晶体中,在晶体的生长、加工等各个环节都会使晶体内部的原子排列出现偏离理想位置或出现排列混乱的区域,即出现原子排列的不完整性。一般我们将晶体中原子偏离平衡位置而出现的不完整性统称为晶体缺陷。研究表明,即使晶体缺陷不是在晶体的生长或加工过程中产生,原子的热运动也足以使晶体产生晶体缺陷。因此,在一般的块体材料中,晶体缺陷可以认为是不可避免的,以后还可以看到,晶体缺陷对晶体性质的影响基本上在化学成分之后而排在第二位。

但大量的研究表明,虽然在晶体缺陷处或缺陷附近原子间失去了正常的相邻关系,但也不是杂乱无章的。晶体缺陷会按一定的形态存在、按一定的规律产生、发展、运动,而且缺陷之间的交互作用还会产生交互作用。根据晶体缺陷的几何特性,可将晶体缺陷分为:

点缺陷:在三维空间上尺寸都很小,尺度在(晶体中的)原子半径数量级,包括空位、间隙原子等。但晶体中的间隙不是缺陷。

线缺陷:在二维方向上尺寸很小(尺度在原子半径数量级),另一个方向上尺寸很大。主要是位错。

面缺陷:在二维方向上尺寸很大,另一个方向上尺寸很小(尺度在原子半径数量级)。包括晶界、相界、堆垛层错等。

1.3.1 点缺陷

1. 空位

晶格上正常节点位置未被原子占据而产生的晶体缺陷称为空位。在晶体的生长、加工甚至原子的热振动过程中都会产生空位。晶格上的原子迁移到晶体表面(或晶界上)而产生的空位称为 Schottky(肖脱基)空位,跳到晶体间隙内则称为 Frank(弗兰克)空位。

2. 间隙原子

由于热振动会使正常晶格上的原子脱离晶格而产生空位,一些原子进入晶格的间隙。事实上,绝对纯净的物质几乎是没有的,一些原子半径相对于晶格上原子小得多的杂质原子在晶体中也常常进入间隙中。这些位于晶格间隙中的原子称为间隙原子。

3. 异类原子

由于晶体的非纯净性,一些原子半径与正常晶格上原子半径相近的原子占据了晶格的正常的节点位置,这种晶体缺陷称为异类原子(Foreign atoms)。

4. 点缺陷的平衡浓度

显然,一个点缺陷的产生都会使系统的能量升高,这个升高的数值称为点缺陷的形成能,以 ΔE_V 表示。以热振动作为点缺陷产生的原因,热力学分析给出了温度 T 下点缺陷的平衡浓度

$$c_V = \frac{n_e}{N} = \exp(-\frac{\Delta E_V}{kT}) \qquad (1-5)$$

式中：n_e 为点缺陷的平衡数目；N 为阵点总数；k 为 Boltzman 常数。计算得到室温（298K）下的 c_V 约为 $10^{-5} \sim 10^{-6}$ 之间。

5. 晶格畸变

以空位为例，空位产生后，空位附近的原子将失去力的平衡，晶格发生变形，见图 1-20。这种由于晶体缺陷形成的晶格变形的现象称为晶格畸变。我们已熟知，晶体中的间隙半径远小于原子半径，因此，即使原子半径最小的氢原子进入晶格也会引起严重的晶格畸变。由于任何两个元素的原子半径都不相同，因此异类原子进入晶格时，根据异类原子与晶格上原子半径差别的大小引起不同程度的晶格畸变，见图 1-20。

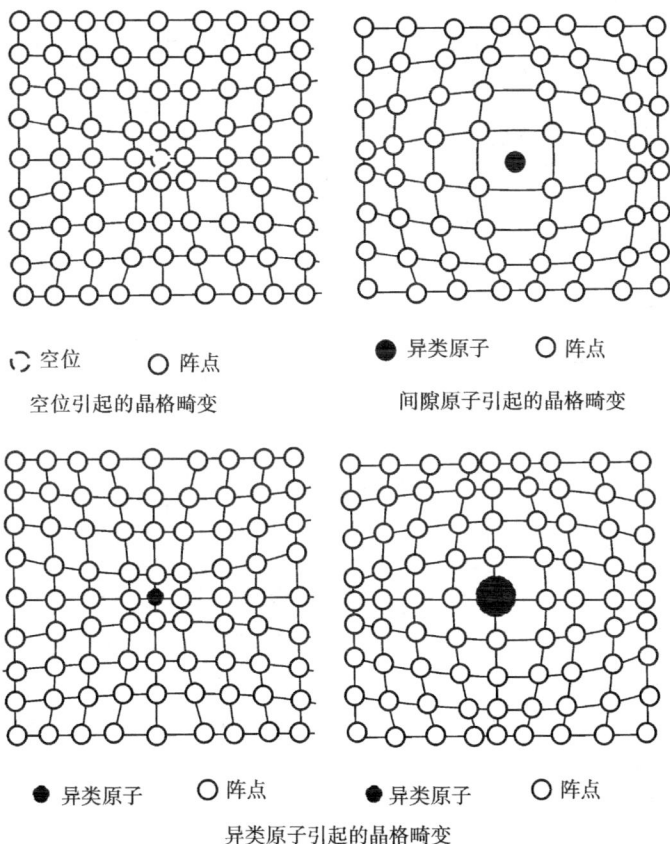

◖空位　　〇阵点

空位引起的晶格畸变

●异类原子　　〇阵点

间隙原子引起的晶格畸变

●异类原子　　〇阵点　　●异类原子　　〇阵点

异类原子引起的晶格畸变

图 1-20　点缺陷引起的晶格畸变示意图

晶格畸变会引起系统的能量升高,增加的能量称为晶格畸变能。晶格畸变会使晶体的塑性变形能力变差,晶体的强度增加、塑性和韧性下降,电阻率升高。

1.3.2　线缺陷

目前,晶体学中提出的线缺陷只有位错(dislocations)一种。位错的定义在不同的场合有不同的含义,例如,晶体中某处一列和若干列原子发生了有规律的错排现象,晶体的已滑移区与未滑移区在滑移面上的交界线等。位错的概念是为了解决材料(主要是金属材料)的理论计算强度与实测强度相差甚远而于1934年提出的。1956年,首次利用透射电子显微镜观察到了晶体中线缺陷的存在,给予了位错理论极大的支持。虽然直至目前,位错周围的原子排列依然未被实验证实,但通过理论与实践的结合,从20世纪50~70年代位错理论有了快速发展,并成功地解释了诸如材料的强度、塑性、断裂等许多物理现象。基于位错理论的断裂力学在现代材料科学中依然占有重要地位。本书只简要介绍位错的基本知识,有关位错的系统理论请参阅相关专著。

1. 位错的两个基本类型

(1)刃型位错

刃型位错模型的基本要点是:晶体中的一部分相对于另一部分多一个(或若干个)半原子面,这个半原子面终止于晶体内部,纵向无线长,好像插入晶体中的刀刃一样,刃型位错由此得名,模型示意图见图1-21。

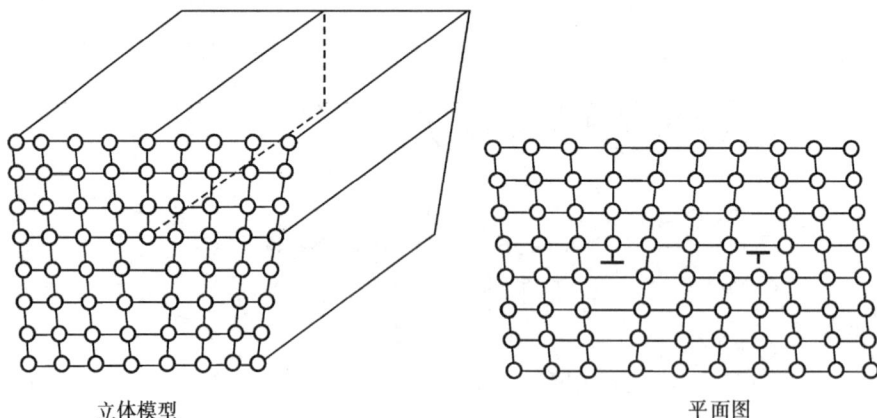

立体模型　　　　　　　　　　　　　平面图

图1-21　刃型位错示意图

（2）螺型位错

在图 1-22 中，设在简单立方晶体的右端施加一个力偶 τ，使晶体的上下两部分沿晶面 ABCD 发生一个原子间距的局部滑移，而左半部分晶体未发生变形。此时出现了已滑移区和未滑移区的交界线 bb'。显然，晶体的大部分区域的原子仍在正常节点位置，但在 bb' 和 aa' 之间出现了宽度为一个原子间距、上下层原子不吻合的过渡区域。在此过渡区内，原子的正常排列遭到破坏。如果以 bb' 线为轴，从 a 点开始依次连接过渡区的各原子，则其走向与一个螺旋的前进方式相同，即这部分原子是按螺旋型排列的，称其为螺型位错。

除了纯刃型和纯螺型位错外，实际晶体中还有混合型位错、不全位错、扩展位错和面角位错等类型即位错组态。

显然，在位错线附近，由于原子的错排晶格会发生变形，即在位错线附近会出现晶格畸变，晶体能量升高。晶体中的位错在晶体的结晶、形变等过程中都会产生，因此不需要专门制作位错，反倒是制备无位错或极少位错的晶体非常困难。

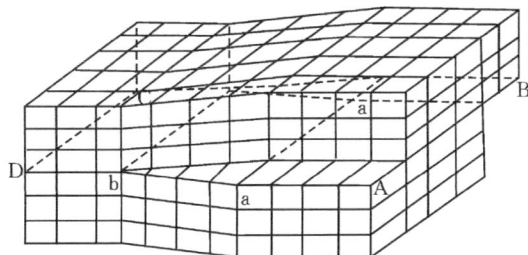

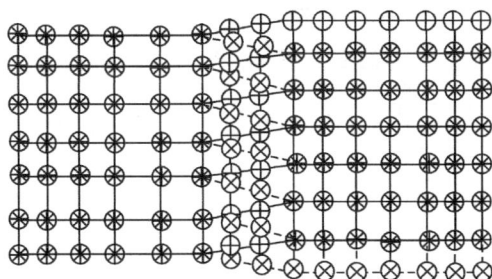

⊗上层原子　　　⊕下层原子

图 1-22　螺型位错模型

2. 位错运动及晶体的性能

晶体受力后，将引起位错的运动。位错的运动有两种形式，第一种是位错在晶体中的某一晶面（即滑移面）上运动，称为滑移，另一种是刃型位错半原子面的长大和缩小,称为攀移。由图 1-22 可知,由于螺型位错不存在半原子面,因此位错的攀移只存在于刃型位错之中。

图 1-23 是位错滑移的示意图。在应力作用下,位错滑移到晶体表面后将造成晶体发生一个原子间距的永久变形。大量的位错滑移到晶体表面形成宏观的永久形变。因此位错的滑移是晶体塑性形变的根本原因。

由于位错的存在,使晶体的机械强度仅为理论强度的 1/1000 左右。但由于位错产生的晶格形变,使位错间产生交互作用。这种交互作用使位错的运动受阻,因此晶体中的位错越多,其强度反而越高。

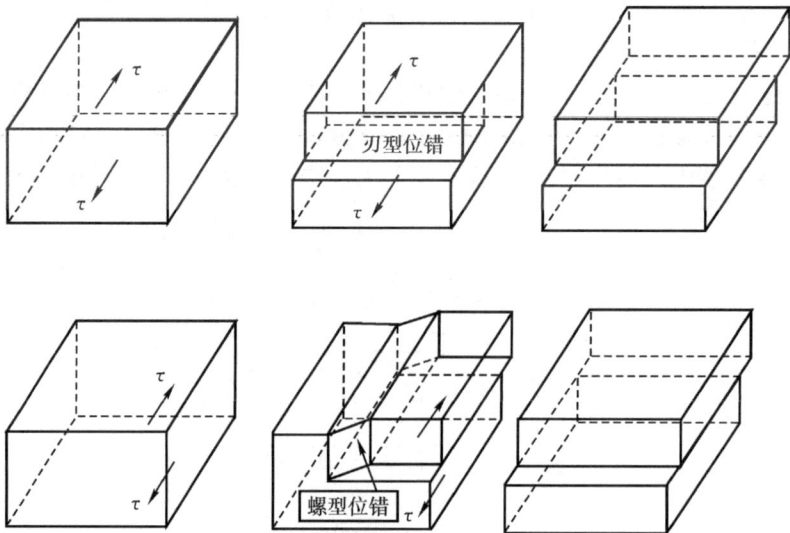

螺型位错滑移示意图

图 1-23　位错滑移示意图

1.3.3　面缺陷

1. 晶界

晶体的原子在整块晶体中都是按相同的规律规则排列的,这样的晶体称为单晶体。但实际上单晶体的制备需要特殊手段。绝大多数实际晶体都是由大量的取向不同的单晶体组成的多晶体。晶体学中,组成多晶体的单晶体称为晶粒。晶粒的大小从纳米晶材料的几个纳米(nm)到普通铸造材料中的几百个微米(μm)不等。

如图 1-24 所示,由于晶粒间的晶体学取向不同,在晶粒的交界处必然存在原子错排的区域,称为晶界。晶界的特点是在厚度方向上很小而面积很大的缺陷,因此是面缺陷。当相邻晶粒的晶体学位向差大于 $10°$ 时,晶界称为大角度晶界;位向差小于 $10°$ 时称为小角度晶界;而当相邻晶粒的晶体学位向差小于 $1°$ 时,则称为亚晶界。显然,由于在晶界附近发生了原子错排,增加了系统的能量,增加的这部分能量称为晶界能。晶界附近原子的错排程度越大,晶界能越高。因此晶界能按大角度晶界、小角度晶界、亚晶界的次序依次减小。

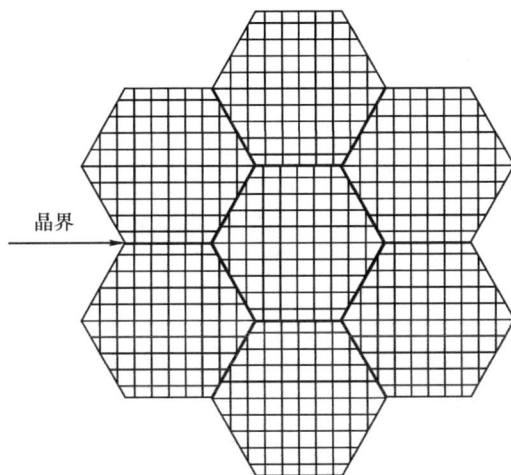

图 1-24　晶界示意图

2. 相界

许多材料都是由两个或多个相组成的。由于相与相之间存在晶体结构至少存在晶格常数间的差别,因此在相与相之间存在一个界面,这个界面称为相界面。

如图 1-25 所示,如果相界面附近所有的原子即在 A 相的晶格又在 B 相的晶格节点上,这样的相界面称为完全共格相界面;如果界面附近 A、B 两相的原子部分的在对方晶格结点上,其相界面称为部分共格或半共格界面;如果界面附近 A、B 两相的原子分别严格地位于两个相各自的晶格结点上,这样的相界面称为非共格界面。显然只有当 A、B 两相的晶格类型相同或非常接近,晶格常数差别极小时,两相间才可能形成完全共格界面。但晶格类型相同、晶格常数也相同的两个不同相几乎是不存在的,两个不同相之间至少存在晶格常数的差别,这样在相界面附近就会产生晶格畸变。当两个相的晶体结构类型有区别或晶格常数差别明显时,两个相间在界面附近的晶格的失配度加大,晶格失配度的差别由刃型位错调整,这就是半共格界面;当两相的晶格类型差别很大时,界面附近两相的原子都明确地处在各自的晶格结点上,界面即为非共格界面。由于原排列的混乱或至少存在晶格畸变,相界面的存在提高了系统的能量,这部分能量为相界面能。显然界面附近晶格间的失配度越高,界面能也越大,因此界面能非共格界面大于半共格界面大于完全共格界面。

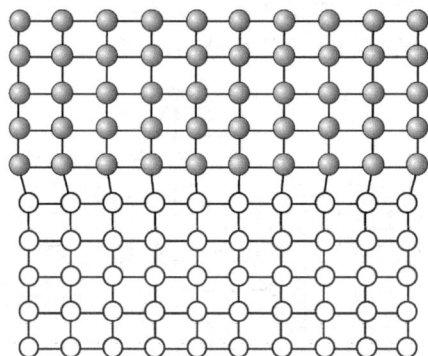

完全共格

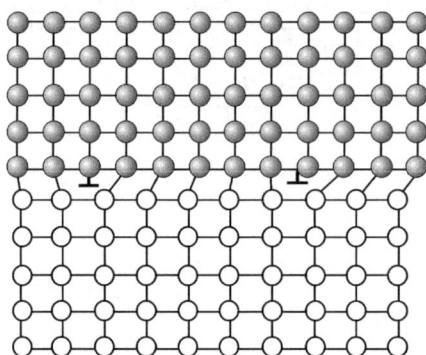

半共格

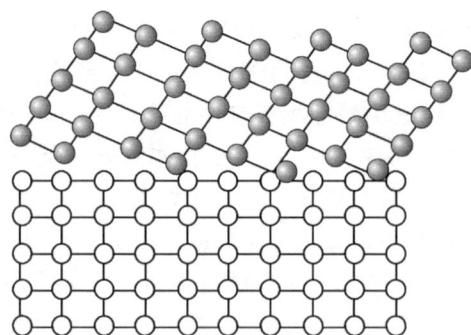

非共格

图 1-25　相界面示意图

3. 孪晶和孪晶界

孪晶是指相邻两个晶粒或一个晶粒内部相邻两部分的原子相对于一个公共晶面呈镜面对称排列而成的一种缺陷,这个公共晶面即为孪晶面,见图 1 - 26。相对而言,孪晶面附近原子的错排程度较小,因此孪晶面也为低能量面缺陷。

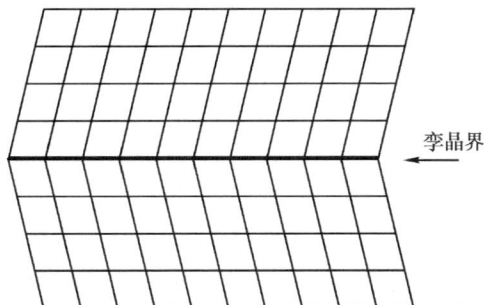

图 1 - 26　孪晶和孪晶界示意图

习题 1

1. 作图表示出立方晶系的 (123)、(0 $\bar{1}\bar{2}$)、(421) 晶面和 [$\bar{1}$02]、[$\bar{2}$11]、[346] 晶向。

2. 立方晶系的 {111} 晶面构成一个八面体,作图画出这个八面体并注明各晶面的晶面指数。

3. 某晶体的原子位于正方晶格的结点上,晶格的 $a=b\neq c, c=\dfrac{2}{3}a$。今有一晶面在 X、Y、Z 坐标轴上的截距分别为 5、2 和 3 个原子间距,求该晶面的晶面指数。

4. 体心立方晶格的晶格常数为 a,试求 (100)、(110) 和 (111) 晶面的晶面间距。

5. 面心立方晶格的晶格常数为 a,试求 (100)、(110) 和 (111) 晶面的晶面间距。

6. 从面心立方晶格中绘出体心正方晶胞,并求出它的晶格常数。

7. 证明面心立方晶格八面体间隙的间隙半径为 $r=0.414R$,四面体间隙的间隙半径为 $r=0.225R$。体心立方晶格八面体间隙的间隙半径:⟨100⟩方向为 $r=0.154R$,⟨110⟩方向为 $r=0.1633R$;四面体间隙的间隙半径为 $r=0.291R$。其中 R 为原子半径。

第 2 章

材料中的相与相结构

在元素周期表上,107 种元素分为金属和非金属两大类。金属与非金属严格的区分在于金属具有正的电阻温度系数,即随温度升高,电阻持续变大的物质。虽然单一元素材料,如纯金属也在工业上获得了广泛应用。但随科技的发展,许多单一元素材料的性能已不能满足要求。因此大多数材料都是由多种元素组成的。不同的元素混合成新的材料时,由于元素间物理的和化学的相互作用,形成具有一定晶体结构和一定成分的相。相是指材料中结构相同、成分和性能均一并以界面相互分开的组成部分。如纯金属在固态时为一个相(固相),在熔点以上为另一个相(液相)。而在熔点时,固体与液体共存,两者之间由界面分开。由于它们各自的结构不同,所以此时为固相和液相共存的混合物。

材料中,相的数量、大小等随化学成分、制备工艺等发生变化。将直接用肉眼或借助于仪器设备观察到的相的数量、大小、形态及分布等信息称为组织。用肉眼或放大镜观察到的为宏观组织,用光学、电子显微镜等观察到的为显微组织。相是组成组织的基本组成部分,相同的相,当它们的大小及分布不同时,就会出现不同的组织。组织是决定材料性能的一个极为重要的因素,控制和改变材料的组织具有极为重要的意义。

2.1 合金相及其分类

合金是指由一种金属元素与另外一种或几种金属或非金属元素组成的具有金属特性的物质。碳钢和铸铁是由铁和碳组成的合金,简称 Fe-C 合金;黄铜由铜和锌组成,简称 Cu-Zn 合金。其中这些组成合金的最基本的独立的物质称为组元。组元可以是基本元素,也可以是在固态无结构和成分变化的稳定化合物。给定组元,配比不同构成的一系列合金组成一个合金系,简称合金系。由两个组元组成的合金称为二元合金,由三个组元组成的合金称为三元合金,由三个以上组元组成的合金称为多元合金。例如,凡是由铜和锌组成的合金,不论其成分如何,都属于铜锌二元合金系。周期表中的元素有一百多种,除了少数气体元素外几乎都可以用来配制合金。如果从其中取出 80 种元素配制合金,有 3160 种二元系和 82160 种三元系。这些合金与组成它的组元相比,除具有更高的机械性能外,有的还可能具有强磁性、耐蚀性等特殊的物理性能和化学性能。

2.1.1　合金相的分类

不同的合金相具有不同的晶体结构。虽然合金相的种类极为繁多,但根据相的晶体结构特点可以将其分为两大类。

1. 固溶体

合金的组元间以不同的比例相互混合,混合后固体的晶体结构与组成合金的某一组元相同,这种相就称为固溶体。固溶体晶体结构与某一组元相同时,这个组元称为溶剂,其它的组元为溶质。

2. 金属化合物

在合金系中,组元间不仅发生相互作用,还可形成具有与组成该化合物的任何一个组元都不相同的晶体结构但具有金属性质的新相,称为金属化合物,也称金属间化合物或中间相。与固溶体不同,金属化合物的化学组成一般可以用分子式来大致表示。金属化合物的种类很多,这里主要介绍正常价化合物、电子化合物、间隙相和间隙化合物。

2.1.2　影响相结构的因素

1. 负电性因素

负电性因素是指组成合金的组元原子吸引电子而形成负离子的倾向。越容易吸引电子形成负离子的元素,则其负电性越强。组元间的负电性相差越小,则越容易形成固溶体;组元间的负电性相差越大,则越不容易形成固溶体,而易于形成金属化合物。

2. 原子尺寸因素

原子尺寸因素一般用组元间原子半径之差与其中一组元的原子半径之比表示。以 A、B 二元系为例,$\Delta r = \dfrac{r_A - r_B}{r_A}$,其中 r_A 和 r_B 分别为 A、B 两组元的原子半径。当组元间的负电性相差不大时,则 Δr 越小,越容易形成固溶体,否则,将增加形成化合物的倾向性。

3. 电子浓度因素

电子浓度是指合金晶体中的价电子数与其原子数之比,即

$$c_e = \frac{V_A(100-X_B)+V_B X_B}{100} \qquad (2-1)$$

式中：V_A、V_B 分别为溶剂和溶质的原子价；X_B 为溶质 B 的原子百分数或摩尔（mol）百分数。根据能带理论，特定金属晶体结构的单位体积中，能容纳的价电子数（自由电子数）有一定限度，超过这个限度，电子的最大能量将急剧上升，这将引起其结构的不稳定，直至发生改组，转变成其它的晶体结构。因此，在其它因素相同时，电子浓度越小，则形成固溶体的倾向越大；电子浓度越大，则固溶体将变得不稳定，形成化合物的倾向增大。

2.2　合金的相结构

2.2.1　固溶体

1. 固溶体的分类

(1)按溶质原子在晶格中所占位置分

①置换固溶体。指溶质原子位于溶剂晶格的某些结点位置，这些结点上的溶剂原子被溶质原子所置换，称之为置换固溶体，如图 2-1 所示。

②间隙固溶体。溶质原子填入溶剂晶体结构的一些间隙中，如图 2-1 所示。

(2)按固溶度分

①有限固溶体。在一定的条件下，溶质组元在固溶体中的浓度有一个上限，这一限度称为饱和溶解度或饱和固溶度，这种固溶体称为有限固溶体，大部分固溶体都属于这一类。

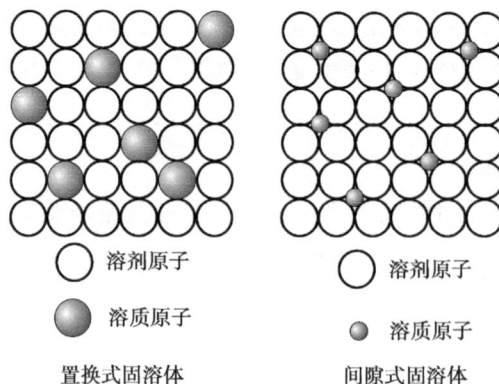

图 2-1　固溶体的两种基本类型

②无限固溶体。溶质能以任意比例溶入溶剂,固溶体的溶解度可达 100％,这种固溶体就称为无限固溶体。事实上此时很难区分溶剂与溶质,二者可以互换。通常以浓度大于 50％ 的组元为溶剂,浓度小于 50％ 的组元为溶质。由此可见,无限固溶体只可能是置换固溶体。能形成无限固溶体的合金系不多,Cu-Ni、Ag-Au、Ti-Zr、Mg-Cd 等合金系可形成无限固溶体。

(3)按溶质原子与溶剂原子的相对分布分

①无序固溶体。溶质原子统计地或随机地分布于溶剂的晶格中,无次序性或规律性,这类固溶体叫做无序固溶体。

②有序固溶体。溶质原子在固溶体晶格中的分布有特定的规律,溶解度也基本是一个定值,这种固溶体称为有序固溶体,它既可以是置换式的有序,也可以是间隙式的有序,但是应当指出,有的固溶体由于有序化的结果会引起结构类型的变化,所以也可以将它看做是金属化合物。

除上述分类方法外,还有一些其它的分类方法。如以纯金属为基的固溶体称为一次固溶体或端际固溶体,以化合物为基的固溶体称为二次固溶体,等等。

2. 置换固溶体

金属元素彼此之间一般都能形成置换固溶体,但固溶度的大小往往相差十分悬殊。例如,铜与镍可以无限互溶,锌仅能在铜中溶解 $w_{Zn} \approx 39\%$,而铅在铜中几乎不溶解。大量的实践表明,随着溶质原子的溶入,往往引起合金的性能发生显著的变化,因而研究影响固溶度的因素很有实际意义。很多学者作了大量的研究工作,发现不同元素间的原子尺寸、负电性、电子浓度和晶体结构等因素对固溶度均有显著的规律性影响。

(1)原子尺寸因素

组元间的原子尺寸相对大小 Δr 对固溶体的固溶度起着重要作用。组元间的原子半径越相近,即 Δr 越小,则固溶体的固溶度越大;而当 Δr 越大时,则固溶体的固溶度越小。固溶体中,溶解度很大的原子尺寸条件是 Δr 不超过 ±14％～15％,或者说溶质与溶剂的原子半径比 $r_{溶质}/r_{溶剂}$ 在 0.85～1.15 之间。当超过以上数值时,则固溶度不大。在以铁为基的固溶体中,当铁与其它溶质元素的原子半径相对差别 Δr 小于 8％ 且两者的晶体结构相同时,才有可能形成无限固溶体。在以铜为基的固溶体中,只有 Δr 小于 10％～11％ 时,才有可能形成无限固溶体。

原子尺寸因素对固溶度的影响可以作如下定性说明。当溶质原子溶入溶剂晶格后,会引起晶格畸变,即与溶质原子相邻的溶剂原子要偏离其平衡位置,见图 1-20。当溶质原子比溶剂原子半径大时,则溶质原子将排挤它周围的溶剂原子;若溶质原子小于溶剂原子,则其周围的溶剂原子将向溶质原子靠拢。不难理解,形成这样的状态必然引起能量的升高,这样升高的能量即为晶格畸变能。组元间的原子半径相差越大,晶格畸变能越高,晶格越不稳定。同样,溶质原子溶入越多,单位体积的晶格畸变能也越高,直至溶剂晶格不能再维持时,便达到了固溶体的固溶度极限。如此时再继续加入溶质原子,溶质原子将不再能溶入固溶体中,只能形成其它新相。

(2)负电性因素

如果溶质原子与溶剂原子的负电性相差很大,即两者之间化学亲和力很大时,则它们往往形成比较稳定的金属化合物,即使形成固溶体,其固溶度往往也很小。

在元素周期表中,在同一周期里,元素的负电性自左至右依次递增;在同一族里,自下而上依次递增。两元素的负电性相差越大,即在元素周期表中的位置相距越远,表示越不利于形成固溶体;若两元素间的负电性相差越小,则越易形成固溶体,其形成的固溶体的固溶度也越大。

(3)电子浓度因素

在研究以ⅠB族金属为基的合金(即铜基、银基和金基)时,发现这样一个经验规律:在尺寸因素比较有利的情况下溶质的原子价越高,则其在 Cu、Ag、Au 中的溶解度越小。例如,二价的锌在铜中的最大溶解度为 $r_{Zn}=38\%$,三价的镓为 $r_{Ga}=20\%$,四价的锗为 $r_{Ge}=12\%$,五价的砷为 $r_{As}=7\%$。以上数值表明,溶质元素的原子价与固溶体的固溶度之间有一定的关系。进一步的分析表明,溶质原子价的影响实质上是由电子浓度决定的。根据式(2-1)可以计算出以上元素在一价铜中的溶解度达到最大值时所对应的电子浓度值,发现其电子浓度值均为 1.36。由此说明,溶质在溶剂中的溶解度受电子浓度的控制,固溶体的电子浓度有一极限值,超过此极限值,固溶体就不稳定,而要形成另外的新相。由此可见,元素的原子价越高,则其固溶度越小。

极限电子浓度值与固溶体的晶体结构类型有关,面心立方固溶体的极限电子浓度值为 1.36,而体心立方固溶体的为 1.48。

(4)晶体结构因素

溶质与溶剂的晶体结构类型是否相同,是它们能否形成无限固溶体的必要条件。只有晶体结构类型相同,溶质原子才有可能连续不断地置换溶剂晶格中的原子,直到溶剂原子完全被溶质原子置换。如果组元的晶格类型不同,则组元间的固溶度只能是有限的,即形成有限固溶体。即便晶格类型相同的组元间不能形成无限固溶体,其固溶度也将大于晶格类型不同的组元间的固溶度。

综上所述,原子尺寸因素、负电性因素、电子浓度因素和晶体结构因素是影响固溶体固溶度大小的四个主要因素。当以上四个因素都有利时,所形成的固溶体的固溶度就可能比较大,甚至形成无限固溶体。但上述的四个条件只是形成无限固溶体的必要条件,无限固溶体的形成规律还有待于进一步研究。一般情况下,各元素间大多只能形成有限固溶体。固溶体的固溶度除与以上因素有关外,还与温度有关,温度越高,固溶度越大。因此,在高温下已达到饱和的有限固溶体,当其冷却至低温时,由于其固溶度的降低,将使固溶体发生分解而析出其它相。

3. 间隙固溶体

一些原子半径很小的溶质原子溶入溶剂中时,不是占据溶剂晶格的正常结点位置,而是填入到溶剂晶格的间隙中,形成间隙固溶体,其结构如图 2-1 所示。形成间隙固溶体的溶质元素,都是一些原子半径小于 0.1 nm 的非金属元素,如氢(0.046 nm)、氧(0.061 nm)、氮(0.071 nm)、碳(0.077 nm)、硼(0.097 nm),而溶剂元素则都是过渡族元素。实践证明,只有当溶质与溶剂的原子半径比值 $r_{溶质}/r_{溶剂}<0.59$ 时,才有可能形成间隙固溶体。

间隙固溶体的固溶度不仅与溶质原子的大小有关,而且与溶剂的晶格类型有关。当溶质原子(间隙原子)溶入溶剂后,将使溶剂的晶格常数增加,并使晶格发生畸变(图 1-20),溶入的溶质原子越多,引起的晶格畸变越大,当畸变量达到一定数值后,溶剂晶格将变得不稳定。当溶质原子较小时,它所引起的晶格畸变也较小,因此就可以溶入更多的溶质原子,固溶度也较大。晶格类型不同,间隙形状、大小也不同。例如,面心立方晶格的最大间隙是八面体间隙,所以溶质原子都位于八面体间隙中。体心立方晶格的致密度虽然比面心立方晶格的低,但因它的间隙数量多,每个间隙的直径都比面心立方晶格的小,它的固溶度要比面心立方晶格的小。

碳、氮与铁形成的间隙固溶体是钢中的重要合金相。在面心立方的 Fe 中,碳、氮原子位于间隙较大的八面体间隙中。在体心立方的 Fe 中,虽然四面体间隙较八面体间隙大,但是 C、N 原子仍是位于八面体间隙中。这是因为体心立方晶格的八面体间隙是不对称的,在 ⟨001⟩ 方向间隙半径比较小,只有 0.067a,而在 ⟨110⟩方向,间隙半径为 0.274a,所以当碳(或氮)原子填入八面体间隙时受到 ⟨001⟩ 方向两个原子的压力较大,而受到 ⟨110⟩ 方向四个原子的压力则较小。总的说来,C、N原子溶入八面体间隙所受到的阻力比溶入四面体间隙的小,所以它们易溶入八面体间隙中。由于八面体间隙本身不对称,所以 C、N 原子溶入后所引起的晶格畸变也是不对称的。此外,溶剂晶格中的间隙位置有一定限度,所以间隙固溶体肯定是有限固溶体。

4. 固溶体的结构

(1)晶格畸变

由于溶质与溶剂的原子大小不同,在形成固溶体时,必然在溶质原子附近的局部范围内造成晶格畸变,形成弹性应力场。晶格畸变的大小可由晶格常数的变化所反映。对置换固溶体来说,当溶质原子较溶剂原子大时,晶格常数增加。反之,当溶质原子较溶剂原子小时,则晶格常数减小。形成间隙固溶体时,晶格常数总是随着溶质原子的溶入而增大。

(2)偏聚与有序

长期以来,人们认为溶质原子在固溶体中的分布是统计的、均匀的和无序的。但经 X 射线精细研究表明,溶质原子在固溶体中的分布,总是在一定程度上偏离完全无序状态,存在着分布的不对称性,当同种原子间的结合力大于异种原子间的结合力时,溶质原子倾向于成群地聚集在一起,形成许多偏聚区。反之,当异种原子(即溶质原子和溶剂原子)间的结合力较大时,则溶质原子的近邻皆为溶剂原子,溶质原子倾向于按一定的规则呈有序分布,这种有序分布通常只在短距离小范围内存在,称之为短程有序。

(3)有序固溶体

具有短程有序的固溶体,当低于某一温度时,可能使溶质和溶剂原子在整个晶体中都按一定的顺序排列起来,即由短程有序转变为长程有序,这样的固溶体称为有序固溶体。有序固溶体有确定的化学成分,可以用化学式来表示。例如在 Cu-Au 合金中,当两组元的原子数之比(即 Cu∶Au)等于 1∶1(CuAu)和 3∶1(Cu$_3$Au)时,在缓慢冷却条件下,两种元素的原子在固溶体中将由无序排列转变为有序排列,铜、金原子在晶格中均占有确定的位置,如图 2-2 所示。对 CuAu 来说,铜原子和金原子按层排列于(001)晶面上,一层晶面上全部是铜原子,相邻的一层全部是金原子。由于铜原子较小,故使原来的面心立方晶格略变形为 $c/a=0.93$ 的四方晶格。对于 Cu$_3$Au 来说,金原子位于晶胞的顶角上,铜原子则占据面心位置。

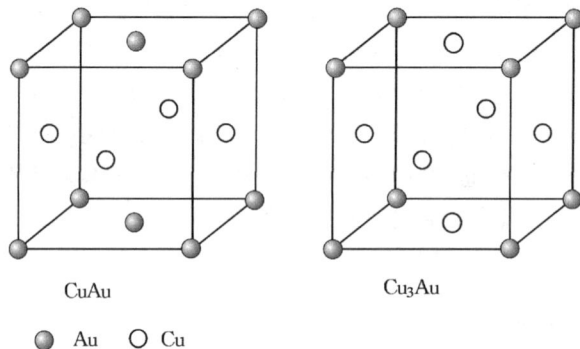

图 2-2　Cu-Au 合金中的有序固溶体

当有序固溶体加热至某一临界温度时,将转变为无序固溶体,而在缓慢冷却至这一温度时,又可转变为有序固溶体。这一转变过程称为有序化,发生有序化的临界温度称为固溶体的有序化温度。

由于溶质和溶剂原子在晶格中占据着确定的位置,因而发生有序化转变时有时会引起晶格类型的改变。严格说来,有序固溶体实质上是介于固溶体和化合物之间的一种相,但更接近于金属化合物。当无序固溶体转变为有序固溶体时,性能发生突变,硬度及脆性显著增加,而塑性和电阻则明显降低。

5. 固溶体的性能

一般说来,固溶体的硬度、屈服强度和抗拉强度等总是比组成它的纯金属的平均值高,随着溶质原子浓度的增加,硬度和强度也随之提高。溶质原子与溶剂原子的尺寸差别越大,所引起的晶格畸变也越大,硬度和强度增加越多。由于间隙原子造成的晶格畸变比置换原子的大,所以其强化效果也较好。在塑性韧性方面,如延伸率、断面收缩率和冲击功等,固溶体要比组成它的两个纯金属的平均值低,但比一般化合物要高得多。因此,综合起来看,固溶体比纯金属和化合物具有较为优越的综合机械性能,而各种金属材料总是以固溶体为其基本相。

在物理性能方面,随着溶质原子浓度的增加,固溶体的电阻率升高,电阻温度系数下降。因此,工业上应用的精密电阻和电热材料等,都广泛应用固溶体合金。

2.2.2　金属化合物

在合金中,除了固溶体外,还可能形成金属化合物。金属化合物是合金组元间发生相互作用而形成的一种新相,又称为中间相,其晶格类型及性能均不同于任一组元,一般可以用分子式来大致表示其组成。在金属化合物中,除离子键、共价键外,金属键也参与其中,因而它具有一定的金属性质,所以称之为金属化合物。碳钢中的 Fe_3C、黄铜中的 $CuZn$、铝合金中的 $CuAl_2$ 等都是金属化合物。

由于结合键和晶格类型的多样性,使金属化合物具有许多特殊的物理化学性质,其中已有不少正在开发应用,作为新的功能材料和耐热材料对现代科学技术的进步起着重要的推动作用。例如具有半导体性能的金属化合物砷化镓($GaAs$),其性能远远超过了现在广泛应用的硅半导体材料,在发光二极管和超高速电子计算机方面的应用已引起了世界的关注。此外,还有能记住原始形状的记忆合金 $NiTi$ 和 $CuZn$,具有低热中子俘获截面的核反应堆材料 Zr_3Al,能作为新一代能源的储氢材料 $LaNi_5$,等等。对于工业上应用最广泛的结构材料和工具材料,由于金属化合物一般均具有较高的熔点、硬度和脆性,当合金中出现金属化合物时,将使合金的强度、硬度、耐磨性及耐热性提高(但塑性和韧性有所降低),因此金属化合物已是这些材料中不可缺少的合金相。

影响金属化合物的形成及结构的主要因素有负电性、电子浓度和原子尺寸等因素，每一种影响因素都对应着一类化合物，例如正常价化合物、电子化合物以及间隙相和间隙化合物。

1. 正常价化合物

正常价化合物通常是由金属元素与周期表中第 Ⅳ、Ⅴ、Ⅵ 族元素组成的。例如 Mg_2Si、Mg_2Sn、Mg_2Pb、MgS、MnS 等，其中 Mg_2Si 是铝合金中常见的强化相，MnS 则是钢铁材料中常见的夹杂物。正常价化合物具有严格的化合比，成分固定不变，可用化学式表示。这类化合物一般硬度较高，脆性较大。

2. 电子化合物

电子化合物是由第 Ⅰ 族或过渡族金属元素与第 Ⅱ 至第 Ⅴ 族金属元素形成的金属化合物，它不遵守原子价规律，而是按照一定电子浓度的比值形成的化合物，电子浓度不同，所形成的化合物的晶格类型也不同。例如电子浓度为 3/2(21/14) 时，具有体心立方晶格，简称为 β 相；电子浓度为 21/13 时，为复杂立方晶格，称为 γ 相；电子浓度为 7/4(21/12) 时，则为密排六方晶格，称为 ε 相。表 2-1 列出了一些铜合金中常见的电子化合物。

表 2-1　铜合金中常见的电子化合物

合金系	电子浓度		
	$\frac{21}{14}(\beta 相)$	$\frac{21}{13}(\gamma 相)$	$\frac{21}{12}(\varepsilon 相)$
	晶 体 结 构		
	体心立方	复杂立方	密排立方
Cu-Zn	CuZn	Cu_5Zn_8	$CuZn_3$
Cu-Sn	Cu_5Sn	$Cu_{31}Sn_8$	Cu_3Sn
Cu-Al	Cu_3Al	Cu_9Al_4	Cu_5Al_3
Cu-Si	Cu_5Si	$Cu_{31}Si_8$	Cu_3Si

电子化合物虽然可以用化学式表示，但其成分可以在一定的范围内变化，因此可以把它看作是以化合物为基的固溶体。电子化合物具有很高的熔点和硬度，但脆性很大。

3. 间隙相和间隙化合物

间隙相和间隙化合物主要受组元的原子尺寸因素控制，通常是由过渡族金属与原子半径很小的非金属元素氢、氮、碳、硼等所组成。根据非金属元素（以 X 表示)与金属元素(以 M 表示)原子半径的比值,可将其分为两类:当 $r_X/r_M < 0.59$ 时,形成具有简单结构的化合物,称为间隙相;当 $r_X/r_M > 0.59$ 时,则形成具有复杂晶体结构的化合物,称为间隙化合物。由于氮和氢的原子半径较小,所以过渡族金属的氢化物和氮化物都是间隙相。硼的原子半径最大,所以过渡族金属的硼化物都是间隙化合物。碳的原子半径也比较大,但比硼的小,所以一部分碳化物是间隙相,另一部分则为间隙化合物。

(1)间隙相

间隙相都具有简单的晶体结构,如面心立方、体心立方、密排六方或简单立方等,金属原子位于晶格的正常结点上,非金属原子则位于晶格的间隙位置。间隙相的化学成分可以用简单的分子式表示:M_4X、M_2X、MX、MX_2,但是它们的成分可以在一定的范围内变动,这是由于间隙相的晶格中的间隙未被填满,即某些本应为非金属原子占据的位置出现空位,相当于以间隙相为基的固溶体,这种以缺位方式形成的固溶体称为缺位固溶体。间隙相不但可以溶解组元元素,而且可以溶解其它间隙相,有些具有相同结构的间隙相甚至可以形成无限固溶体,如 TiC-ZrC、TiC-VC、TiC-NbC、TiC-TaC、ZrC-NbC、ZrC-TaC、VC-NbC、VC-TaC 等。

应当指出,间隙相和间隙固溶体之间有本质的区别,间隙相是一种化合物,它具有与其组元完全不同的晶体结构,而间隙固溶体则仍保持着溶剂组元的晶格类型。

间隙相具有极高的熔点和硬度,具有明显的金属特性,如具有金属光泽和良好的导电性。它们是硬质合金的重要相组成,用硬质合金制作的高速切削刀具、拉丝模及各种冷冲模具已得到广泛地应用。间隙相还是合金工具钢和高温金属陶瓷的重要组成相。此外,用渗入或涂层的方法使钢的表面形成含有间隙相的薄层,可显著增加钢的表面硬度和耐磨性,延长零件的使用寿命。

(2)间隙化合物

间隙化合物一般具有复杂的晶体结构,Cr、Mn、Fe 的碳化物均属此类。它的种类很多,在合金钢中经常遇到的有 M_3C(如 Fe_3C、Mn_3C)、M_7C_3(如 Cr_7C_3)、$M_{23}C_6$(如 $Cr_{23}C_6$)和 M_6C(如 Fe_3W_3C、Fe_4W_2C)等。其中的 Fe_3C 是钢铁材料中的一种基本组成相,称为渗碳体。Fe_3C 中的铁原子可以被其它金属原子(如 Mn、Cr、Mo、W 等)所置换,形成以间隙化合物为基的固溶体,如 $(FeMn)_3C$、$(FeCr)_3C$ 等,称为合金渗碳体。其它的间隙化合物中金属原子也可被其它金属元素置换。

间隙化合物也具有很高的熔点和硬度,但与间隙相相比,它们的熔点和硬度要低些,而且加热时也较易分解。这类化合物是碳钢及合金钢中的重要组成相。

2.3　陶瓷中的相

2.3.1　陶瓷材料的特点和相的分类

传统的陶瓷材料是指硅酸盐和氧化物材料,现代陶瓷材料则泛指无机非金属材料。它们相的类型和相的结构比金属材料复杂。但总体来讲陶瓷材料中的相可分为以下三种类型。

1. 晶体相

晶体相在陶瓷中体积或重量分数最大,是陶瓷材料中主要组成相,因此也常称陶瓷中的晶体相为主晶相。它的结构、数量、形态、尺寸和分布等在相当程度上决定着陶瓷的性能。

2. 玻璃相

由于无机非金属材料大多都是经过烧结而成的,因此在烧结过程中,有些物质,例如作为主要原料的 SiO_2 已处于熔化状态,但在熔点附近,SiO_2 黏度很大,原子迁移困难,当冷却到熔点以下时原子不能排列成长程有序态,而是形成过冷液体。当继续冷却到玻璃化温度以下时,则凝固成非晶态,称之为玻璃态,在陶瓷中称之为玻璃相。大多数玻璃相由离子多面体构成空间网络,但排列是短程有序。

玻璃相是陶瓷中的重要组成相,它主要的作用是:① 将晶体相粘接起来,填充晶体相之间的空隙,提高致密度;② 降低烧结温度加快烧结过程;③ 阻止晶粒转动抑制晶粒长大;④ 在有些材料中获得一定的玻璃特性。在陶瓷中,玻璃相的含量一般在 20%～40% 之间。

3. 气相

陶瓷在压制过程中不可避免地在材料内部残留一些气体,由于这些气体在烧制过程中也不能完全从材料中排出,结果形成气孔。气相即陶瓷中的气孔。气孔可以是封闭的,也可以是开放的,可以分布在晶粒内部也可以分布在晶界上。气孔在陶瓷中的体积分数一般占 5% 以上。

气孔会造成应力集中,使陶瓷开裂,降低强度增加脆性。因此陶瓷中应尽量减少气孔增加致密度。

2.3.2　晶体相的类型及其结构

陶瓷中晶体相的结构复杂、原子排列不紧密、配位数低,与金属晶体结构有很大的不同。总体而言,陶瓷晶体相的晶体结构可分成一下几种类型。

1. 氧化物

氧与金属元素构成的氧化物是大多数典型陶瓷和特种陶瓷的主要晶体相。氧与金属元素间以离子键为主(氧为正离子,金属为负离子),但有些氧化物中也有共价键的成分。氧化物的结构取决于结合键的类型、离子半径的大小,同时必须保持电中性。陶瓷中氧化物主要有 AO、AO_2、A_2O_3、ABO_3 和 AB_2O_4(A、B 为金属阳离子)等,晶体结构的共同特点是氧离子(离子半径比阳离子大)紧密排列,金属阳离子位于间隙之中。

(1)AO 型 AO 型氧化物的晶体结构类型与 NaCl 相同,氧离子作面心立方排列,金属阳离子填充在所有的八面体间隙中,形成完整的立方晶格,氧离子与金属阳离子在数量上相等,见图 2-3(a)。具有这种结构的典型氧化物是 MgO,见图2-3(b)。

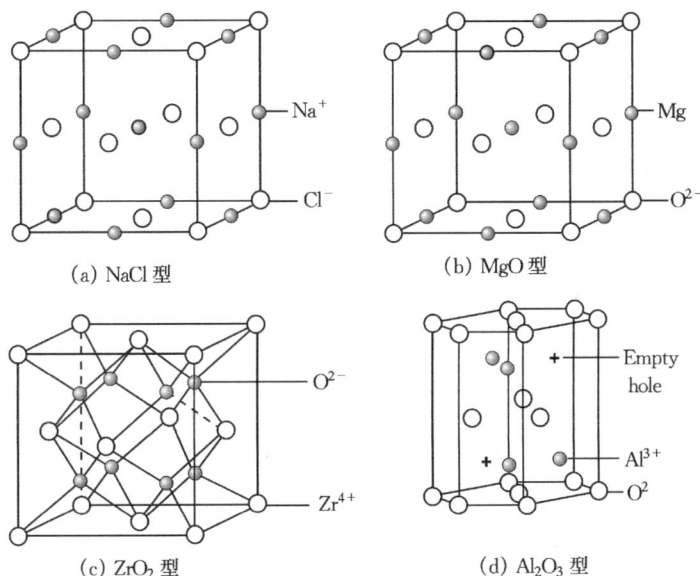

(a) NaCl 型

(b) MgO 型

(c) ZrO_2 型

(d) Al_2O_3 型

图 2-3 陶瓷材料中离子键晶体的结构实例

(2)AO_2 型 AO_2 型化合物分为两种形式,即 AO_2 和 A_2O 型。前一种形式中占离子总数 2/3 的氧离子作简单立方排列,阳离子填充间隙(简单立方晶格只有一种间隙)的一半呈面心立方分布,见图 2-3(c)。这种结构称为萤石结构,如 ThO_2 等;后一种形式是氧离子构成面心立方排列,金属阳离子分布于四面体间隙中,这种结构称为反萤石结构,如 Li_2O 等。另外,具有金红石结构的氧化物,例如 TiO_2 和 SiO_2(高温方石英)等氧离子作稍有变形的密排六方排列,阳离子填充八面体间隙中的一半。

　　(3)A_2O_3 型　A_2O_3 型化合物的结构中,氧离子构成密排六方结构,2/3 的八面体间隙由金属阳离子占据,见图 2-3(d)。典型的具有这种结构的化合物为 Al_2O_3,因此这种结构也称为刚玉结构。

　　ABO_3 和 AB_2O_4 的结构中,氧离子构成面心立方或密排六方结构,阳离子填充到不同位置的晶格间隙中。表 2-2 列出了常见化合物结构类型。

2. 共价晶体

　　典型的共价键晶体为金刚石(也称钻石,元素为 C)结构。碳原子除了位于面心立方结构的节点上之外,还有 4 个原子位于四面体间隙,见图 2-4(a)。另一种共价晶体 SiC 的结构与金刚石相似,只是位于四面体间隙中的原子不是 C 而是 Si,见图 2-4(b)。

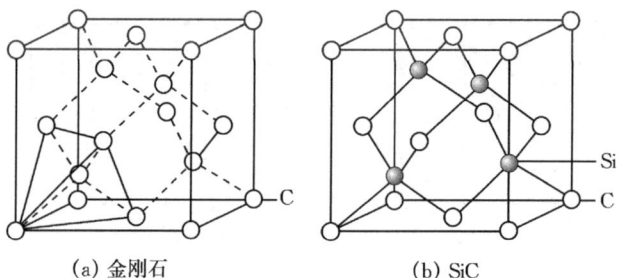

　　(a) 金刚石　　　　　　　　(b) SiC

图 2-4　共价晶体的结构

3. 硅酸盐

　　陶瓷中的另一种典型代表是硅酸盐,例如莫来石、长石等。硅酸盐的结合键为共价键与离子键的混合键,但习惯上称之为离子键。硅酸盐的结构细节非常复杂,但依然有下列规律可寻。

　　(1)构成硅酸盐的基本单元是 $[SiO_4]$ 四面体,四个氧离子位于四面体的四个顶点之上,硅离子位于四面体的中心,见图 2-5。

　　(2)硅氧四面体只能通过共用顶角相互连接,Si^{4+} 不直接成键,二是通过 O^{2+} 结合成 Si—O—Si 型的结合键。

　　(3)硅氧四面体相互连接时优先采取比较紧密的连接方式。同一结构的硅氧四面体最多只差一个氧原子,保证各四面体具有相近的能量状态。

　　按照上述规律,硅氧四面体间可以构成岛状、链状、层状和骨架装等(详见第 9 章)。

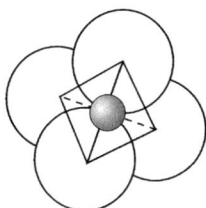

图 2-5　硅氧四面体结构示意图

表 2-2　氧化物的分类及其结构

结构类型	氧离子排列方式	阳离子位置	结构名称	典型化合物
AO	面心立方	全部八面体间隙	岩盐	MgO、CaO、SrO、BaO、CdO、VO、MnO、FeO、CoO、NiO
	面心立方	1/2 四面体间隙	闪锌矿	BeO
	面心立方	1/2 四面体间隙	纤维锌矿	Zn
AO$_2$	简单立方	1/2 立方体间隙	萤石	ThO_2、CaO_2、PrO_2、UO_2、ZrO_2、HfO_2、NpO_2、PuO_2、AmO_2
	面心立方	全部四面体间隙	反萤石	Li_2O、Na_2O、K_2O、Rb_2O
	畸变密排六方	1/2 八面体间隙	金红石	TiO_2、GeO_2、SnO_2、PbO_2、VO_2、NbO_2、TeO_2、MnO_2、RuO_2、OsO_2、IrO_2
A$_2$O$_3$	密排六方	2/3 八面体间隙	刚玉	Al_2O_3、Fe_2O_3、Cr_2O_3、Ti_2O_3、V_2O_3、Ga_2O_3、Rh_2O_3
ABO$_3$	密排六方	2/3 八面体间隙（A、B）	钛铁矿	$FeTiO_3$、$NiTiO_3$、$CoTiO_3$
	面心立方	1/4 八面体间隙（B）	钙钛矿	$CaTiO_3$、$BaTiO_3$、$SrTiO_3$、$SrSnO_3$、$SrZrO_3$、$FeTiO_3$、$SrHfO_3$
AB$_2$O$_3$	面心立方	1/8 四面体间隙（A）1/2 八面体间隙（B）	尖晶石	$FeAl_2O_4$、$ZnAl_2O_4$、$MgAl_2O_4$
	面心立方	1/8 四面体间隙（B）1/8 八面体间隙（A、B）	倒反尖晶石	$FeMgFeO_4$、$MgTiMgO_4$
	密排六方	1/2 四面体间隙（A）1/8 八面体间隙（B）	橄榄石	Mg_2SiO_4、$ZnAl_2O_4$、Fe_2SiO_4

2.4　分子相

分子相是指固体中分子的聚集状态,它决定了分子固体的微观结构和性能。典型的具有分子相的材料是高分子材料。传统意义上,高分子是分子量特别大的有机化合物的总称,称为聚合物和高聚物。但现代材料中,有些无机材料的分子量也很大,这些材料称为无机高分子。通常,分子量低于 500 的材料称为低分子材料,而大于 5×10^3 的物质称为高分子材料。表 2-3 给出了部分低分子和高分子材料的分子质量。

2.4.1　高分子及其构成

虽然高分子材料的分子量很大,结构复杂,但组成高分子材料的每一个大分子都是由一种或几种简单的、结构相同的低分子化合物重复连接而成,具有链状结构。例如,聚乙烯由足够多的小分子乙烯分子($CH_2 = CH_2$)打开双键后连接成的大分子链,然后再有大分子链聚集在一起组成聚氯乙稀材料,即:

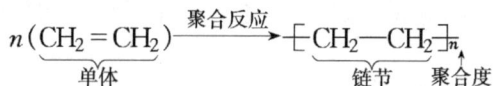

$$n \underbrace{(CH_2 = CH_2)}_{\text{单体}} \xrightarrow{\text{聚合反应}} \underbrace{[CH_2 - CH_2]}_{\text{链节}} {}_n \; \text{聚合度}$$

表 2-3　一些物质的分子量

化 合 物			分子量
低分子	无机	铜	63.546
		SiO_2	60.008
		水	18.015
	有机	甲烷	16
		苯	48
		三硬脂酸甘油脂	890
高分子	天然高分子	天然纤维素	$\sim 5.7 \times 10^5$
		丝蛋白	$\sim 1.5 \times 10^5$
		天然橡胶	$2.0 \times 10^5 \sim 5.0 \times 10^5$
	合成高分子	聚氯乙稀	$1.2 \times 10^4 \sim 1.6 \times 10^5$
		聚甲基丙烯酸乙脂	$5.0 \times 10^4 \sim 1.4 \times 10^5$
		尼龙 66	$2.0 \times 10^4 \sim 2.5 \times 10^4$

组成高分子的低分子化合物称为单体,大分子连成的重复结构单元称为链节,

链节的重复次数称为聚合度,而小分子聚合成大分子的反应称为聚合反应。其中一种或多种单体相加成而连接成聚合物,在反应过程中没有其它副产物的反应称为加聚反应,生成的聚合物与单体成分相同;而如果一种或多种单体相互混合而形成高聚物,同时缩去一些低分子物质如水、氨、醇等的反应称为缩聚反应。在分子链中,如果各链节均相同,这种高聚物称为均聚物;如果大分子链由两种或两种以上不同的单体组成,这种高聚物称为共聚物。表 2-4 列出了常见几种高聚物的单体和链节。显然,高聚物的聚合度越高分子链越大,同分子链的链节越多。因此大分子的分子量即为链节分子量和聚合度的乘机,即

$$M = m_0 n$$

式中:m_0 为链节分子量;n 为聚合度。

表 2-4　常见几种高聚物的单体和链节

高聚物名称	化学结构式
聚乙烯	$-CH_2-CH_2-CH_2-CH_2-CH_2-CH_2-$
聚氯乙稀	$\begin{matrix} -CH_2-CH_2-CH_2-CH_2-CH_2-CH_2- \\ \quad\ Cl\quad\ Cl\quad\ Cl\quad\ Cl\quad\ Cl\quad\ Cl \end{matrix}$
聚四氟乙烯	$\begin{matrix} \quad\ F\quad\ F\quad\ F\quad\ F\quad\ F\quad\ F \\ -CH_2-CH_2-CH_2-CH_2-CH_2-CH_2- \\ \quad\ F\quad\ F\quad\ F\quad\ F\quad\ F\quad\ F \end{matrix}$
氯化聚醚	$\begin{matrix} \quad CH_2Cl \qquad\qquad CH_2Cl \\ -CH_2-C-CH_2-O-CH_2-C-CH_2-O- \\ \quad CH_2Cl \qquad\qquad CH_2Cl \end{matrix}$
聚二甲基硅氧烷	$\begin{matrix} \quad CH_3 \\ -Si-O-Si- \\ \quad CH_3 \end{matrix}$

2.4.2　单元结构的键接方式和构型

结构单元在链中的连接方式和顺序取决于单体及合成反应的性质。缩聚反应的产物变化较少,结构比较完整。加聚反应则不然,当链节中有原子或原子团时,单体的加成可以有不同的形式,结构的规则程度也不相同。

大分子中结构单元由化学键所构成的空间排列称为分子链的构型。大分子往往含有不同的取代基,例如,图 2-6 所示的乙烯类高聚物中的取代基 R 可以有三

种不同的形式,当取代基 R 全部分布于主链的一侧时,就构成了全同立构。当取代基 R 相间地分布于主链的两侧时,称为间同立构;当取代基无规则地分布于主链的两侧时,就构成无规立构。

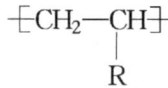

$$\begin{array}{c} \left[\text{CH}_2\!-\!\text{CH}\right] \\ | \\ \text{R} \end{array}$$

图 2-6　聚乙烯中的取代基

大分子链的形状主要由线型、支化型和体型(网状)三种。

线型高分子的结构是整个高分子呈细长线形状,但以碳原子为主链的 C—C 键键角为 109°,故聚合物链通常卷曲成图 2-7(a)所示的不规则的线团。这类高聚物有聚乙烯、聚氯乙稀、聚苯乙烯等。这些高聚物的另一个特点是分子链间没有化学键,可以相对移动,因此在加热时经过软化过程后融化,易于加工而且具有良好的弹性和塑性。

支化型高分子的特点是大分子呈树枝状,见图 2-7(b)。这类高分子有高压聚乙烯、ABS 树脂和耐冲击型聚苯乙烯等。由于分子不易规则排列,故分子间作用力较弱。线型高分子的支化对性能不利,支化程度越高支链越复杂影响程度越大。

如果大分子链之间通过支链和化学键连成在一起构成空间呈网络结构的所谓交联结构,这种高分子就称为体型高分子,见图 2-7(c)。热固性塑料、硫化橡胶等均为体型高分子。这种结构非常稳定,具有很好的耐热性、难溶性、尺寸稳定并具有高的机械强度,但塑性差不易加工。

高分子材料大多具有很好的弹性,原因有二,一是分子量,链很长,可以卷曲成无规则线团;二是分子链中的键可以自由旋转。

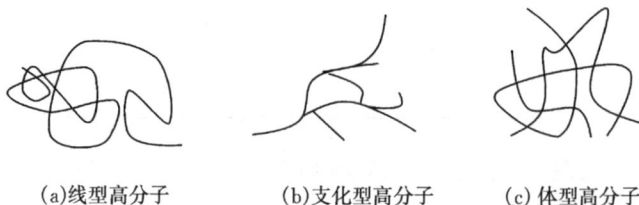

(a)线型高分子　　　　(b)支化型高分子　　　　(c)体型高分子

图 2-7　大分子链的几何形状示意图

大部分高聚物的主链为 C—C 链,每个单键都有一定的键长和键角,每一个单键可以围绕其相邻的键按一定的角度进行内旋,如图 2-8 所示。原子围绕单键内旋的结果导致原子的排列方式不断改变,分子链会出现许多不同的形象。这种由于分子链内旋引起的原子在空间位于不同的位置所构成的分子链的不同形状称为大分子链的构象。

大分子链的空间构象很多,使得分子链可以轻易地伸长、卷曲、收缩等,但主要还是无规则线团。这种状态对外力有很强适应性。大分子链这种由于构象变化获得的卷曲程度不同的特性称为大分子链的柔顺性。它是高分子材料的性能不同于低分子物质和其它固体材料的最主要的原因。

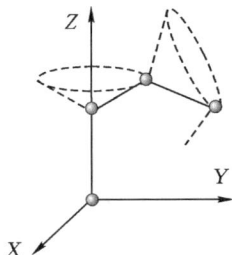

图 2-8　高聚物分子链的内旋示意图

2.4.3　高聚物的聚集态结构

固态高聚物分为无定型和晶态两种。线型高分子链很长,在固化时由于粘度很大很难出现有规则的排列,多呈混乱无序分布,组成无定型结构。高聚物的无定型结构和低分子的非晶态相似,都属于短程有序态。

线型、支化型和交联较少的体型高分子在固化时可以结晶。高分子的结晶与低分子物质有很大的不同。高分子晶化指大分子链在空间的有序排列,而且随高聚物的性质、结晶条件和处理方法的不同,晶体的结构单元和晶体形态会出现很多类型。现在可以观察到的有片状晶、球状晶、线状晶和树枝状晶等。组成各晶体的有序结构单元有折叠型和伸直链等,见图 2-9(a)。

由于高分子链很长,运动较困难,因此高分子材料不可能完全结晶。晶区所占的比例称为结晶度。典型的结晶高分子,如聚乙烯、聚四氟乙烯、偏聚二氯乙烯等一般只有 $50\%\sim80\%$ 的结晶度。所以晶态高聚物实际为两相结构,大分子非均匀分布,在一些区域排列规则形成晶区,如图 2-9(b)所示。这些晶区的大小一般在 $100\sim160$ nm 左右。而在晶区间的非晶区内,分子链排列是松散和无序的。由于晶区和非晶区的尺寸远比分子链的长度小,因此一个大分子链可以穿过很多晶区和非晶区。这种特征可以是晶区和非晶区紧密相连,有利于提高高聚物的强度。

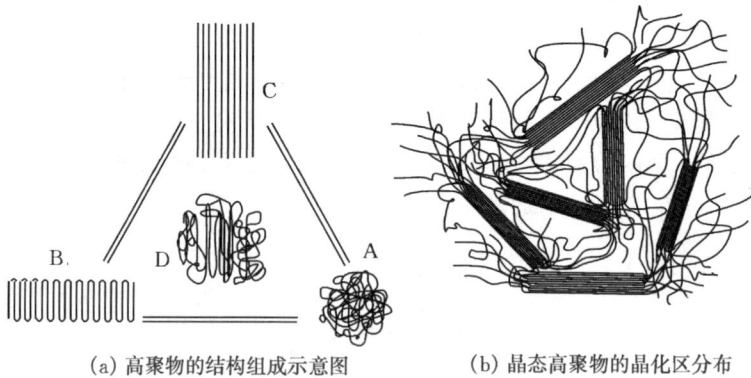

(a) 高聚物的结构组成示意图　　　　(b) 晶态高聚物的晶化区分布

图 2-9　晶态高分子示意图

A 无定型结构;B 褶叠链结构;C 伸直链结构;D 实际高聚物结构

习题 2

1. 固溶体和金属间化合物在成分、结构、性能等方面有什么差异?

2. 已知 Cd,In,Sn,Sb 等元素在 Ag 中的固溶度极限(摩尔分数)X_{Cd},X_{In},X_{Sn},X_{Sb}分别为 0.435,0.210,0.130,0.078;它们的原子直径分别为 0.3042 nm,0.314 nm,0.316 nm,0.3228 nm;Ag 的原子直径为 0.2883 nm。试分析其固溶度极限差异的原因,并计算它们在固溶度极限时的电子浓度。

3. 试求出 Cu_3Al,$NiAl$,Fe_5Zn_{21},Cu_3Sn,$MgZn_2$ 各相的电子浓度,并指出其晶体结构类型。它们各属何类化合物?

4. 碳和氮在 γ-Fe 中的最大固溶度 w_C 和 w_N 分别为 0.021 和 0.027。已知碳、氮原子均位于八面体间隙,试分别计算八面体间隙被碳、氮原子占据的百分数。

5. Ag 和 Al 都具有面心立方点阵,且原子尺寸很接近,但它们在固态下却不能无限互溶,试解释其原因。

6. 金属间化合物 AlNi 具有 CsCl 型结构(见图 2-10),其 $a=0.2881$ nm,试计算其密度。

7. ZnS 的密度为 4.1 Mg/m^3,试由此计算两离子的中心距。

8. 一聚合物具有 $C_2H_2Cl_2$ 作为单体。其分子平均质量为 60000 g/mol,试求其单体的质量。其聚合度为多少?

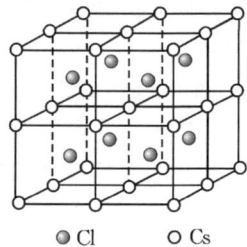

●Cl　　○Cs

图 2-10　CsCl 结构示意图

第 3 章

凝固与结晶

物质从液态转变为固态的过程称为凝固。凝固后的产物可以是晶体也可以是非晶体。如果凝固后的物质为晶体,则这个液态转变为固态的过程称为结晶。很多材料都需要控制成分,将配制好成分的材料加热熔化,然后以一定的方式冷却凝固是材料常见的合成和成形方法。控制凝固成为控制材料性能的一个重要手段。理论上,材料液态到固态的转变是一个基本的相变过程,其中纯金属的凝固是凝固理论的基础。

3.1 金属结晶的宏观和微观现象

结晶是一个较为复杂的过程。而由于液态金属不透明,它的结晶过程观察多有困难。为了揭示金属结晶的基本规律,一般先从结晶的宏观规律入手,同时研究其微观本质。

3.1.1 结晶过程的宏观与微观现象

为了研究金属结晶的宏观规律,设计了如图 3-1 所示的试验装置。一般先将金属放入坩埚中加热熔化并升至熔点以上一定的温度,使金属变成熔融的液体,即熔体。而后以极其缓慢的冷却速度冷却(可认为在各个环节系统都处于平衡态),记录冷却过程的冷却曲线。这种方法称为热分析法。得到的曲线称为热分析曲线。

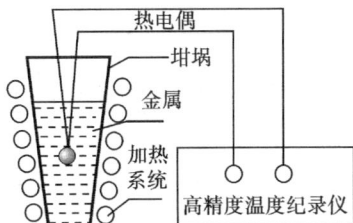

图 3-1 热分析试验装置示意图

　　图 3-2 是典型的金属平衡冷却曲线。图 3-3 为金属结晶的微观过程示意图。从中我们看出,金属的冷却过程可分为五个基本阶段。

　　Ⅰ阶段:当熔体的温度高于金属的理论熔点 T_m 时,金属为熔体,没有凝固或结晶的迹象。金属熔体中没有固体。

　　Ⅱ阶段:一般意义上。当金属的温度达到 T_m 时,金属应该开始凝固。但实验证明,当金属熔体的温度低于 T_m 但高于 T_n 时,金属并未结晶。而是当金属熔体的温度达到低于金属理论熔点 T_m 的某一温度 T_n 时,金属熔体中才开始出现小尺寸的固体(或晶体)。

　　Ⅲ阶段:当熔体中的固体体积增加到一定程度时,随着小尺寸晶体体积和数量的增加,系统的温度不仅不再下降,反而升高,意味着金属凝固过程中伴随着强烈的放热现象。

　　Ⅳ阶段:当固体的体积明显增加、而熔体的体积明显减少时,系统的温度保持恒定 T_s,但 T_s 依然低于 T_m。

　　Ⅴ阶段:熔体已消耗完毕后,系统开始降温。

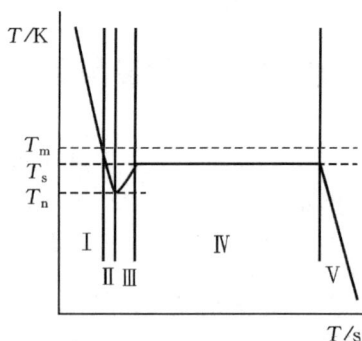

图 3-2　金属凝固过程的热分析曲线示意图

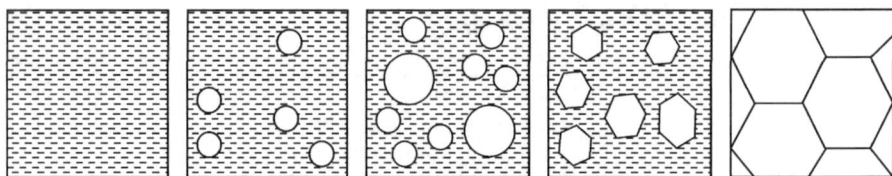

图 3-3　金属微观凝固过程示意图

3.1.2　过冷度与结晶潜热

图 3－2 显示,当液态金属冷却到理论结晶温度即熔点时并未结晶,而是需要继续冷却到 T_m 以下某一温度 T_n 时才开始结晶。这个现象称为金属结晶或凝固时的过冷现象。理论结晶温度 T_m 与实际结晶温度 T_n 之差 $\Delta T = T_m - T_n$ 称为金属结晶(开始)时的过冷。图 3－1 显示,金属熔体在结晶过程中都是在低于 T_m 的某一温度进行的,因此将过冷度的定义推广,则为相变的理论开始温度与实际进行温度之差。对于金属凝固过程来讲,各个阶段都有过冷度。与此相反,金属只有当其温度高于理论熔化温度 T_m 时才能熔化,则将金属实际熔化温度与理论熔化温度之差称为熔化时的过热度,同样,熔化的各个过程也都有过热度。

图 3－2 显示,固体的长大过程是在等温下进行的。由于此时系统在向环境中放热,因此的等温过程则为系统放出的热量与向环境中的放热达到了平衡。这意味着金属结晶时伴随着系统向外界放热的过程。物质在相变过程中放出或吸收的热量称为相变潜热。金属熔体结晶时放出的热量称为结晶潜热,相对地熔化吸收的热量则为熔化潜热。对于 1 mol 金属,显然熔化与结晶潜热在数值上是相等的,用 L_m 表示。

3.2　金属结晶的基本条件

3.2.1　金属结晶的热力学条件

热力学第二定律指出,物质系统总是自发地从自由能高的状态到自由能低的状态转变,即只有自由能降低的相变过程才能自发进行。金属某一平衡态下的自由能

$$G = H - TS \qquad\qquad (3-1)$$

式中:H 为热焓;T 为温度;S 为熵;G 为状态的 Gibbs 自由能。

已知熵 S 是系统混乱度的函数,因此 S 随温度升高而增加。由于在熔点附近,熔体和固体金属的焓 H 变化很小,因此,式(3－1)中,G 随温度升高而降低,同时温度 G 曲线的斜率随 T 增加而增加,即 G 曲线是一条上凸曲线;由于液态的混乱度高于固态,因此 $S_L > S_S$,则液态 G 曲线斜率大于固态。因此,在过冷度和过热度温度区间内,就存在如图 3－4 所示的自由能变化关系。

图 3－4 显示,G_S 与 G_L 曲线相交时,$G_S = G_L$,两相在此温度自由能相等,意味着两相可以共存。因此此温度即为金属的理论结晶温度 T_m。但同时,由于 $G_S = G_L$,两相自由能相等,系统既不熔化也不结晶。只有当 $T < T_m$ 时,$G_S < G_L$,系统才

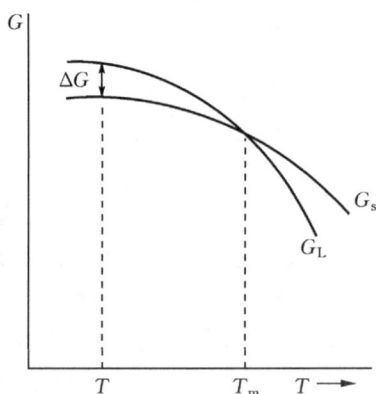

图 3 - 4　液、固金属的自由能-温度曲线

有结晶的可能性。推广开来,只有当 $T > T_m$ 时,金属才有熔化之可能。因此金属凝固时必须有过冷度,熔化时必须有过热度。

由式(3-1)可知,金属在结晶时,液固两相单位体积自由能的变化

$$\Delta G_V = G_L - G_S = H_L - TS_L - (H_S - TS_S)$$
$$= (H_L - H_S) - T(S_L - S_S) \tag{3-2}$$

由热力学可知,$H_L - H_S$ 即为金属的结晶(熔化)潜热,用 L_m 表示。当 $T = T_m$ 时,$\Delta G_V = 0$,式(3-2)可知

$$L_m = T(S_L - S_S) = T_m \Delta S \tag{3-3}$$

在 T_m 附近时,可认为 ΔS 为常数,因此,由式(3-2)得到

$$\Delta G_V = L_m - T\frac{L_m}{T_m} = L_m\left(\frac{T_m - T}{T_m}\right) = L_m\frac{\Delta T}{T_m} \tag{3-4}$$

式(3-4)显示,两相的自由能差 ΔG_V 与过冷度成正比,而当过冷度为 0 时,ΔG_V 也为 0。因此,ΔG_V 是金属结晶时的相变驱动力。

研究表明,系统的冷却速度越快,金属所能获得的过冷度越大,由于相变驱动力增加,结晶速度增大,结晶所需要的时间越短。

3.2.2　金属熔体的性质

由于金属熔体具有良好的流动性,所以人们曾经认为,液相金属的结构与气体相似,是以单原子状态存在的,并进行着无规则的热运动。但是大量的实验结果表明,液态金属的结构与固态相似,而与气态金属根本不同。例如,金属融化熔化时的体积增加很小(3%～5%),说明固态金属与液态金属的原子间距相差不大;液态金属的配位数比固态金属的有所降低,但变化不大,而气体金属的配位数却为零;

金属熔化时的熵值有显著增加,这意味着其原子排列的有序程度在熔化后受到很大破坏。

晶体中,大尺寸范围内原子是有规律重复排列的,称之为长程有序。液态金属的 X 射线研究显示,液态金属的近邻原子之间具有某种与晶体结构相近的排列规律,但这种排列的规律性不能向晶体那样延伸至远距离。可见,在液相的微小范围内,存在着原子间紧密接触、规则排列的小集团,称之为短程有序或近程有序。研究还表明,液态金属的短程有序集团并非固定不动和一成不变的,而是在不断变化之中。高温下原子的热运动较为激烈,短程有序集团只能维持短暂的时间(约为 10^{-11} 秒)即消散,而新的短程有序原子集团又同时出现。此起彼伏,与那些无序的原子之间形成动态平衡。这种现象称为液态金属的结构起伏或相起伏。

结构起伏或相起伏的原子集团尺寸大小与温度有关。研究表明,在一定的温度下,结构起伏的最大尺寸有一个上限 r_{max},温度降低,r_{max} 增大。在过冷的金属熔体中,尺寸为 r_{max} 的短程有序中可以有几百个原子。同时,金属熔体的过冷度越大,r_{max} 也越大,见图 3-5。与统计规律相同,在一定的温度下,涌现出的不同尺寸短程有序的几率不同,尺寸大和尺寸小的短程有序出现的几率都不大,见图 3-6。

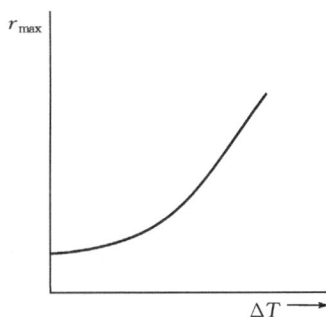

图 3-5　熔体中的相起伏尺寸与过冷度的关系

研究还显示,在液态金属中,并非每个原子都具有相同的能量,总有一些原子或原子集团的能量高于或低于原子的平均能量。这个现象称为液态金属的能量起伏。

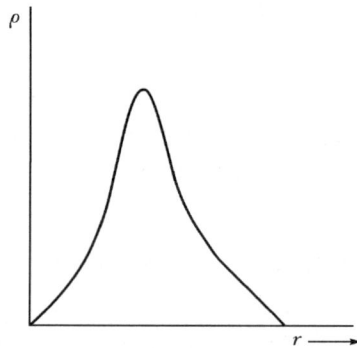

图 3-6　液态金属中不同尺寸的相起伏出现的几率

3.3　晶核的形成

显然,金属的结晶是一个形核与长大的过程。母相中形成一定尺寸、不再消失的小晶体的过程称为形核,形成的小晶体称为晶核。现在感兴趣的是晶核从何而来。已知,液态金属中存在结构起伏,这些结构起伏的短程有序集团为形核提供了条件,晶核都是由这些短程有序集团发展而来。由于这些结构起伏或相起伏是晶核的胚芽,因此,这些结构起伏的原子集团也称为晶胚。

3.3.1　均匀形核

在绝对纯净而且过冷的金属熔体中,不依靠任何外界帮助而由晶胚直接形成晶核的过程称为均匀形核。

1. 晶胚形成时的能量变化

当液态金属中出现一个晶胚时,一部分液相中的原子转变为晶体内部的原子,在过冷的熔体中,由于液态的自由能高于固态,因此由于液固转变会带来自由能的下降。但是,一个晶胚形成后,系统中出现了液、固两相。在液固两相之间,形成了一个新的界面并由此产生了相界面能。

忽略液固转变时的体积效应,晶胚出现前后系统总的能量变化为

$$\Delta G = -V\Delta G_v + S\sigma \tag{3-5}$$

式中:ΔG_v 为单位体积的液相转变为固相而带来的体积自由能差;由于 $\Delta G_v = G_L - G_S$,因此 ΔG_v 为正值;V 为晶胚的体积;S 为晶胚的表面积;σ 为单位面积表面能即表面能密度。$-V\Delta G_v$ 即晶胚形成后体积自由能差的总和,负号表示能量降

低；$S\sigma$ 即表面能总的增加量。

设在金属熔体中形成了一个半径为 r 的球形晶胚

$$\Delta G = -\frac{4}{3}\pi r^3 \Delta G_V + 4\pi r^2 \sigma \tag{3-6}$$

现在，我们考察随晶胚尺寸的变化系统能的变化趋势。显然，在式（3-6）中，体积自由能的降低 $-V\Delta G_V$ 与 r^3 成正比，而总表面能 $S\sigma$ 与 r^2 成正比。因此，随 r 的增加，$-V\Delta G_V$ 降低的速度高于 $S\sigma$ 增加的速度，于是出现了如图 3-7 所示的相互关系。

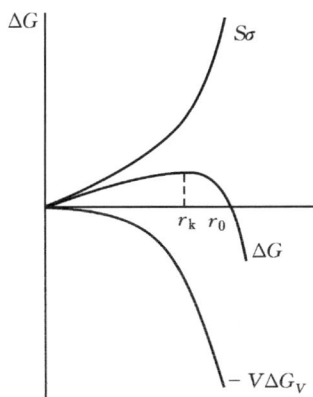

图 3-7　系统自由能随晶胚尺寸的变化

2. 临界晶核半径

一个晶胚能否发展成为晶核，显然是考察其能否长大或能量条件能否允许其尺寸增加。由图 3-7 可知，当晶胚的半径 $r < r_k$ 时，晶胚半径 r 的增加将导致系统能量的增加，具有这种尺寸的晶胚不能长大而是自发消失。而当晶胚的半径 $r > r_0$ 时，具有这种尺寸的晶胚的出现导致系统的能量变化为负值，系统的过程自发进行，而晶核可自发形成并长大。而当晶胚的半径 $r_k < r < r_0$ 时，具有该尺寸的晶胚的存在虽然使系统的能量变化大于 0，但长大（r 增加）后系统的能量趋于减小，具有该尺寸的晶胚具有转变成晶核的可能。尺寸小于 r_k 的晶胚消失，尺寸大于 r_k 的晶胚趋于长大，因此 r_k 是晶胚成核或消失的临界尺寸，称之为临界晶核半径。

令 $\dfrac{\mathrm{d}\Delta G}{\mathrm{d}r} = 0$，得到

$$r_k = \frac{2\sigma}{\Delta G_V} \tag{3-7}$$

对于一个特定的纯金属而言，σ 在熔点温度附近近似为常数。显然，临界晶核

尺寸与液固两相单位体积自由能差成反比。尺寸为 r 的晶胚能否成核,关键是 ΔG_V 的大小。

将式(3-4)代入式(3-7),得到

$$r_k = \frac{2\sigma T_m}{L_m \Delta T} \tag{3-8}$$

显然,r_k 与过冷度 ΔT 成反比,即过冷度越大,晶胚转变成为晶核所需要的临界尺寸或临界晶核半径越小,其关系如图3-8所示。

已知在一定的过冷度下,存在一个最大相结构尺寸 r_{max}(图3-5),将图3-5和图3-8合成在一张图上得到图3-9。图中可以看出,晶胚欲转变成晶核,需要的晶核半径 r_k 必须小于晶胚的最大半径 r_{max}。由于二者都是由过冷度控制的,因此形成晶核的过冷度 ΔT,必须大于 $r_{max}-\Delta T$ 和 $r_k-\Delta T$ 曲线上的交差点所对应的过冷度 ΔT_k。ΔT_k 即形成晶核所需要的最小过冷度,称之为临界过冷度。

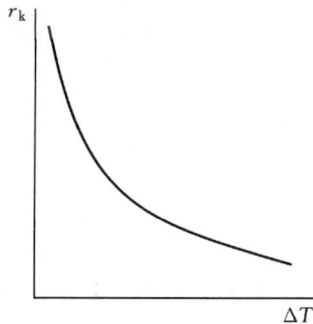

图3-8　临界晶核半径与过冷度的关系曲线

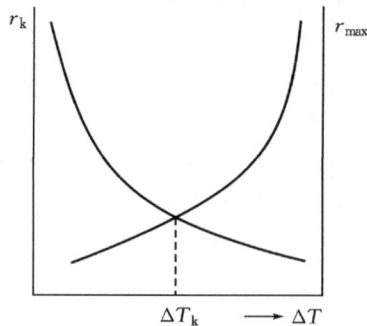

图3-9　最大晶胚尺寸、临界晶核半径与过冷度间的关系曲线

3. 形核功

当晶胚的半径大于 r_k 但小于 r_0 时,虽然随 r 的增加系统的自由能下降,晶胚有转化成晶核的可能,但系统的自由能差依然大于 0。将式(3-7)代入式(3-6),得到

$$\Delta G_K = \frac{1}{3}\left[4\pi(\frac{2\sigma}{\Delta G_V})^2\sigma\right] \tag{3-9}$$

或

$$\Delta G_K = \frac{1}{3}\left[4\pi r_k{}^2\right]\sigma = \frac{1}{3}S_K\sigma \tag{3-10}$$

显然,体积自由能的降低只消除了由于相界面能增加的 2/3,另外的 1/3 需要得到补充,即需要外界对晶核做功。因此,ΔG_K 称为形核功。形核功是过冷液相形核的主要障碍,这是动力学上过冷的液相形核需要孕育期的主要原因。

那么形核功来源于哪里呢?我们已知,在过冷的液相中存在能量起伏。当液相中某一微区的高能原子依附于晶核上时,会释放一部分能量,稳定的晶核就此形成。

将式(3-8)代入式(3-10),得到

$$\Delta G_K = \frac{16\pi\sigma^3 T_m^3}{3L_m^2}\frac{1}{\Delta T^2} \tag{3-11}$$

显然,ΔG_K 与 ΔT 的平方成反比,过冷度增加,形核功呈平方率下降。

4. 形核率

单位时间、单位体积内形成的晶核数目称为形核率。显然,过冷的液相内只有形成大量晶核时,才给结晶创造了条件。设过冷的液态金属中总的原子数为 n,而具有能量为 ΔG_K 的原子团才可能成核。按照统计学的规律,系统中具有 ΔG_K 的原子数为

$$n_1 = ne^{-\frac{\Delta G_K}{kT}} \tag{3-12}$$

式中:k 为波尔兹曼常数;T 为绝对温度。显然,n_1 是由过冷度控制的。液相中,与晶核表面接触和向晶核表面迁移的原子数

$$n_2 = n_s \varepsilon \nu_L \exp\left(-\frac{\Delta G_d^*}{kT}\right) \tag{3-13}$$

式中:ΔG_d^* 为原子扩散激活能;n_s 为与晶核表面接触的原子数;ε 为原子向晶核表面迁移的几率;ν_L 为原子的振动频率。显然,n_2 受温度控制。因此,系统中促使晶核长大的原子数为

$$N = n_1 \cdot n_2 \tag{3-14}$$

这两项合成的曲线见图 3-10。从图 3-10 可知,对于一个特定的系统,晶核的形成率在一定的过冷度下有一个最大值,这个最大值所对应的过冷度,即可以大量形

核所对应的过冷度称为有效过冷度 ΔT_p。在均匀形核的前提下,早期人们曾通过计算得出纯金属的 ΔT_p 大约 $0.2\,T_m$。现代航空航天技术和地球上仿空间无重力状态技术的发展为均匀形核的研究提供了条件,证实了均匀形核条件下 $\Delta T_k \approx 0.2T_m$ 的预测,见图 $3-11$。

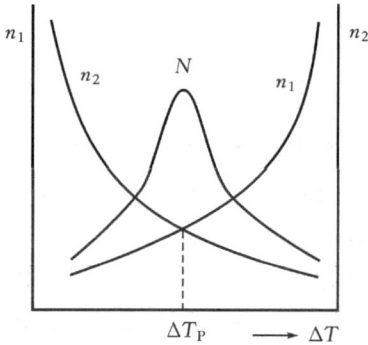

图 3-10　形核率与过冷度的关系　　　图 3-11　过冷度对形核率的影响

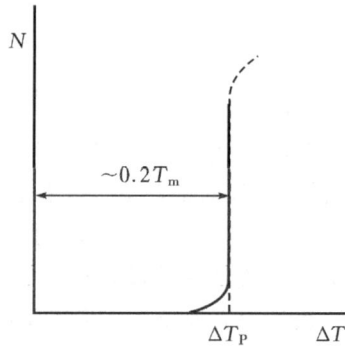

3.3.2　非均匀形核

前面的讨论已知,纯金属形核时的有效过冷度 ΔT_p 大约是 $0.2T_m$。但实际的金属完全纯净的情况并不多见,况且实际金属的凝固都是在容器即铸模中进行的。研究表明,熔体中的固体杂质以及铸模的模壁对金属的凝固过程将会产生重大影响。金属凝固时,晶核会依附于固体杂质或铸模模壁而形成。金属晶核的这种形成方式称为非均匀形核或异质形核。

1. 非均匀形核时的临界晶核半径和形核功

设固体杂质或铸模的模壁为平面,金属依附于固体杂质或铸模模壁形成一个球冠形晶核。设这个球冠所在的球的半径为 r。

为讨论问题方便,金属熔体中形成的晶核为 α,固体杂质或铸模模壁为 β。如图 $3-12$ 所示,晶核形成后,系统中出现了三个不同的界面,一个是晶核与金属熔体间的界面 S_1,其界面能密度为 $\sigma_{\alpha L}$;第二个界面是晶核与固体杂质或模壁间的界面 S_2,其界面能密度为 $\sigma_{\alpha\beta}$,第三个是与金属熔体间原有的界面 S_3,其界面能密度为 $\sigma_{\beta L}$;球冠形晶核在 β 的表面上与 β 的夹角为 θ。这样,系统中晶核形成前后总的自由能变化依然可以写成:

$$\Delta G = -V\Delta G_V + S_\sigma \qquad (3-15)$$

根据几何学原理,球冠的体积为

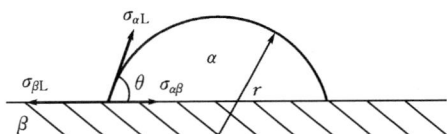

图 3 - 12　非均匀形核示意图

$$V = \frac{1}{3}\pi r^3 (2 - 3\cos\theta + \cos^3\theta) \qquad (3-16)$$

球冠的表面积即晶核与金属熔体间的界面面积

$$S_1 = 2\pi r^2 (1 - \cos\theta) \qquad (3-17)$$

球冠的底面积即晶核与固体杂质或模壁间的界面为

$$S_2 = \pi r^2 \sin^2\theta \qquad (3-18)$$

式(3-12)所涉及的表面能为

$$S\sigma = S_1\sigma_{\alpha L} + S_2\sigma_{\alpha\beta} - S_2\sigma_{\beta L} = S_1\sigma_{\alpha L} + S_2(\sigma_{\alpha\beta} - \sigma_{\beta L}) \qquad (3-19)$$

式中：$S_1\sigma_{\alpha L}$ 为晶核和金属熔体间相界面底界面能；$S_2\sigma_{\alpha\beta}$ 为 α、β 两个固体间的界面能；$S_2\sigma_{\beta L}$ 为由于一部分 β 表面被 α 覆盖而减少的 β 与金属熔体间的界面能。由线张力间的相互关系有

$$\sigma_{\beta L} = \sigma_{\alpha\beta} + \sigma_{\alpha L}\cos\theta(\sigma_{\alpha\beta} - \sigma_{\beta L}) \qquad (3-20)$$

将式(3-14)至式(3-17)代入式(3-13)，并令 $\dfrac{\mathrm{d}\Delta G}{\mathrm{d}r} = 0$ 有

$$r_k = \frac{2\sigma_{\alpha L}}{\Delta G_V} = \frac{2\sigma_{\alpha L}T_m}{L_m\Delta T} \qquad (3-21)$$

$$\Delta G'_K = \frac{4}{3}\pi r^2\sigma_{\alpha L}\frac{2 - 3\cos\theta + \cos^3\theta}{4} = \frac{4}{3}\pi r^2\sigma_{\alpha L}A \qquad (3-22)$$

这里，$A = \dfrac{2 - 3\cos\theta + \cos^3\theta}{4}$ 称为结构因子。

上述结果表明，虽然式(3-20)和式(3-7)、式(3-8)的表达式形式相同，但式(3-20)中的 r_k 是球冠所在的球的半径。因此，只要 θ 小于 $180°$，由于球冠的体积永远小于其所在的球的体积，形核所需要的结构起伏的尺寸(即球冠的体积)小于均匀形核的尺寸；同时，只要 θ 小于 $180°$，$A < 1$，$\Delta G'_K < \Delta G_K$。即非均匀形核的形核功小于均匀形核。

2. 影响因素

（1）过冷度

图 3 - 13 为均匀形核和非均匀形核所需过冷度和形核率。由于非均匀形核所需要的结构起伏尺寸小于均匀形核，而且非均匀形核的形核功也小于均匀形核，因

此非均匀形核所需要的过冷度小于均匀形核。研究显示,非均匀形核达到最大形核率所需要的过冷度仅为均匀形核的1/10,在实际的金属常规(有杂质、有铸模)凝固时,当均匀形核的条件还远没有达到时,非均匀形核早就开始了。当可被利用的形核基底全部被晶核所覆盖时,新晶核的形成即告终止。

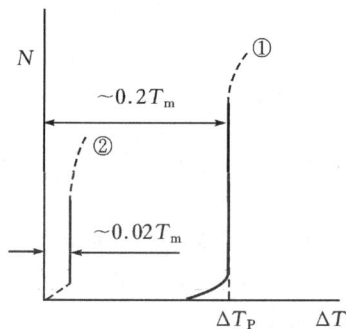

图 3 - 13　均匀形核与非均匀形核形核率与过冷度的关系
①均匀形核　②非均匀形核

(2) 固体杂质的性质

由式(3 - 18)得知

$$\cos\theta = \frac{\sigma_{\beta L} - \sigma_{\alpha\beta}}{\sigma_{\alpha L}} \qquad (3 - 23)$$

对于特定金属,$\sigma_{\alpha L}$为常数,这样,θ值事实上取决于α和β的相互关系。α和β的性质越相近,$\sigma_{\alpha\beta}$越小,而$\sigma_{\alpha L}$与$\sigma_{\beta L}$越接近,θ越小,非均匀形核所需要的结构起伏体积越小,形核功越低。而当$\sigma_{\alpha\beta} = 0$、$\sigma_{\alpha L} = \sigma_{\beta L}$时,意味者$\alpha$和$\beta$属同种物质,此时$\theta = 0$,$A = 0$,形核不需要形核功。因此,在凝固学上$\theta$称为湿润角,它对材料的凝固过程影响很大。

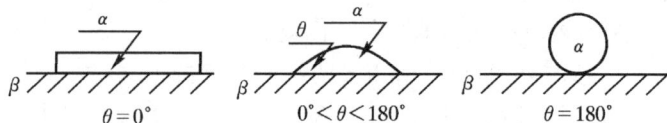

图 3 - 14　不同湿润角的晶核形状

(3) 固体杂质形貌的影响

对于一个特定的系统而言,虽然固体杂质的形状各异,但无论何种形状,体积与表面积之比越大,对形核越有利。例如图 3 - 15 所示的三种不同形状的杂质,以第一种形状对形核最有利。

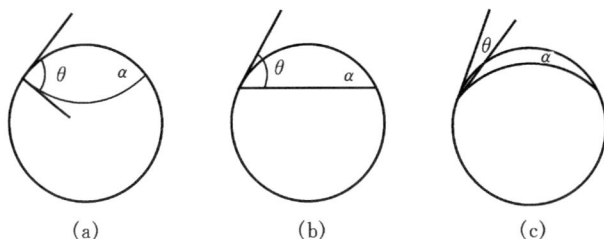

图 3 - 15　不同形状的固体杂质对非均匀形核的影响

3.4　晶体的长大

过冷的液态金属中,晶核一旦形成后伴随的就是晶体的长大。晶核和晶体的长大方式主要与液、固两相界面的结构以及液、固两相界面前的温度分布有关。金属凝固完成后的组织取决于形核与长大两个过程,晶核的多少决定了晶粒的多少或晶粒的粗细,晶体的长大主要影响组织形态。

3.4.1　晶体长大的基本条件

根据图 3 - 4 的结果,液相转变成固相时,必需相变驱动力,晶体的形核如此,晶体的长大亦然。因此熔体中晶体的长大也必须在过冷的熔体中才能进行。但由于晶体的长大是新晶体依附在已存在晶体而生长的过程,所需要的结构起伏的尺寸很小或根本不需要结构起伏,需要的能量起伏很小,因此晶体长大所需要的过冷度很小。研究显示,晶核形成后,在 0.01～0.05 K 小过冷度下即可长大。由于纯金属晶体的长大是在等温条件下进行的,因此在冷却速度不高时,晶体长大的温度常被认为是金属的熔点。

晶体有效长大的另一个基本条件是系统中需要足够多的晶核,单一或少量晶核虽然在一定的过冷度下也可以长大,但速度过缓。晶体的长大由于要发生原子的重组,基本条件还需要长大的温度足够高以使原子有足够大的扩散能力。

3.4.2　液固两相界面的微观结构

材料液固两相界面在微观和显微尺度上可分为两种形式,即光滑界面和粗糙界面。

1. 光滑界面

在微观(原子)尺度上,液固两相光滑界面的两侧的原子截然分开、分属两个不同的相,即液态一侧的原子完全属于液相,固相一侧的原子完全属于固相。由于晶体中不同的晶面与液相间有不同的界面能,与液态间界面能小的晶面优先长大,因此与液态接触的晶面都属于同一晶面族,显微(显微镜观察)尺度上,这个晶面族的各个晶面组成锯齿形状,如图 3 - 16(a)所示。无机化合物、金属间化合物及亚金属的液固两相界面大多为光滑界面。

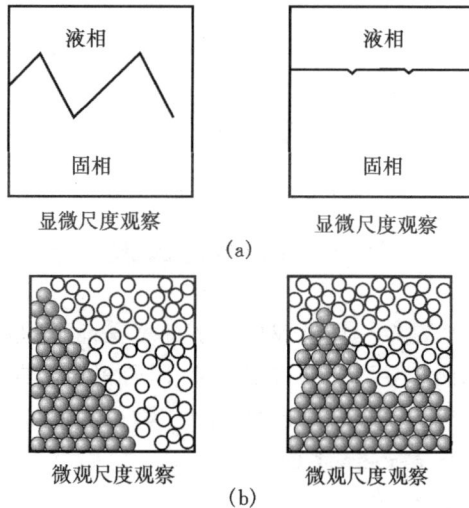

图 3 - 16　液固两相的界面示意图
○ 液相中的原子;● 固相中的原子

2. 粗糙界面

微观尺度观察,粗糙界面是平滑界面。但在显微尺度上,这种界面是高低不平,并存在几个原子间距过渡层的界面,如图 3 - 16(b)所示。在过渡层中,液相与固相原子呈犬牙交错形式分布,因此这种界面是"粗糙"不平的。常见的金属液固两相界面大多为粗糙界面。

3.4.3　晶体的长大微观机制

界面的微观结构不同,接纳液相中迁移过来的原子的能力不同,因此晶体的长大会有不同的机制。

1. 二维晶核长大机制

当液固界面为光滑界面时,单个的液相原子迁移到界面上,由于其表面能的增加远大于体积自由能的减少因此很难形成稳定态。在这种情况下,晶体的长大一般依靠液相中的结构起伏和能量起伏,使一定大小的原子集团降落到光滑界面上,形成一个厚度为原子层、并有一定宽度的平面原子集团。当这个原子团体积自由能的降低高于表面能的增加时,在光滑界面上趋于稳定。这种形核方式和在与新生固体结构、成分等都完全相同的固体表面以非均匀形核方式形成一个新晶核完全相同,由于原有固体的性质与新生晶核完全相同,因此湿润角 $\theta=0°$,为二维晶核,见图 3-17。二维晶核形成后,四周形成了台阶,液相中的原子可以一个个的填充到这些台阶处,使表面能进一步减少,直到这个界面铺满一层原子,光滑界面向前推进了一个原子间距。此后,新的二维晶核形成,晶体的长大持续下去。晶体的这种长大方式称为二维晶核长大。但晶体以这种方式长大时,速度极其缓慢。

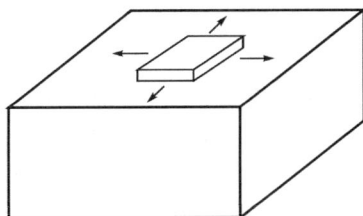

图 3-17 二维晶核长大机制示意图

2. 螺型位错长大机制

一般具有光滑界面的晶体长大速度比二维晶核长大方式预测的要快得多。其原因在于晶体长大时不免形成各种缺陷,这些缺陷暴露在界面上的台阶上给液态中的原子向固相表面堆砌创造了有利的条件。

图 3-18 为螺型位错露头时的晶体长大过程。螺型位错在晶体表面露头处形成了一些台阶,液相中的原子可以一个个堆砌在这些台阶处。这种方式新增加的界面能很小,完全可以被体积自由能所补偿。由于每铺一排原子台阶向前移动一个原子间距,故台阶各处沿晶体表面向前移动的线速度相等。但由于台阶的起始点不动,台阶各处相对于起始点一定的角速度不同。离起始点越远,角速度越小。

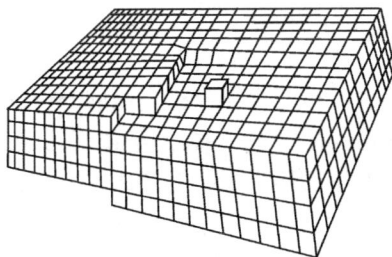

图 3-18 螺型位错露头时晶体的长大

因此随原子的铺展,台阶先是发生弯曲,而后以起始点为中心回旋,这个过程一直进行下去。台阶每扫界面一次,晶体增加一个原子间距。但由于中心回旋的速度快,中心将会突出出来,形成螺旋状的晶体。图 3-19 为这种长大方式示意图。

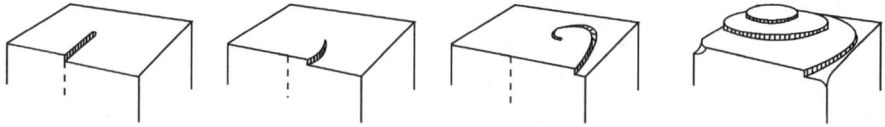

图 3-19　螺型位错露头处生长螺线的形成

3. 垂直长大方式

在光滑界面上,位置不同接纳液相原子的能力不同。台阶处由于界面能较小,液相原子容易转变成固相原子,因而台阶在晶体长大过程中起着重要的作用。然而,光滑界面上的台阶不能自己产生,只能通过二维晶核长大方式长大。由于二维晶核长大方式必须要产生新的晶核,因而在光滑界面上,晶体长大有不连续性。另外表面晶体缺陷,如螺型位错的表面露头在长大中起到了重要作用,它可以提供不消失的台阶。

但粗糙界面的情况则不同,几乎有一半应按晶体规律排列的位置未被原子占据,液相中扩散过来的原子很容易填入这些位置与晶体连接起来。由于这些位置接纳原子的能力是等效的,而且粗糙界面上所有的位置都是生长位置,液相原子可以连续垂直地向界面添加,界面的性质不会改变,因此界面可以迅速地向前推移,晶体缺陷在生长中的作用不明显。这种长大方式称为垂直长大。大部分金属晶体都以这种方式生长,长大速度很快。

3.4.4　固相界面前的温度梯度与晶体长大方式

除了液固界面的微观结构对晶体的长大有重要影响外,液固相界面前的温度分布也会对晶体的长大起重要作用。

1. 正的温度梯度

正的温度梯度是指液固两相界面前液相一侧的温度随距界面的距离增加而提高。一般材料的凝固都是在铸模中进行的,由于铸模的温度远低于液相材料,因此液相材料在铸模模壁上首先结晶并形成一层固体。由于铸模的温度低并且系统的散热也主要靠铸模向环境放热,因此,在某些条件下,越靠近铸模中部,系统的温度越高,正的温度梯度也就此产生,这种情况一般见于系统的热量只通过铸模模壁散热的条件下。

　　由于晶体生长时所需要的过冷度比形核小得多,因此液固两相界面前液相一侧的温度与材料的熔点非常接近,在正的温度梯度下,液固两相界面前液相一侧距界面稍远处的温度会高于熔点,即液态的过冷区很小,如图 3 - 20。固体一侧的晶体局部偶有突出,液相的过冷度会立即减小,其长大速度会立即减小下来。同时,晶体也决不会在小于晶体长大所要求的最小过冷度的液相以及温度高于材料熔点的液相中长大。因而未长大的部分由于过冷度相对较大长大速度较高而跟随上来。对于粗糙界面的系统,液固两相界面可始终保持近似平面长大。而对于光滑界面的系统,由于液固两相界面上晶体一侧是由许多特定的晶面构成,晶面不同,原子密度不同,因而具有不同的界面能。热力学研究表明,原子密度大的平面长大速度小,而原子密度小的晶面长大速度快。因而长大速度大的晶面生长被长大速度小的晶面制约。对于一个独立的晶核而言,最后长大速度快的晶面逐渐缩小而消失,晶体长大成为以密排面为表面、具有规则外形的晶体,如图 3 - 21 所示。

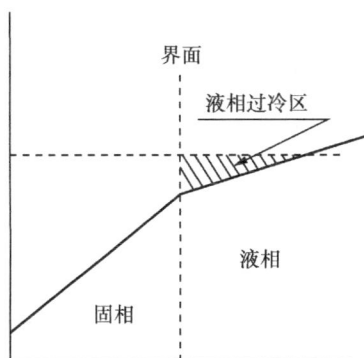

图 3 - 20　正的温度梯度示意图　　　　　图 3 - 21　各晶面的长大速度与晶体外形

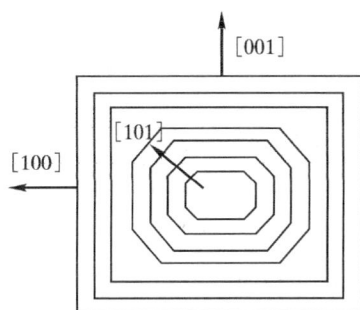

2. 负的温度梯度

　　负的温度梯度指系统中液固两相界面前液相一侧的温度随距界面的距离增加而降低的温度分布情况,如图 3 - 22 所示。材料凝固特别是系统冷却速度较快的时候,由于固相的长大要放出结晶潜热,在液固两相界面上放出的热量必须从液固两相界面向远处释放,而这种释放是需要时间的。在很多非理想情况下,液固两相界面附近界面上的温度在晶体长大时是最高的。因此,在液固两相界面附近,液相一侧随距离的增加,温度降低,产生了负的温度梯度。由于晶体长大是在过冷条件下进行的,对于这个特定的系统来说,随距界面的距离增加,液相的过冷度增加。

　　在负的温度梯度条件下,具有粗糙液固两相界面的系统晶体生长时,由于界面前的液相处于过冷态,如果晶体的某一局部偶有突出,它将伸入过冷度更大的液相

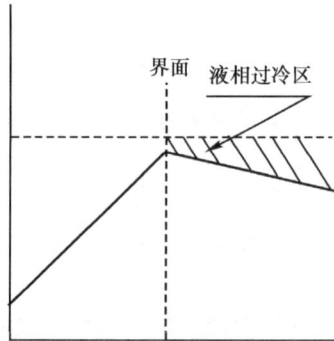

图 3-22　负的温度梯度示意图

之中,长大速度加快,从而更有利于突出的尖端向液相中生长。此时,由于突出晶体的横向也在生长,但结晶潜热的释放提高了晶体周围的温度,过冷度减小。而突出晶体的尖端附近由于过冷度大,散热能力要比周围大得多。因而突出晶体的横向长大速度远比纵向长大速度小得多。因此,突出的尖端很快长大成为一个细而长的晶体,这部分晶体称为主干,也称为一次晶轴或一次晶。同样,由于一次晶形成时向周围释放结晶潜热,在其横向周围,新的负温度梯度同时建立起来,一次晶上的突出在新的负温度梯度的条件下长大成为新的晶枝,这些晶体称为二次晶轴或二次晶。二次晶形成过程中,新的负温度梯度建立起来,因此又会形成三次晶。如此进行下去,四次晶、五次晶、……不断形成,在液相中形成一个类似树枝状的骨架,称之为树枝晶,简称枝晶。在随后的过程中,各次晶不断长大,新的晶体不断形成,直至液相消耗完毕,每一个枝晶发展成为一个晶粒。在枝晶生长中,对于一个特定的材料,由于晶体的选择性生长,一次晶、二次晶、三次晶、……的轴向方向都有特定的晶体学位向。例如立方晶系的金属各次晶间都是相互垂直的,如图 3-23 所示。在大多数纯金属和某些稳定的化合物中,结晶完成后由于先结晶和后结晶出的晶体没有成分的差别,因此在致密的组织中不会留下枝晶的痕迹;而在固溶体的结晶中,由于结晶过程要发生成分的再分配,因此经过腐蚀后,组织中很容易观察到枝晶的剖面。在可以出现

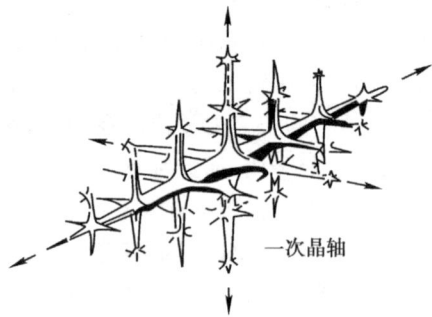

一次晶轴

图 3-23　枝晶生长示意图

枝晶的材料中,在液相没有消耗完毕之前将液相倒出,也可以清晰的观察到枝晶。

具有光滑界面的材料由于影响因素较多尚难给出在负的温度梯度的前提下晶体长大方式的统一规律。有的物质,例如我们常见的水的结晶为枝晶长大,有的物质则是平面长大。有时在负的温度下,温度梯度的大小也会影响晶体的长大方式。温度梯度增大到一定的程度时,平面长大物质也会转而变为枝晶长大。

习题 3

1. 比较过冷度、动态过冷度及临界过冷度的区别。

2. 分析纯金属生长形态与温度梯度的关系。

3. 什么叫临界晶核? 它的物理意义及与过冷度的定量关系如何?

4. 已知液态纯 Ni 在 1.013×10^5 Pa(1 大气压)下,过冷度为 390℃时发生均匀形核,设临界晶核半径为 1 nm,纯 Ni 的熔点为 1726 K,熔化热 $\Delta H_m = 18075$ J/mol,摩尔体积为 $V_m = 6.6$ cm³/mol,计算纯 Ni 的液-固界面能和临界形核功。

5. 液态金属中形成一个半径为 r 的球形晶核时,证明临界形核功 ΔG 与临界晶核体积 V 间的关系为 $\Delta G = \frac{1}{2} V \Delta G$。

6. 简述纯金属晶体长大的机制及与固-液界面微观结构的关系。

第 4 章

合金相图

第 2 章我们已知,两个和两个以上组元组成一种物质往往会有多种存在状态,即不同条件下组成不同的相。第 3 章我们以纯金属为例,讨论了不同单组元材料从液态到固态(晶态)的转变过程。对于多组元材料,由于其相的组成比纯金属复杂,因此从液态到固态的相变过程也比纯金属复杂得多。另外,多组元材料在固态也有不同的相组成,不同的相组成导致了材料性能差异很大。因此,我们必须了解这些材料相变的基本规律,并在此基础上,控制相变以达到控制材料性能的目的。本章我们以二元合金为例,讨论不同条件——成分、温度、压力下材料相变趋向的分析方法。

对于合金体系而言,要了解合金具有较纯金属优良性能的原因,首先要了解各合金组元彼此相互作用形成哪些合金相,它们的化学成分及其晶体结构如何,然后再研究合金结晶后各组成相的形态、大小、数量和分布状况,即其组织状态,并进一步探讨合金的化学成分、晶体结构、组织状态和性能之间的变化规律。合金相图正是研究这些规律的有效工具。掌握相图的分析和使用方法,有助于了解合金的组织状态和预测合金的性能,并根据要求研制新的合金。在生产实践中,合金相图可作为制订合金熔炼、铸造、煅烧及热处理工艺的重要依据。

本章主要介绍二元匀晶、包晶、共晶体系的平衡相图和平衡结晶规律,二元系非平衡结晶以及三元系相图请参考有关书籍。

4.1 相平衡及相图制作

4.1.1 材料的成分及表示方法

在 A、B 两个组元组成的合金系中,A、B 组元的含量可以用数字表达,材料中各组元含量即为材料的成分。材料的成分可以用质量分数表示,也可以用摩尔分数表示。如果材料由 n 个组元组成,w_B 代表 B 组元的质量分数,X_B 代表 B 组元的摩尔分数,则

$$w_B = m_B \Big/ \sum_{i=1}^{n} m_i \left.\vphantom{\sum_{i=1}^{n}}\right\}$$
$$X_B = n_B \Big/ \sum_{i=1}^{n} n_i \qquad\qquad (4-1)$$

式中：m_B 为 B 组元的质量；$\sum\limits_{i=1}^{n} m_i$ 为各组元的质量和；n_B 为 B 组元的原子数(mol

数)；$\sum\limits_{i=1}^{n} n_i$ 为各组元原子数(mol 数)之和；w_B，X_B 的 SI 单位均为 1。

显然，$\sum\limits_{i=1}^{n} w_i = 1$，$\sum\limits_{i=1}^{n} X_i = 1$。同时，$w_B$ 和 X_B 是可以相互换算的，即

$$X_B = \frac{\dfrac{w_B}{a_B}}{\sum\limits_{i=1}^{n} \dfrac{w_i}{a_i}} \qquad\qquad (4-2)$$

$$w_B = \frac{X_B a_B}{\sum\limits_{i=1}^{n} X_i a_i} \qquad\qquad (4-3)$$

式中：a_i 为 i 组元的原子量。

4.1.2　相平衡

1. 相平衡与相变

在一个固定成分材料中，不同的温度下，会出现两个或几个相共存的情况。特定的温度下，经过足够长的时间，各个相的结构、成分以及相与相之间的比例不发生变化的现象称为相的平衡。在相平衡时，各相可以相互交换其原子，但相的成分保持不变。因此，在材料中，相平衡实际是动态平衡。

2. 相平衡的热力学条件

在热力学上，评价一个系统是否稳定的基本条件是视其 Gibbs 自由能是否达到最低。

已知系统的 Gibbs 自由能

$$G = H - TS \qquad\qquad (4-4)$$

式中：H 为系统的热焓；S 为熵；T 为绝对温度；G 为系统的 Gibbs 自由能。

以二元金属固溶体(或合金熔体)为例，A、B 二组元组成溶体时，其自由能可表示为

$$G = X_A G_A^0 + X_B G_B^0 + RT(X_A \ln X_A + X_B \ln X_B) + \Omega X_A X_B \qquad (4-5)$$

式中：X_A、X_B 为溶体中 A、B 组元的 mol 分数，$X_A + X_B = 1$；G_A^0 和 G_B^0 分别为 A、B

二组元在与溶体处于相同状态时的单组元自由能；R 为气体常数；T 为绝对温度；Ω 为二组元组成溶体时的相互作用系数。

这里我们只考虑 $\Omega \leqslant 0$ 的情况。式(4-5)随 $X_A(X_B)$ 的变化为一个下凹的曲线。假如系统中，在 $T=T_1$ 时存在两个相 α 和 β，则各相都有一个 $G-X$ 曲线，如图 4-1 所示。

设 α 相的 mol 自由能为 g_1，β 相的 mol 自由能为个 g_2，系统的 mol 自由能为 g，α 相中 B 组元的含量为 X_1，β 相中 B 组元的含量为 X_2，系统 B 组元的含量为 X，则系统中 B 原子的总数为

$$nX = n_1 X_1 + n_2 X_2 \tag{4-6}$$

系统的总能量为 $\quad ng = n_1 g_1 + n_2 g_2 = (n_1 + n_2)g$

$$n_1(g - g_1) = n_2(g_2 - g) \tag{4-7}$$

式(4-7)除以式(4-6)得到

$$\frac{g - g_1}{X - X_1} = \frac{g_2 - g}{X_2 - X} \tag{4-8}$$

上式表明，两相共存时，系统的 mol 自由能 g 一定落在 α 和 β 两相自由能曲线的公切线上，其值为 g，见图 4-1。

图 4-1 表明，α 和 β 两相共存时，系统的自由能 mol 自由能 g 均小于 α 和 β 单独存在时的自由能，系统更加稳定；二元系 α 和 β 两相共存时，各相的成分都是固定的。

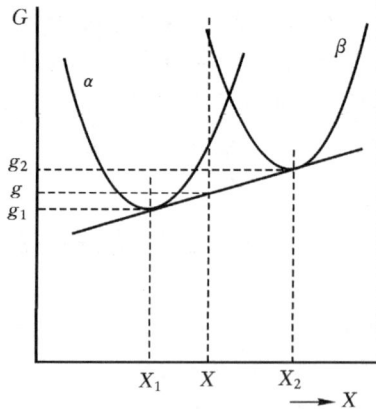

图 4-1　二元系两相平衡的自由能

3. 相变

材料在一个特定的条件下都会有一个特定的相组成。条件的改变全部或部分的相会发生比例、结构、类型的变化。只要材料的相组成状态发生改变,均称为材料系统发生了相变。

4. 吉布斯(Gibbs)相律

从热力学上可以严格的推导出,系统中保持平衡相数不变的情况下,可以独立改变的、不影响材料状态的因素数,即自由度数 f 可以表示为:

$$f = C - P + 2 \qquad\qquad (4-9)$$

式中:C 为系统的组元数;P 为平衡时的相数。这里的自由度包括成分、温度和压力。一般条件下,系统的压力为一个大气压,为常数,则

$$f = C - P + 1 \qquad\qquad (4-10)$$

式(4-9)和式(4-10)称为吉布斯相律。

4.1.3　相图的表示、意义与测定

二元系中相的平衡状态与成分、温度和压力的关系可用平面图形来表示。一般情况下,系统的压力为一个大气压,因此常用相图一般表示为相的平衡关系与系统的温度和成分间的关系。图 4-2(b)为 Cu-Ni 相图,其中纵坐标表示温度,横坐标表示成分。相图中的任何一点,都可表示系统在一定的温度和成分条件下相的平衡关系,也可通过相图得到温度和成分变化前后相变的趋向。

到目前为止,实际金属材料或陶瓷材料相图的建立依靠实验和理论相结合的方法。当系统中发生相变时,各种性质的变化或多或少的带有突变性,这样就可以通过测量材料的性质来确定其相变临界点,有些成分点或线无法用实验准确确定,则采用热力学计算的方法解决。

测定相图常用的物理方法有:热分析法、金相组织法、X 射线分析法、硬度法、电阻法、热膨胀法、磁性法等。精确地测定一个相图,通常都是各种方法配合使用,以充分利用每一种方法的优点。以下以热分析法为例说明如何测绘 A-B 二元相图。

热分析法就是测定合金的冷却(或加热)曲线的方法。首先配制几种有代表性的合金,如图 4-2(a)所示;然后测定每种合金从液态冷却到室温的冷却曲线,并求得各相变点;最后将这些相变点描绘在温度与成分的坐标图纸上。把意义相同的各点连结起来,即可给出 A-B 相图。如图 4-2(b)所示。

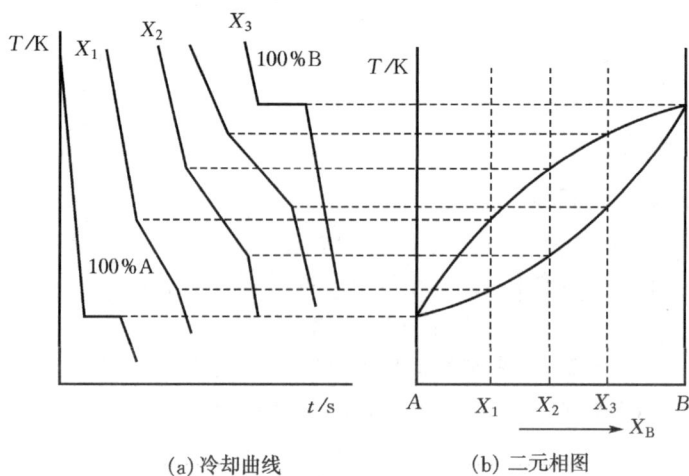

(a) 冷却曲线　　　　　(b) 二元相图

图 4 - 2　热分析法测定二元系相图示意图

4.2　二元匀晶相图

4.2.1　相图分析

　　A-B 二元合金匀晶相图如图 4 - 3 所示。一定成分的合金在较高温度的曲线上方为均匀的液相,因此该曲线称为液相线,液相线的上方称为液相区,用 L 表示。一定成分的合金在较低温度的曲线下方为均匀的固相,因此该曲线称为固相线,固相线的下方称为固相区,用 α 表示。在两条线之间,为液、固两相,称为两相区,用 $L+\alpha$ 表示。其中液、固相线在材料学上也称相变开始或终了线。显然这种相图中,液态结晶完成后得到的产物是无限固溶体,具有这种性质的材料有 Cu-Ni 系、Fe-Co 系、Bi-Pb 系等。

　　由相律 $f=C-P+1$ 可知,两相平衡时,其自由度为 1。这说明温度或成分之一可以作为独立的变量在一定的范围内任意变动,而仍保持两相平衡状态。但是,在给定温度下(限定一个自由度),处于平衡的两个相的成分都已完全确定,不能任意的改变。此时液相和固相的成分应当分别是在此温度刚要开始凝固和开始熔化的成分。液相线和固相线分别是两相平衡时液相和固相的平衡成分。

4.2.2　固溶体的平衡凝固

1. 固溶体平衡结晶过程及组织

平衡凝固是指合金从液态无限缓慢地冷却,由于有时间得以充分扩散,任一时刻都达到平衡条件的一种凝固方式。为了具有一般意义,现假想一个如图 4 - 3 所示的由 A、B 二组元组成的匀晶相图,并以成分为 X 的合金为例研究其平衡结晶过程。当合金冷至略低于液相线温度 t_1 时开始结晶。按照前面的解释,此时,结晶出的固相成分在固相线上,即 t_1 线与固相线的交点。同样,液相的成分是 t_1 线与液相线的交点。因此,此时凝固出 α_1 成分的固相,而液相的成分为 L_1。由于 α_1 中含 A 组元量比合金名义成分或平均成分高,故 α_1 近旁液体中的含 B 组元含量必然降低。而此时,液相也通过扩散使所有液相的成分都达到 L_1。继续冷却至 t_2 温度时,凝固出来的固相成分为 α_2。由于在平衡凝固下,系统中的液相只有一个成分的液相,而系统中的固相只有一个成分的固相,因此先结晶出的固相必须沿固相线将所有固相的成分改变至 α_2,与之平衡的液相成分则沿液相线改变至 L_2。平衡态下,当两相内部成分均分别达到 L_2 和 α_2,即建立稳定平衡后,t_2 温度下的凝固过程就停止了。欲使凝固过程继续进行。必须再降低温度。当温度下降至 t_4,遇到固相线后,凝固才完毕。凝固完毕后的固相成分为 α_4,相当于合金成分。凝固过程中的组织变化如图 4 - 4 所示。

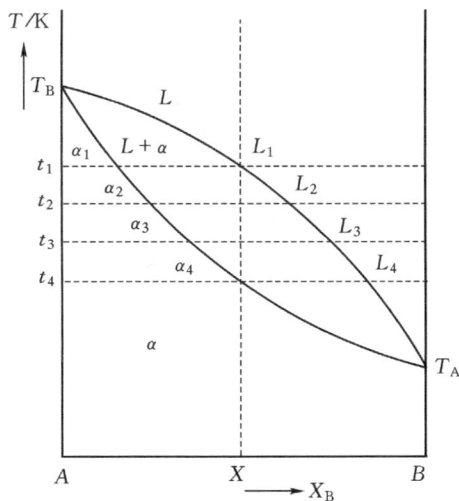

图 4 - 3　匀晶相图示意图

由上述分析可知,固溶体的凝固过程与纯金属凝固相比有着明显的特点。

（1）匀晶相图上有两条特征曲线，分别是液相线和固相线。液相线温度之上是液相单相区，固相线温度以下是固相单相区；两条线之间是两相区。

（2）不同成分的合金凝固开始和终了温度不同。一定成分的固溶体的结晶是在一定温度范围内完成的。

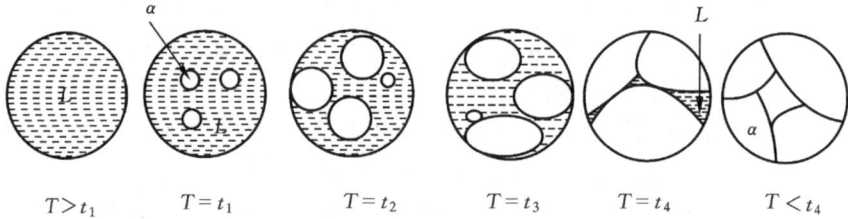

$$T>t_1 \qquad T=t_1 \qquad T=t_2 \qquad T=t_3 \qquad T=t_4 \qquad T<t_4$$

图 4-4　结晶过程中的组织变化示意图

（3）固溶体合金凝固时要发生溶质原子的再分配，结晶出来的固相成分与原液相成分不同，先结晶出的固溶体含高熔点的组元较多，这个现象称为异分结晶。结晶过程中，固相的成分沿固相线变化，液相的成分沿液相线变化。

（4）固溶体结晶也是通过形核与长大过程完成的，除了结构起伏和相起伏外，还需要成分起伏同时也需要形核功。

（5）一定的温度下，只能凝固出来一定数量的固相。即固溶体凝固必须依赖于异类原子的互相扩散。

2. 杠杆定律

固溶体平衡凝固过程中，如图 4-3 所示，当温度降低时，平衡两相中溶质原子都在不断地增加。此时，溶质原子含量的调整是通过液、固两相相对量的变化来进行的。

固溶体合金平衡凝固过程中，液、固两相相对量的变化可用杠杆定律来计算。图 4-5 中成分为 X_0 的合金自液相冷却至 t_1 温度，此时合金处于液、固两相共存。平衡两相的成分点分别为 a,b 两点，对应的横坐标值 X_a 和 X_L。现计算两相的相对量，设合金的总重量为 W_0，液相的重量为 W_L，固相的重量为 W_a，则有

$$W_L+W_a=W_0 \qquad (4-11)$$

另外，合金中含 B 组元的总重量应等于液、固两相中所含 B 的重量之和，即

$$W_L X_L+W_a X_a=W_0 X \qquad (4-12)$$

由以上两式可得

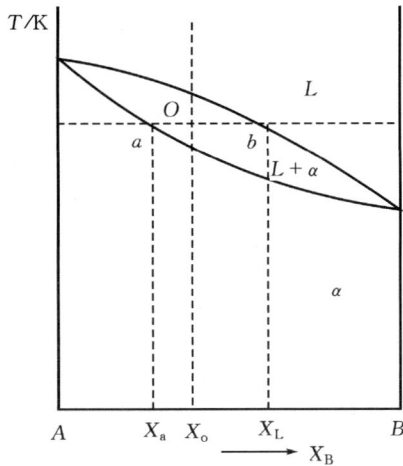

图 4 - 5　相平衡与相的相对量关系

$$\left.\begin{aligned}\frac{W_L}{W_o}&=\frac{X_o-X_a}{X_L-X_a}=\frac{ao}{ab}\\[4pt]\frac{W_a}{W_o}&=\frac{X_L-X_o}{X_L-X_a}=\frac{ob}{ab}\\[4pt]\frac{W_L}{W_a}&=\frac{ao}{ob}\end{aligned}\right\}\qquad(4-13)$$

或

此式与力学中的杠杆平衡关系颇为相似,故称为杠杆定律。杠杆定律可以用来计算二元合金系中任何两平衡相的相对重量或重量分数。

4.3　二元共晶相图

绝大多数二元合金在固态只能部分互溶而形成有限固溶体。具有这种性质的部分合金凝固过程中会在等温条件下同时结晶出晶体结构和成分不同的两个固相。材料学上,从一个均匀的液相中同时结晶出两个固相的过程称为共晶转变;得到的组织称为共晶组织。组元在液态完全互溶,固态有限互溶,有共晶转变的相图称为共晶相图。Pb-Sn,Al-Si,Al-Cu,Mg-Si,Al-Mg 等就是这类合金的典型例子。在科研与生产中二元共晶相图应用十分普遍。为了具有一般意义,现假想一个A-B二元共晶相图说明如何分析和应用二元共晶相图。

4.3.1　相图分析

一般二元共晶相图如图 4-6 所示。相图中有三个基本相,液相 L、固溶体相 α

及 β。α 相是组元 B 溶于组元 A 晶格中的 A 基的固溶体；β 相是组元 A 溶于组元 B 晶格中的 B 基的固溶体。在相图上与之对应的有三个单相区 L、α 和 β，两个单相区之间有一个两相区 $L+\alpha$、$L+\beta$ 和 $\alpha+\beta$。在这个相图中，还有一条重要的线 MEN，它与三个单相区(L、α 和 β)相连，这条线为 $L+\alpha+\beta$ 三相共存区。根据相率，二元系三相共存时自由度数为 0，因此这条线是一条等温(水平)直线，对应的温度为 T_E。因此图中的液相线为 aEb，固相线 $aMENb$。图中还有两条特征曲线 MF 和 NG，它们分别是 α 和 β 固溶体的饱和溶解度曲线。

4.3.2　共晶系合金的平衡凝固和组织

按照相变特点和组织特征，可将共晶系合金的平衡凝固分为端部固溶体合金、亚共晶合金、共晶合金，过共晶合金等四类合金的凝固。现举例说明各类合金的凝固过程和组织特征。

1. 端部固溶体合金

以图 4-6 中合金 I 为例。当该合金平衡冷却至 1 点(t_1)温度时，合金进入两相区，从液相中开始结晶出 α 固溶体。这个结晶过程即为第二节中的匀晶转变。冷至 t_2 温度时，结晶完毕。此时得到的产物为 α 固溶体。组织为单相固溶体晶粒。在 t_2-t_3 温度区间冷却时没有相和组织的转变，或者没有相变发生。

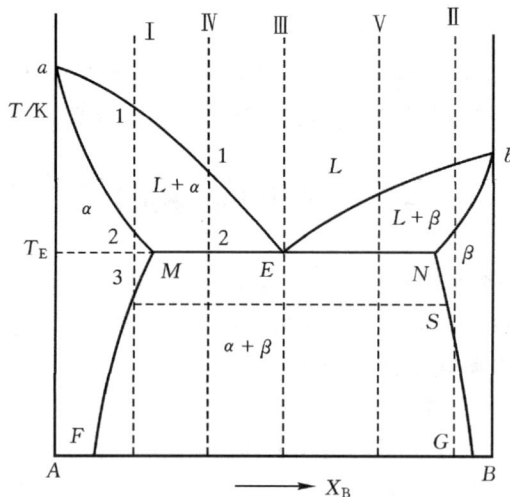

图 4-6　二元共晶相图示意图

当合金冷至 t_3 温度后继续降温，将进入 $\alpha+\beta$ 两相区。在稍高于 t_3 温度为单

相 α,稍低于 t_3 温度为 $\alpha+\beta$ 两相。这意味着此时 α 相中溶解 B 组元的量达到饱和,要从 α 相中析出 β 相。这个过程称为二次结晶或脱溶转变。此时结晶出的 β 和相图中右侧 β 相区的 β 为同一个相,成分为 S 点。为了区别从液相中结晶出的 β 固溶体,二次结晶出的 β 相标识为 β_{II}。因此 MF 线称为 α 相的饱和溶解度曲线。同理,NG 线称为 β 相的饱和溶解度曲线。在随后冷却过程中,α 和 β 相的平衡成分分别沿着 MF 线与 NG 线变化,α 中的溶解度将不断减少,β_{II} 不断增多。由于 β 中固溶的 A 组元也随温度下降而减少,事实上 β_{II} 中也不断结晶出 α 相。只是由于 β_{II} 尺寸很小,二次结晶出的 α 相依附于已有的 α 相形成,组织中一般分辨不出。

上述结晶过程的冷却曲线如图 4-7 所示;整个降温过程中的组织变化示意图见图 4-8。

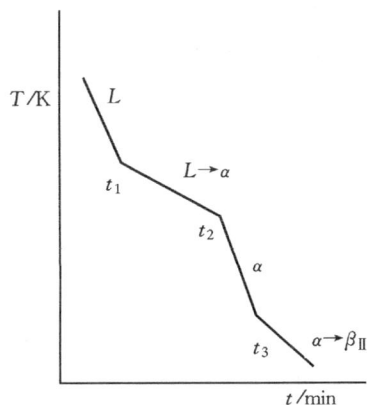

图 4-7　合金 I 的冷却曲线

在一个特定的温度下,组成合金的基本相称为合金的相组成或相组成物;在一个特定的温度下,合金微观组织中的各个组成部分称为合金的组织组成或组织组成物。室温下,合金 I 的相组成为 $\alpha+\beta$,组织组成为 $\alpha+\beta_{\mathrm{II}}$。利用杠杆定律可以计算出各个阶段组织组成物与相组成物的量。

合金中第二相的存在会影响合金的性能。如果第二相硬度较高,并且呈弥散状分布时,会使合金强化;若第二相沿晶界呈网状分布则会降低合金的塑性。第二相的形态和分布。可以通过热处理来控制。

对于处于相图中另一端的合金 II,其相变的基本过程与合金 I 完全相同。室温下组织组成物为 $\beta+\alpha_{\mathrm{II}}$,相组成物为 $\beta+\alpha$。

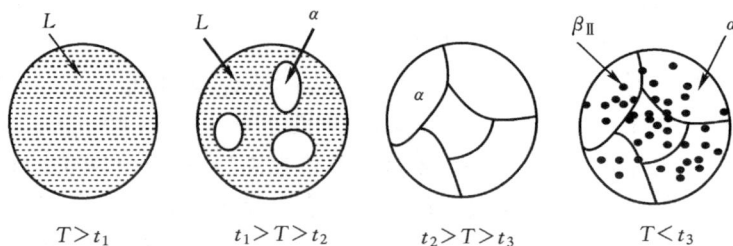

$$T>t_1 \qquad t_1>T>t_2 \qquad t_2>T>t_3 \qquad T<t_3$$

图 4-8　合金 I 组织变化示意图

2. 共晶合金

对于过 E 点的合金Ⅲ,在 T_E 温度以上是均匀的液相,当冷却到 T_E 温度时,成分在 E 点的液相和固相 α 以及固相 β 相同时达到平衡。此时,从一个液相中同时结晶出两个不同的固相 α 和 β。α 相成分在 M 点而 β 成分在 N 点。发生的转变表示为

$$L_E \rightarrow \alpha_M + \beta_N$$

这种从一个液相中同时结晶出两个固相的转变称为共晶转变和共晶反应;形成的组织称为共晶组织或共晶体,以 $(\alpha+\beta)_{共}$ 表示。成分在 E 点的合金称为共晶合金。显然,共晶体是由两个相组成,两个相的相对量可由杠杆定律计算。

$$W_\alpha = \frac{EN}{MN} \times 100\%, \ W_\beta = \frac{ME}{MN} \times 100\%$$

根据相律 $f=C-P+1$,共晶转变时,$C=2$,$P=3$,$f=0$。因此,共晶转变为等温转变,MN 线称为共晶温度。共晶转变完成后继续冷却时,共晶体中的 α 与 β 相都要发生脱溶转变,分别析出 $\beta_Ⅱ$ 和 $\alpha_Ⅱ$。由于共晶体中的次生相常依附共晶体中的同类相析出,所以在显微镜下难以分辨。典型共晶合金在室温下的组织见图 4-9。图中黑色为 α 相,白色为 β 相,两相呈片层交替分布。

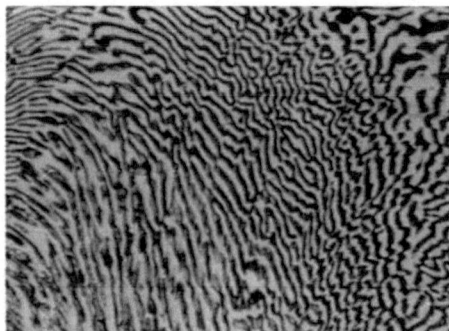

图 4-9　Fe-B合金的共晶组织

3. 亚共晶合金

成分位于 ME 之间的合金中,从均匀的液相冷至液相线时,开始结晶出 α 相。随着温度降低,结晶出的 α 相增多。L 和 α 的成分分别沿 aE 和 aM 线变化。当冷至 T_E 温度时,α 相的成分变至 M 点,L 相的成分变至 E 点。此时,剩余的液相发生共晶转变 $L_E \rightarrow \alpha_M + \beta_N$,直至液相全部消失为止。凝固后的组织组成物为 $\alpha_{初}$ + $(\alpha+\beta)_{共晶}$,其中 $\alpha_{初}$ 是指从液体中直接结晶出来的固溶体。可以用杠杆定律计算初晶 α 和共晶组织的相对量以及相组成的相对量。

成分位于 ME 之间的合金称为亚共晶合金。凝固后继续冷却,α 和 β 相都要发生脱溶转变($\alpha \rightarrow \beta_{II}$,$\beta \rightarrow \alpha_{II}$),但共晶体中析出的次生相在显微镜下不能辨认,故不必标出。所以室温下合金的组织为 $\alpha_{初} + \beta_{II} + (\alpha+\beta)_{共晶}$,相组成为 $\alpha+\beta$。典型亚共晶合金的显微组织如图 4-9 所示。图中黑色树枝晶为初生 α 固溶体,由于从液体中直接结晶生成,故比较粗大;分布在树枝间隙中黑白相间的组织为 $(\alpha+\beta)$ 共晶体。合金中组织组成物的相对量,可以根据相平衡的概念,利用杠杆定律间接地计算。该合金的冷却曲线如图 4-11 所示,注意该合金冷却曲线上依然有一个平台。

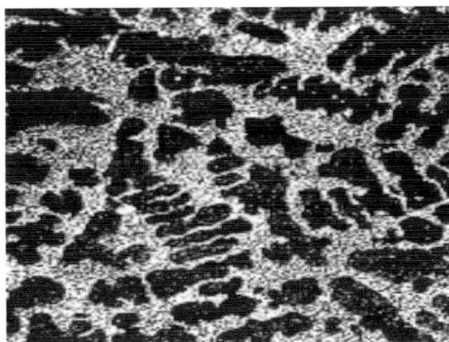

图 4-10 Al-Si 合金亚共晶组织

4. 过共晶合金

过共晶合金凝固过程和组织特征与亚共晶合金相类似,只是是先析出初晶 $\beta_{初}$,然后再结晶出共晶体,最后是脱溶转变。室温下的组织组成为 $\beta_{初} + \alpha_{II} + (\alpha+\beta)_{共晶}$。

综上所述,位于 MEN 线范围内的合金,都属于共晶型合金。其凝固时均有共晶转变发生,形成共晶体。对于亚共晶和过共晶合金,共晶转变前都有先共晶初生相的结晶,因而室温组织中除了共晶体外,还有初晶及次生组织存在。

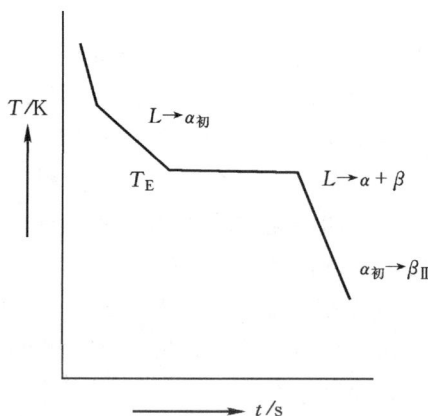

图 4 - 11　亚(过)共晶合金的冷却曲线

4.4　二元包晶相图

　　有些合金当凝固到达一定温度时,已结晶出来的一定成分的固相与剩余的液相(有确定的成分)发生反应生成另一种固相,这种转变称为包晶转变。两组元在液态无限溶解,固态下有限互溶并具有包晶转变的相图称为二元包晶相图。这种相图在 Cu-Sn,Cu-Zn,Ag-Sn,Fe-C 等合金系中出现。

4.4.1　相图分析

　　图 4 - 12 是一个假想的二元包晶相图。相图中有三个基本相,液相 L、固溶体相 α 及固相 β。α 相是组元 B 溶于组元 A 晶格中的 A 基的固溶体;β 相是组元 A 溶于组元 B 晶格中的 B 基的固溶体。在相图上与之对应的有三个单相区 L、α 和 β,两个单相区之间有一个两相区 $L+\alpha$、$L+\beta$ 和 $\alpha+\beta$。在这个相图中,有一条重要的线 CDP,它与三个单相区(L、α 和 β)相连,这条线为 $L+\alpha+\beta$ 三相共存区。根据相率,二元系三相共存时自由度数为 0,因此这条线是一条等温(水平)直线,对应的温度为 T_D。因此图中的液相线为 aPb,固相线 $aCDb$。图中还有两条特征曲线 MF 和 NG,它们分别是 α 和 β 固溶体的饱和溶解度曲线。显然,在这个相图中,两组元在液态能无限互溶,在固态只能部分互溶,形成有限固溶体。

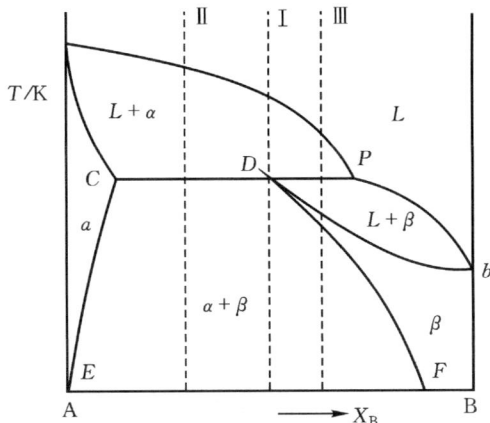

图 4 - 12　包晶相图示意图

4.4.2　包晶合金的平衡凝固

1.过 D 点 Ⅰ 合金

图 4 - 11 显示,均匀的液相冷却到液相线时,开始结晶出 α。在继续冷却过程中 α 相数量不断增多,液相不断减少。当合金冷却到 CDP 温度时,液相的成分在 P 点,固相的成分在 C 点。继续降低一个小的温差 δT,系统的相组成为单相 β,因此,此时的相变方式是

$$L_P + \alpha_C \rightarrow \beta_D$$

这个转变是一个固相和一个液相反应生成另一个固相的过程。由于 β 相是在 α 相表面形成的,故称之为包晶反应。该合金包晶转变结束时,液相和 α 相正好全部转变为固溶体 β。继续冷却时,β 中将析出 α_{II}。室温下合金的组织为 $\beta + \alpha_{\mathrm{II}}$,相组成为 $\alpha + \beta$。系统的冷却曲线如图 4 - 13 所示,降温过程中的组织变化如图 4 - 14 所示。在 T_D 温度时,成分位于 CP 点的合金同时存在 L、α 和 β 三个相,因此,包晶转变与共晶转变一样是在等温条件下完成的。CDP 线称为包晶线。

在进行包晶转变时,β 相依附于 α 相的表面形核,并消耗 L 相和 α 相而生长。显然,包晶转变也是新相 β 的形核和核长大的过程。当温度略低于包晶温度 t_P 时,开始从 L_P 中结晶出 β_D,β 将在 α 的表面形核并长大。当在 α 表面形成一层 β 时,α 的成分为 α_C,β 的成分为 β_D,液相的成分为 L_P。这样,各相间建立了扩散的条件,促使 B 原子从液相经 β 相向 α 中扩散,而 A 原子从 α 相经 β 相向液相中扩散。扩散的结果,破坏了原来的相界平衡。为了维持原来的相界平衡,就必须有相界移

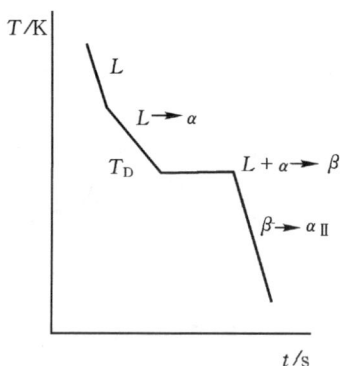

图 4 - 13　包晶转变的冷却曲线

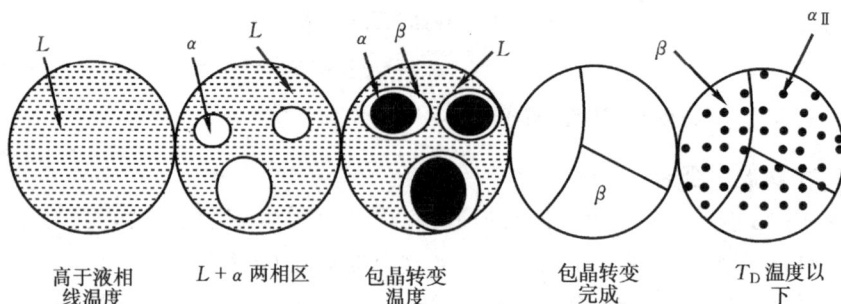

图 4 - 14　包晶合金 I 组织变化示意图

动,即 L/β 界面向 L 相中移动,以提高界面前沿液相中 B 的浓度;β/α 界面向 α 中移动,以提高界面前沿 α 中 A 的浓度。相界移动的结果,使相界处两相的平衡恢复。新的相界平衡又引起原子在相间的浓度差,促使原子扩散,扩散的结果破坏了相界平衡,引起相界移动,达到新的平衡并如此下去。因此 β 相的长大是"相界扩散移动"的过程。

D 点成分的合金,包晶转变开始前为 L_P 与 α_C 两相平衡,其平衡相的相对量为

$$W_L = \frac{CD}{CP} \times 100\%, \quad W_\alpha = \frac{DP}{CP} \times 100\%$$

这样的合金包晶反应后全部转变为 β,无 L 或 α 相剩余。

2. 其它包晶合金的平衡凝固

除 D 点成分的合金外,包晶线上其它合金的凝固可分为两种类型:位于 CD 线内的合金(如图 4 - 12 中的 II 合金)及位于 DP 线内的合金(如图 4 - 12 中 III 合

金）。它们的凝固过程与 D 点成分的合金相类似,其区别在于:CD 线内的合金.包晶转变后有 α 相剩余,室温下合金的组织组成物为 $\alpha+\beta+\alpha_{II}+\beta_{II}$,如图 4 - 15 所示;位于 DP 线内的合金,包晶转变后有液相 L 剩余,此剩余液相随温度降低将直接结晶为 β 相。室温下合金的组织为 $\beta+\alpha_{II}$,如图 4 - 16 所示。

　　所有位于 C 点以左及 P 点以右的合金全都属于固溶体合金,其凝固过程与匀晶相图中合金的凝固一样,包晶反应结束后继续冷却时的相转变与共晶合金类似。

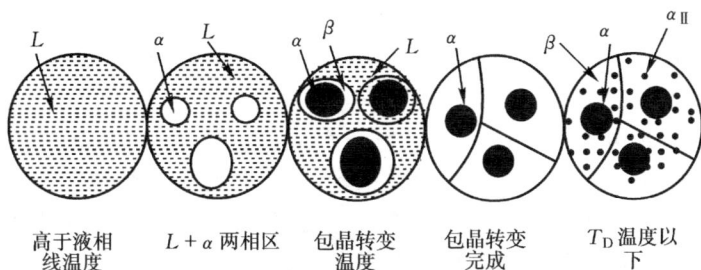

图 4 - 15　Ⅱ合金组织变化示意图

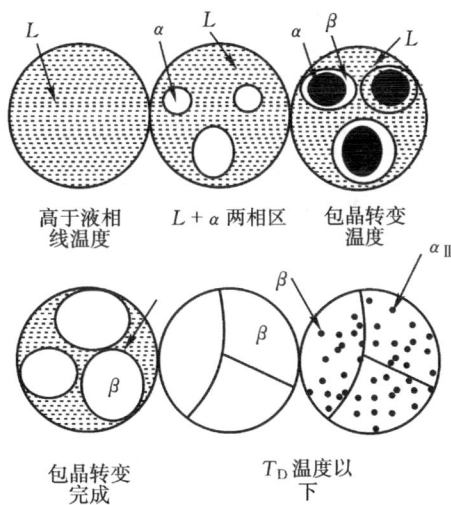

图 4 - 16　Ⅲ合金组织变化示意图

4.5　其它类型的二元相图

4.5.1　形成化合物的二元相图

两组元间形成化合物时,可根据其稳定性分为稳定化合物和不稳定化合物两种。所谓稳定化合物是指具有固定的熔点,在熔点以下保持固有的结构而不发生分解;而不稳定化合物当加热至一定温度时,不是直接的熔化,而是先分解为两个相。两种化合物在相图中有着不同的特征。

图 4 - 17 为 Mg-Si 相图。Mg 和 Si 可形成稳定化合物 Mg_2Si,在相图中表示为一条垂直线,说明该化合物的成分是固定的,且有确定的熔点(1087 ℃)。这种化合物在相图上可以看作一个独立组元。这样,Mg-Si 相图就可看作是由 Mg-Mg_2Si 及 Mg_2Si-Si 所组成的相图,分别进行分析。

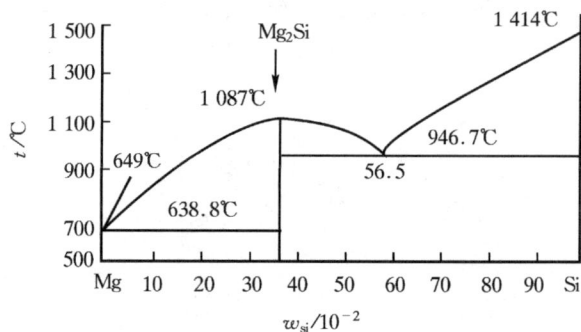

图 4 - 17　Mg-Si 二元合金相图

图 4 - 18 为 Cu-Zn 相图。Cu 和 Zn 可以形成一系列不稳定化合物 β、γ、δ、ε 等。这些不稳定化合物都是由包晶转变形成的。可以认为,所有由包晶转变形成的中间相均属于不稳定化合物。不稳定化合物不能视为独立组元而把相图划分为简单相图。相图中许多不稳定化合物可以溶解组成它的组元,因而表现为一定的成分范围;如果不溶解组成它的组元,则在相图中为一条垂直线。

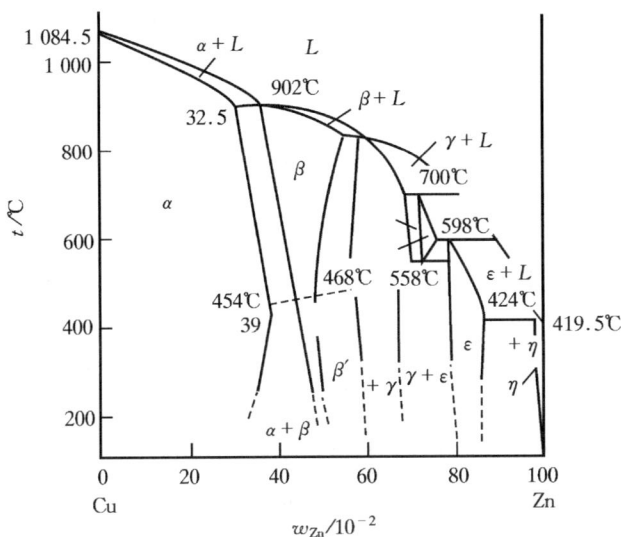

图 4 - 18　Cu-Zn 二元合金相图

4.5.2　具有三相平衡恒温转变的其它二元相图

二元系中的恒温反应可归纳为两种基本类型：分解型和合成型。前边学习过的共晶转变即为分解型，而包晶转变即为合成型。

1. 分解型恒温转变相图

（1）具有共析转变的相图　图 4 - 17 中，558 ℃ 线即为共析转变线，其反应式为 $\delta \underset{}{\overset{558\,℃}{\Longleftrightarrow}} \gamma + \varepsilon$。与共晶转变的区别在于它是一个固相在恒温下转变为另外两个固相。由于是固态转变，其原子扩散比共晶转变时困难。共析转变的组织也为两相交替排列的混合物，但比共晶组织细密。共析转变对合金的热处理强化有重大意义。

（2）偏晶相图　图 4 - 18 为具有偏晶转变的相图。其特点是在一定的成分和温度范围内，两组元在液态下也只能有限溶解，存在两种浓度不同的液相 L_1 和 L_2。

在一定温度下从 L_1 中同时分解出一个固相与另一种成份的液相 L_2，且固相的相对量总是偏多，故称为偏晶转变。Cu-Pb 相图中 955 ℃ 发生偏晶转变：$L_1 \underset{}{\overset{955\,℃}{\Longleftrightarrow}} L_2 + Cu$。具有偏晶转变的二元系还有 Cu-O，Mn-Pb，Cu-S 等。

（3）熔晶相图　某些合金结晶过程中，当到达一定温度时会从一个固相分解

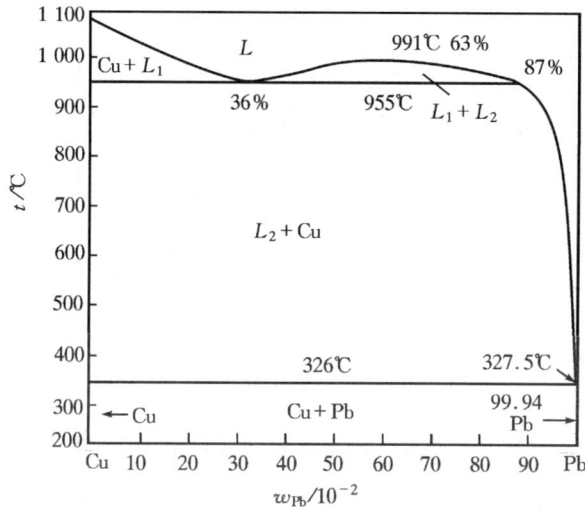

图 4 – 19　Cu-Pb 二元合金相图

成一个液相和另一个固相,即发生固相的再熔现象。这种转变称为熔晶转变。图 4 – 19 为含微量硼的 Fe-B 合金在 1318 ℃时发生的熔晶转变 $\delta \underset{1381℃}{\xrightleftharpoons} \gamma + L$。此外如 Fe-S,Cu-Sb 等合金系中也存在熔晶转变。

2. 合成型恒温转变相图

(1)具有包析转变的相图　包析转变在图式上与包晶转变类似,所不同的就是包析转变前是一个固相与另一个固相作用,如图 4 – 20 所示。当 $\omega_B = 0.0081\%$ 时,便发生包析转变,$\gamma + Fe_3B \underset{910℃}{\xrightleftharpoons} \alpha$。具有包析转变的二元系,还有 Fe-Sn,Cu-Si 和 Al-Cu 等。

(2)合晶相图　二组元在液态有限溶解,存在不熔合线以下的两个液相 L_1 和 L_2 在恒定温度下互相作用形成一个固相的转变,称为合晶转变。具有合晶转变的相图如图 4 – 20 所示。该合金系在 557 ℃发生合晶转变:$L_1 + L_2 \underset{557℃}{\xrightleftharpoons} \beta$

3. 具有无序—有序转变的相图

有些二元系合金在一定成分和一定温度范围会发生有序化转变,形成有序固溶体。图 4 – 21 所示 Cu-Au 相图就具有无序—有序转变。图中的 $\alpha'(AuCu_3)$、$\alpha''_1(AuCu \text{I})$、$\alpha''_2(AuCu \text{II})$和 $\alpha'''(Au_3Cu \text{I})$均为有序固溶体,$\alpha$ 则为无序固溶体。需要注意,有些相图上的无序—有序转变是用虚线表示,如图 4 – 18 中 β 相无序—有序转变温度就是一例,有的也用细直线表示。

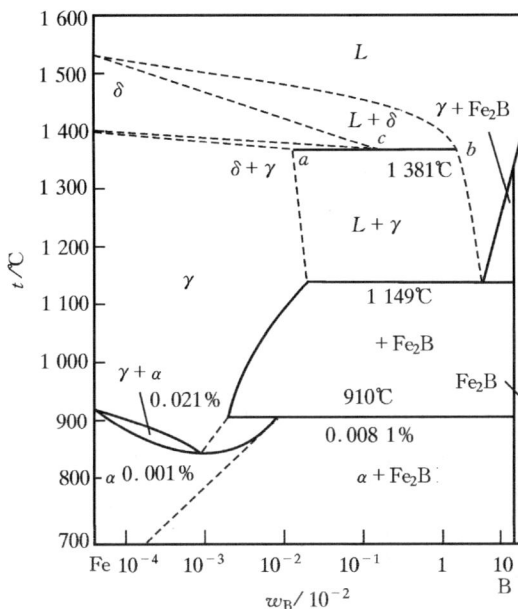

图 4-20　Fe-B 二元合金相图

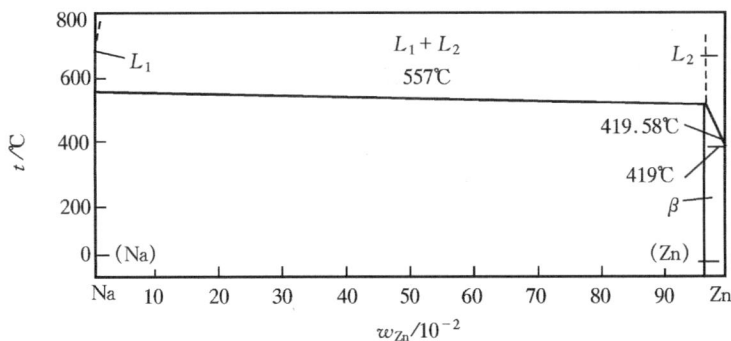

图 4-21　Na-Zn 二元合金相图

4. 具有同素异形转变的相图

当组元具有同素异构转变时,则形成的固溶体也常有异晶转变。图 4-22 为 Fe-Ti 相图。Fe 和 Ti 在固态法均发生同素异构转变,故形成相图时在近铁的一边有 $\delta\leftrightarrow\gamma\leftrightarrow\alpha$ 的固溶体异晶转变;在近钛的一边有 $\beta\leftrightarrow\alpha$ 的固溶体异晶转变。具有固溶体异晶转变的二元系相图还有 Fe-C,Fe-Cr 及 Fe-Ni 等。

　　这里仅就常见的重要图式作了简单介绍,还有一些如具有磁性转变、中间相转变等的相图,请读者参阅有关书籍,这里不再赘述。

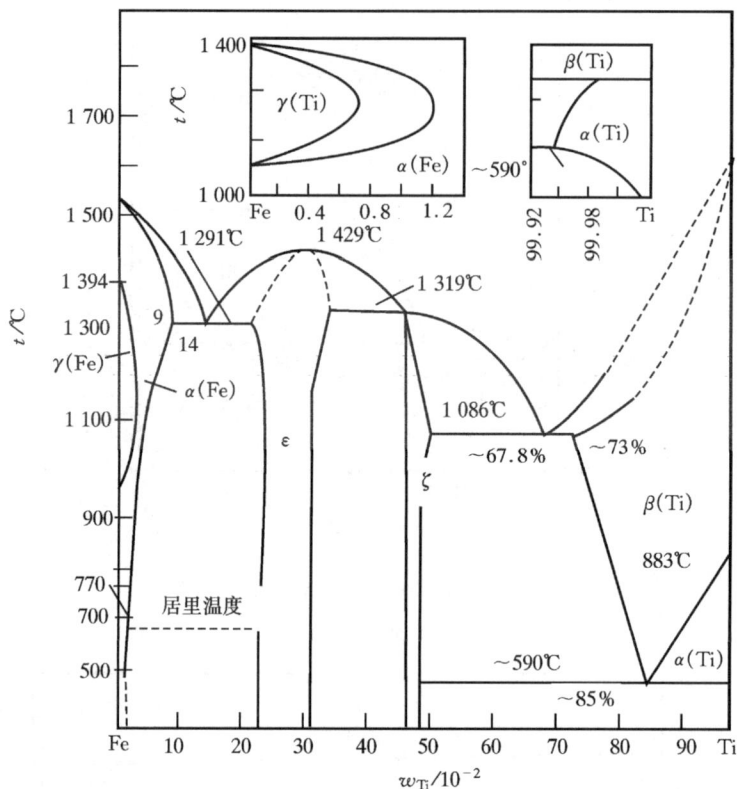

图 4-22　Fe-Ti 二元合金相图

4.6　二元相图的分析方法

　　二元相图中有许多相图线条繁多,初看起来很复杂,难以分析。其实,这些复杂相图都是由前述各类基本相图组合而成。只要掌握了基本相图的特点和规律,就能化繁为简,对任何复杂相图进行分析和应用。

4.6.1　相区接触法则

　　(1)除点接触外,相邻相区的相数之差为1。

　　二单相区之间一定有一个由这两个相组成的两相区。

　　两个单相区之间,一定由一个三相区(线)或单相区隔开。如果是三相区,三个相必定由两个两相区内的三个相组成;如果是单相区,该相必定是这两个两相区所共有的相。

　　(2)二元系三相平衡必定是一条等温线。

　　三相线上存在三个特征成分点,这三个点分别是三相区和三个单相区的接触点;这三个点两个在端部,一个在中间。

　　(3)如果两个三相区内有两个相是一致的,则在这两个三相区之间必定有一个由这两个相组成的两相区。

4.6.2　复杂二元相图的分析方法

　　在分析比较复杂的二元相图时,可参考以下步骤和方法进行。

　　(1)首先看相图中是否存在化合物,如有稳定化合物,则以稳定化合物为界将相图分为几个部分分别加以分析。

　　(2)确定单相区。单相区代表一种具有独特结构和性质的相的成分和温度范围,若单相区为一根垂直线,则表示该相成分不变。

　　(3)根据相区接触法则确定两相区。两相区中的平衡相之间都有互溶度,只是互溶度有大小而已。不同温度下两相的成分将分别沿其相界线变化。

　　(4)找出所有的三相水平线,根据与水平线相连的三个单相区的类别和分布特点,确定三相平衡的类型。

　　(5)认识了相图中的相、相区及相变线的特点之后,就可分析具体合金随温度改变而发生的相变及组织变化,并能预测合金的性能。

4.6.3　相图的局限性

　　相图也有其局限性,不能将其功能无限扩展。突出表现在以下几个方面。

　　(1)相图为平衡相图,不能给出各种冷却条件下的相变方式。但除非冷却速度高到足以抑制相变的发生,一旦发生相变,则一定是相图上对应的相变方式。

　　(2)相图上给出的是相平衡关系,而非组织平衡关系。

　　(3)利用相图可以大致判断材料性的规律,但不能给出细节。

4.6.4　二元相图分析实例——Fe-Fe₃C 相图

　　铁碳系是一个很重要的合金系,它是碳钢、低合金钢及铸铁的基础。在研究和使用钢铁材料时,铁碳相图是一个重要的工具。因此,必须理解、会用铁碳相图。

1. 相图中的相

　　铁碳相图主要部分是 Fe-Fe₃C 相图,见图 4 - 23。除了高温液相外,相图中有以下几个固相。

(1) 铁素体　铁素体是碳在 α-Fe 中形成的间隙固溶体,通常用符号 α 或 F 表示。碳原子溶于 α-Fe 的八面体间隙,最大固溶度只有 0.0218%(质量分数)。

δ-Fe 也是体心立方结构,碳在 δ-Fe 中的间隙固溶体也称为铁素体,但通常称为高温铁素体,便于与碳在 α-Fe 中形成的间隙固溶体相区别,通常用符号 δ 表示。δ 的最大固溶度为 0.09%(质量分数)。

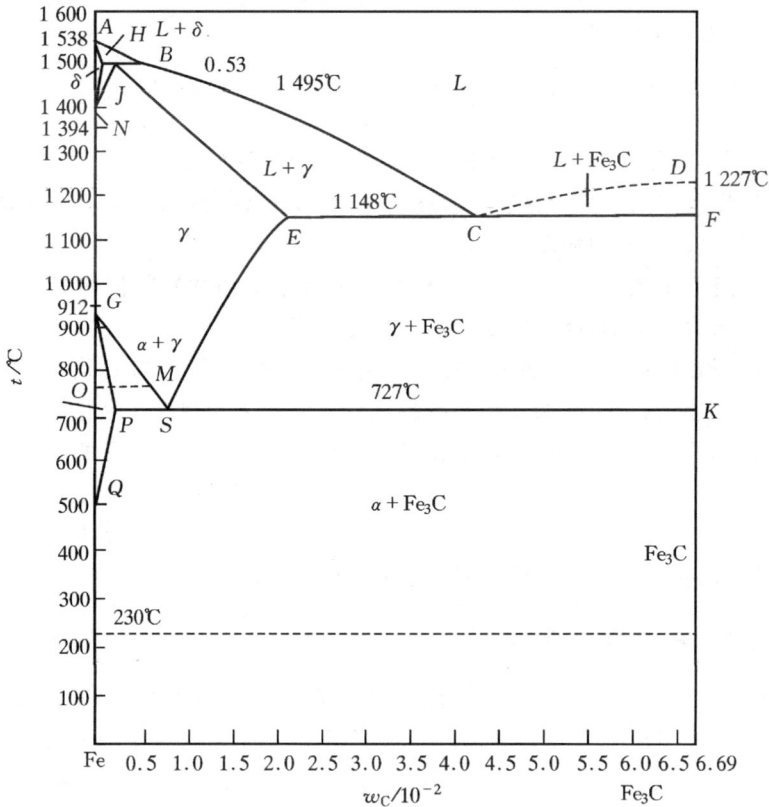

图 4-23　Fe-Fe₃C 平衡相图

(2) 奥氏体　奥氏体是碳溶入 γ-Fe 中形成的间隙固溶体,通常用符导 γ 或 A 表示。碳原子溶于 γ-Fe 的八面体间隙,最大固溶度为 2.11%(质量分数)。铁素体与奥氏体的力学性能相近,都是软而韧。另外,奥氏体是顺磁相;铁素体在居里点 770 ℃以上是顺磁相,在居里点 770 ℃以下是铁磁相。在相变研究上经常应用这一物理特性来研究钢中的各种相变。

纯铁在固相随温度变化会发生以下结构转变：$\alpha\text{-Fe} \xrightleftharpoons[]{912℃} \gamma\text{-Fe} \xrightleftharpoons[]{1394℃} \delta\text{-Fe}$，这就是常说的 Fe 的同素异构转变。

(3) 渗碳体　化学式为 Fe_3C，是一种间隙化合物，属于正交晶系，具有复杂斜方结构，见图 4-24，点阵常数为：$a=0.4524$ nm，$b=0.5089$ nm，$c=0.6743$ nm。渗碳体晶体结构的立体图十分复杂，图 4-24(a) 是 Fe_3C 晶包在 xy 平面上的投影。图例中的数字分别代表 Fe 原子和碳原子的 z 坐标。可以看出，一个晶包内共有 12 个 Fe 原子(即图中 1～12 号原子)和 4 个碳原子(即图中的 a～d 号原子)。在图 4-24(b)中将邻近的 6 个 Fe 原子连成三棱柱，中间包含 1 个 C 原子。这可以看成是 Fe_3C 的结构单元。这个结构单元也可以看成是由 6 个 Fe 原子和 1 个 C 原子组成的两个共顶四面体(C 原子是公共顶点)。从图 4-24(c)可看出，每个 C 原子有 6 个邻近的 Fe 原子。因此，每个三角棱柱有三个 Fe 原子和一个 C 原子，构成 Fe_3C 分子式。渗碳体的熔点为 1227 ℃(计算值)，在 230 ℃ 以下具有铁磁性。渗碳体的性能为硬而脆，HB≈800，塑性很差，延伸率接近于零。

渗碳体是一个亚稳定相，在高温长时间加热时会发生分解：$Fe_3C \rightarrow 3Fe+C$(石墨)。分解出的 C 为石墨。可见，铁碳相图具有双重性，即一个是 $Fe\text{-}Fe_3C$ 亚稳系相图，另一个是 Fe-C(石墨)稳定系相图，两种相图各有不同的适用范围。

2. 相图中重要的点和线

$Fe\text{-}Fe_3C$ 相图尽管比较复杂，但围绕三条水平线可将相图分解成 3 个基本相图。在了解一些重要的点和线的意义后分析起来就容易多了。

(1) 三个主要转变

① 包晶转变。$Fe\text{-}Fe_3C$ 相图上只 HJB 线为三相平衡包晶转变线，其反应式为

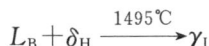

$$L_B+\delta_H \xrightarrow{1495℃} \gamma_J$$

凡是 w_c 在 0.09%～0.53% 范围内的合金遇到 HJB 线时都要进行这个转变，获得奥氏体组织。

② 共晶转变。$Fe\text{-}Fe_3C$ 相图上的 ECF 线为三相平衡共晶转变线，其反应式为

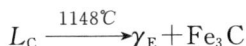

$$L_C \xrightarrow{1148℃} \gamma_E+Fe_3C$$

凡是 w_c 在 2.11%～6.69% 范围的合金遇到 ECF 线时都要进行共晶转变，共晶转变的产物($\gamma+Fe_3C$)称为莱氏体(组织)，通常用符号 L_d 表示。此组织冷却至室温时，则称为低温莱氏体，并用符号 L'_d 表示，其组织形态如图 4-24 所示。

③ 共析转变。$Fe\text{-}Fe_3C$ 相图上的 PSK 线为三相平衡共析转变线。其反应式为

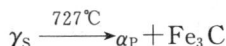

$$\gamma_S \xrightarrow{727℃} \alpha_P+Fe_3C$$

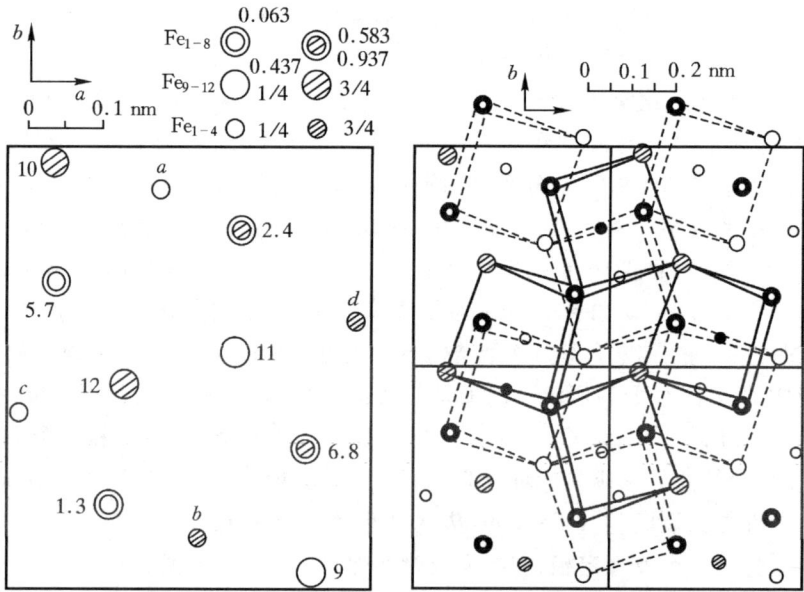

(a) xOy(001 晶面)上的投影

(b) 4 个相邻的晶胞在 xOy 面上的投影及其所构成的三棱柱(实线三棱柱在上层,虚线三棱柱在下层)

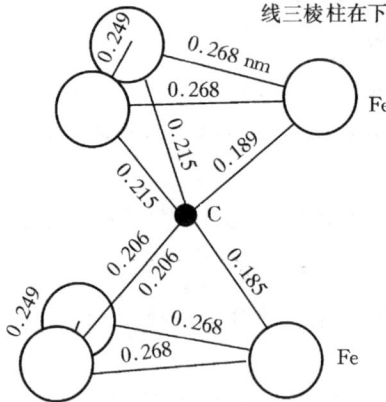

(c) 共顶四面体结构单元

图 4 - 24　Fe_3C 的结构

凡是 w_c 在 0.0218%～6.69%范围的合金遇到 SPK 线时都要进行共析转变,共析转变的产物($\alpha+Fe_3C$)称为珠光体(组织),通常用符号 P 表示,其组织形态如图 4 - 26所示。

(2) 三条特性曲线

① GS 线。它是一条从奥氏体中开始析出铁素体的转变曲线。由于这条曲线

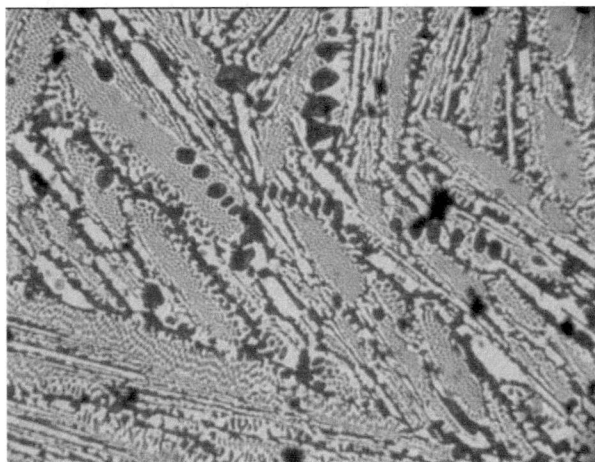

图 4 - 25　共晶白口铸铁的室温组织

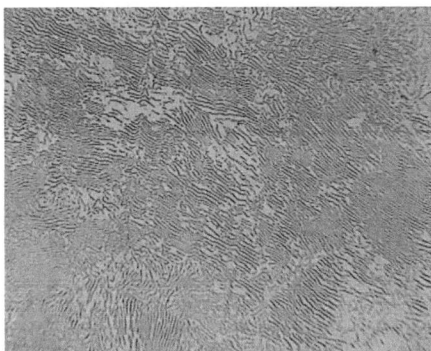

图 4 - 26　珠光体组织

在共析线以上,故又称为先共析铁素体开始析出线。习惯上称为 A_3 线,或叫 A_3 温度。

② ES 线。它是碳在奥氏体中的溶解度曲线。当温度低于此曲线时,要从奥氏体中析出渗碳体 Fe_3C,为了与从液相中结晶出的 Fe_3C 相区别,一般标以角标 Ⅱ,并称之为二次渗碳体,反应式为 $\gamma \rightarrow Fe_3C_{Ⅱ}$。故这条曲线也称为次生和二次渗碳体开始析出线。习惯上称为 A_{cm} 线,或叫 A_{cm} 温度。

③ PQ 线。它是碳在铁素体中的溶解度曲线。当温度低于此曲线时,要从铁素体中析出 Fe_3C。为了与从液相中结晶出 Fe_3C 和 $Fe_3C_{Ⅱ}$ 相区别,一般标以角标

Ⅲ,并称之为三次渗碳体。反应式为 $\gamma \rightarrow Fe_3C_{Ⅲ}$。故这条线又称三次渗碳体开始析出线。

(3) 特性点

相图上每个特性点的温度、碳浓度及意义,见表 4-1。

表 4-1 Fe-Fe₃C 相图中的特征点

符号	温度 t/℃	含碳量 w_c/10⁻²	意　义
A	1538	0.00	纯铁的熔点
B	1495	0.53	包晶转变时液相的成分
C	1148	4.30	共晶点
D	1227	6.69	渗碳体熔点
E	1148	2.11	碳在奥氏体中的最大溶解度
F	1148	6.69	共晶渗碳体成分
G	912	0.00	α-Fe $\longleftrightarrow$ γ-Fe 同素异构温度
H	1495	0.09	碳在 δ-Fe 中的最大溶解度
J	1495	0.17	包晶点
K	727	6.69	共析渗碳体成分
N	1394	0.00	γ-Fe $\longleftrightarrow$ δ-Fe 同素异构温度
P	727	0.0218	碳在铁素体中的最大溶解度
S	727	0.77	共析点
Q	600	0.008	碳在铁素体中的溶解度

3. 铁碳合金相变过程分析

工业上应用最广泛的铁碳合金均可以近似地用 Fe-Fe₃C 相图来分析。按照含碳量(w_c)的多少,一般将铁碳合金分为工业纯铁(w_c 少于 0.0218%)、碳钢(w_c 为 0.0218%～2.11%)、铸铁(w_c 大于 2.11%～6.69%);根据相变和组织特征又将碳钢区分为共析钢(w_c 为 0.77%)、亚共析钢(w_c 为 0.0218%～0.77%)和过共析钢(w_c 为 0.0077%～0.0211%);同样,铸铁也可以分为共晶铸铁(w_c 为 4.3%)、亚共晶铸铁(w_c 为 2.11%～4.3%)和过共晶铸铁(w_c 为 4.3%～6.69%)。工业上根据碳的存在状态又将铸铁区分为白口铸铁和灰口铸铁两种,当全部碳都以 Fe₃C 形态存在时称为白口铸铁,部分或全部碳以石墨形态存在时称为灰口铸铁。Fe-Fe₃C 相图中,碳是以 Fe₃C 形态存在,故为白口铸铁。

现在结合 Fe-Fe₃C 相图(图 4-27)分析铁碳合金室温下的组织及组织形成

过程。

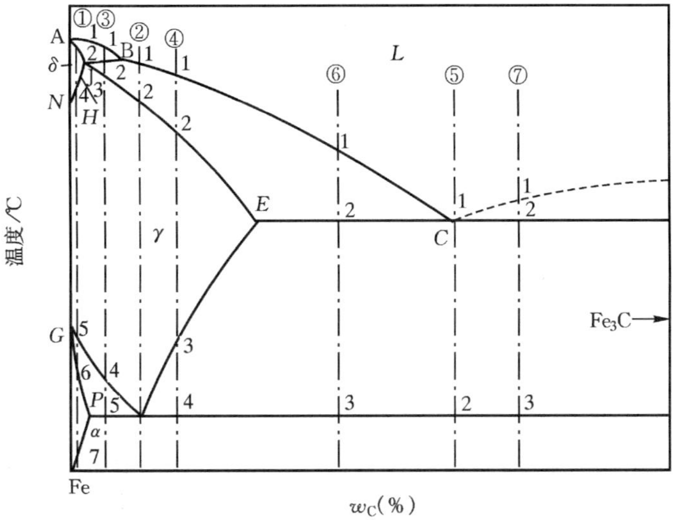

图 4 - 27　典型 Fe-Fe$_3$C 合金从液态到室温平衡冷却时的组织转变过程分析

(1)工业纯铁(w_c=0.01%的合金①)。从高温冷却时,在各个温度区间的相变过程及室温下的组织:1～2 点,合金按匀晶转变方式结晶出 δ 固溶体。2～3 点,δ 保持不变。从 3 开始,发生 δ→r 转变,至 4 时,全部转变成 γ。4～5,γ 不变化。5～6,发生 r→α 转变,至 6 时,全部转变为 α。7 以下,将发生脱溶转变,析出 Fe$_3$C$_{\text{Ⅲ}}$。室温下的组织组成为 α+Fe$_3$C$_{\text{Ⅲ}}$,相组成为 α+Fe$_3$C。

(2)共析钢(w_c=0.77%的合金②)。从高温液态冷却时 1～2 点,凝固形成 γ。2～3,γ 不发生变化。到达 3 点时,发生共析转变,形成珠光体 P(α+Fe$_3$C),它是铁素体和渗碳体两相交替排列的细层片状组织,见图 4 - 25。

(3)亚共析钢(w_c=0.4%的合金③)。1～2,L→δ,至 2 时,发生包晶转变形成 γ。由于包晶转变后有液相剩余,在 2～3 将直接结晶为 γ。3～4,γ 不发生变化。4～5,优先从 γ 晶界析出先共析铁素体 γ→α,γ 和 α 的成分分别沿 GS 和 GP 线变化。到达 5 时,剩余 γ 发生共析转变,形成 P。5 以下,从 α 中析出 Fe$_3$C$_{\text{Ⅲ}}$,但由于析出量很少,不影响组织形态,故可以忽略。最后的组织为 α+P,如图 4 - 27 所示。

(4)过共析钢(w_c=0.012 的合金④)。1～3 的相变过程和②一样。3～4,从 γ 的晶界上优先析出先共析渗碳体 Fe$_3$C$_{\text{Ⅱ}}$,呈网状分布,γ 的成分沿 ES 线变化。到 4 时,剩余 γ 发生共析转变,形成珠光体 P。最后获得的组织为 P+Fe$_3$C$_{\text{Ⅱ}}$,如图

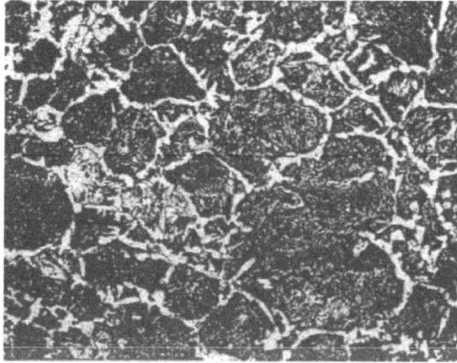

图 4-28　亚共析钢的显微组织

4-28所示。

　　(5)亚共晶白口铸铁(合金⑤)。在 1~2 从液相中直接结晶出 γ,呈树枝状,且比较粗大,称初生初 $\gamma_初$,L 和 γ 的成分分别沿 BC 和 JE 线变化。至 2 时,剩余液相发生共晶转变,形成莱氏体(L_d)。2~3,从 γ 中析出 Fe_3C_{II},而莱氏体中(的奥氏体)析出的 Fe_3C_{II} 将依附在共晶渗碳体上生长,对显微组织影响不大;从 $\gamma_初$ 中析出的 Fe_3C_{II},在其晶粒周边有较宽的区域,显微镜下清晰可见。到 3 时,γ 发生共析转变,形成珠光体 P。最后的显微组织为 $P+Fe_3C_{II}+L'_d$,如图 4-29 所示。

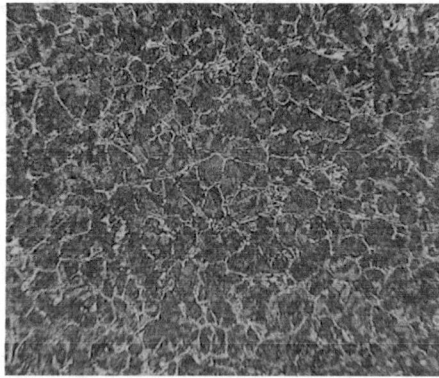

图 4-29　过共析钢的显微组织

　　对于共晶白口铸铁(合金⑤),其显微组织将全部为 L'_d。如图 4-30(a)所示。
　　对于过共晶白口铸铁(合金⑦),其相变过程与亚共晶白口铸铁类似,其区别就是初晶为一次渗碳体 Fe_3C,呈长条状。其显微组织为 $Fe_3C_1+L'_d$,如图 4-30(b)所示。

根据以上对典型铁碳合金相转变及组织转变的分析,可将 Fe-Fe₃C 相图改写为组织图,如图 4 - 30 所示,以便更直观地认识铁碳合金的组织。

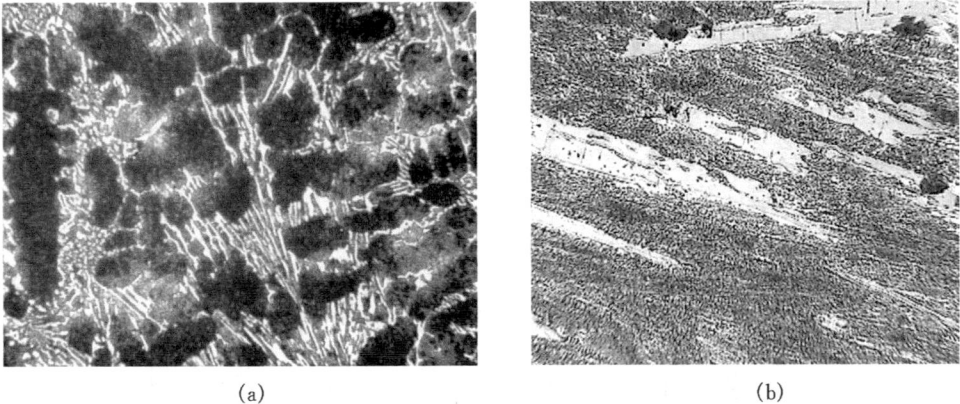

(a)　　　　　　　　　　　　　　　　　　　　　　　　(b)

图 4 - 30　亚共晶白口铁(a)和过共晶白口铁(b)的显微组织

4. 铁碳合金的组织与力学性能

如前所述,所有的铁碳合金都是由铁素体和渗碳体两个相组成,两个相的相对量可由杠杆定律确定。随着 w_c 的增加,铁碳合金中的铁素体逐渐减少,渗碳体不断增加,其变化呈线性关系。由于铁素体是软韧相,渗碳体是硬脆相,故铁碳合金的力学性能,取决于铁素体与渗碳体两相的相对量及它们的相互分布特征。

工业纯铁由单相铁素体组成,故塑性很好,$\delta = 40\%$,$\Psi = 80\%$,而硬度和强度很低,HB=80,$\sigma_b = 245$ MPa。钢的硬度与钢中含碳量的关系几乎呈直线变化。这是由于 w_c 增加时,渗碳体的相对量也增加,故硬度提高,而组织形态对硬度值影响不大。

钢的强度是一种对组织形态很敏感的性能。在亚共析钢范围内,组织是铁素体和珠光体的混合物。铁素体强度较低,珠光体的强度较高,所以 w_c 的增加使合金的强度提高。w_c 超过 0.77% 后,铁素体消失而硬脆的二次渗碳体出现,合金强度的增加变缓。在 w_c 达到 0.9% 时,由于沿晶界形成的二次渗碳体开始呈网状分布,强度开始迅速下降。当达到 $w_c = 2.11\%$ 时组织中出现莱氏体,强度降到很低的值。

钢的塑性完全由铁素体来提供。所以 w_c 增加而铁素体减少时,合金的塑性不断降低,当基体变为渗碳体后,塑性就接近于零值了。为了保证工业用钢具有足够的强度和适当的塑性、韧性,其 w_c 一般不超过 1.3%。

对于白口铸铁,由于组织中存在着莱氏体,而莱氏体是以渗碳体为基的硬脆组

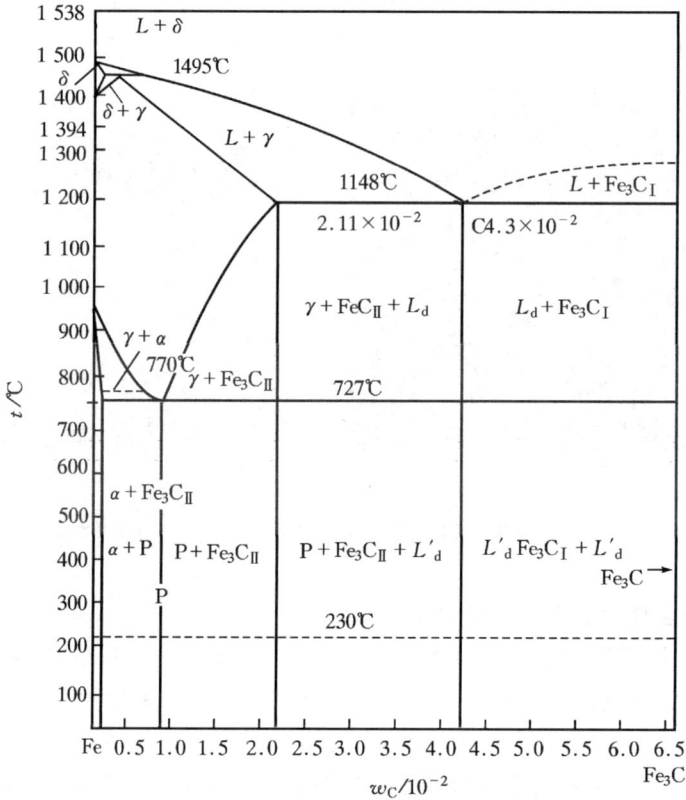

图 4-31　Fe-Fe₃C 平衡相图中各区域的组织组成

织,因此,白口铸铁具有很大的脆性。正是由于有大量渗碳体存在,铸铁的硬度和耐磨性很高,对于某些表面要求高硬度和耐磨的零件如犁铧、冷铸轧棍等,常用白口铸铁制造。

习题 4

1. 在 Al-Mg 合金中,x_{Mg} 为 0.15,计算该合金中镁的 ω_{Mg} 为多少?

2. 根据图 4-32 所示二元共晶相图

(1) 分析合金 I,II 的结晶过程,并画出冷却曲线。

(2) 说明室温下合金 I,II 的相和组织是什么? 并计算出相和组织组成物的相对量。

(3) 如果希望得到共晶组织加上相对量为 5% 的 $\beta_{初}$ 的合金,求该合金的成分。

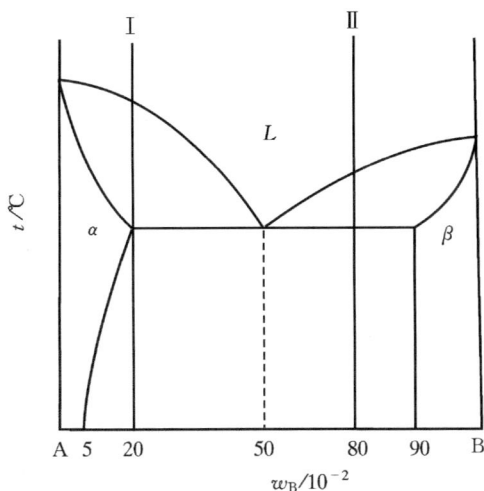

图 4-32　假想的二元共晶相图

3. 参看图 4-17 的 Cu-Zn 相图,图中有多少三相平衡,写出它们的反应式,并分析合 w_{Zn} 为 0.4 的铜锌合金平衡结晶过程中的冷却曲线,主要转变反应式及室温相组成物与组织组成物。

4. 根据下列数据绘制 Au-V 二元相图。已知金和钒的熔点分别为 1064℃ 和 1920 ℃。金与钒可形成中间相 $\beta(AuV_3)$,钒在金中的固溶体为 α,其室温下的溶解度为 $\omega_V=0.19$,金在钒中的固溶体为 γ,其室温下的溶解度为 $\omega_{Au}=0.25$。合金系中有两个包晶转变

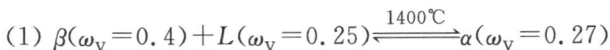

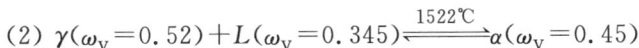

(1) $\beta(\omega_V=0.4)+L(\omega_V=0.25)\xrightleftharpoons{1400℃}\alpha(\omega_V=0.27)$

(2) $\gamma(\omega_V=0.52)+L(\omega_V=0.345)\xrightleftharpoons{1522℃}\alpha(\omega_V=0.45)$

5. 计算含 ω_C 为 0.04 的铁碳合金按亚稳态冷却到室温后组织中的珠光体,二次渗碳体和莱氏体的相对量,并计算组成物珠光体中渗碳体和铁素体及莱氏体中二次渗碳体、共晶渗碳体与共析渗碳体的相对量。

6. 根据显微组织分析,一灰口铁内含有 12% 的石墨和 88% 的铁素体。试求其 ω_C。

7. 800℃时,问:(1) 含 $\omega_C=0.002$ 的钢内存在哪些相?(2) 写出这些相的成分?(3)各相所占的相对量是多少?

8. 根据 Fe-Fe₃C 相图

(1)比较 $\omega_C=0.004$ 的合金在铸态和平衡状态下结晶过程和室温组织有何不同?

(2)比较 $\omega_C=0.0019$ 的合金在慢冷和铸态下结晶过程和室温组织的不同。

(3)说明不同成分区铁碳合金的工艺性(铸造性、冷热变形性)。

第 5 章

材料的性能

材料的研究和合成的目的在于满足人类物质文明的需求,一个特定的材料具有其特定的性能是其具有使用价值的根本。提高材料的性能,减少材料的使用量是材料研究的一个重要方向。材料的性能包括使用性能和工艺性能。使用性能是材料在服役条件下表现出来的特性,如力学性能、物理性能和化学性能等;工艺性能则指材料在加工过程中反映出的可加工特性。一般所称的材料性能主要是指材料的使用性能。材料的使用性能主要包括力学、物理和化学性能三大方面。其中,力学性能是指材料在外力作用下所表现出来的性能,如弹性、刚度、强度、塑性、硬度、冲击韧性、疲劳强度和断裂韧度等;物理性能主要包括材料所表现出的声、光、电、磁等特性,它们是功能材料的性能基础;化学性能则主要是材料在氧化或腐蚀环境下的稳定性。

5.1 材料的力学性能

5.1.1 应力与应变

材料在受到外力作用时,在相同大小的外力下,不同尺寸或不同质量的材料分配在相同尺寸或质量上的力是不同的。在工程上,单位原始截面面积上材料所承受的力称为工程应力,即

$$\sigma = \frac{P}{F_0} \tag{5-1}$$

式中:P 为材料所承受的力,也称其为载荷;F_0 为垂直于力轴(材料受力前)的原始截面;σ 为工程应力,单位为 MPa。

材料在外力的作用下会产生变形。工程上,沿力轴方向单位长度的变形量称为工程应变,即

$$\varepsilon = \frac{\Delta l}{l_0} \tag{5-2}$$

式中:Δl 为材料的变形量;l_0 为材料受力前的原始长度;ε 为工程应变,无量纲。

5.1.2　金属材料的静态拉伸性能

图 5-1 为典型材料的静态拉伸曲线。所谓静态拉伸,是指材料的加载速度无限缓慢时材料所表现出的形变特性。对于如低碳钢这样的材料,当其所承受的应力不断增加时,会出现弹性变形、塑性变形、颈缩和断裂四个阶段。

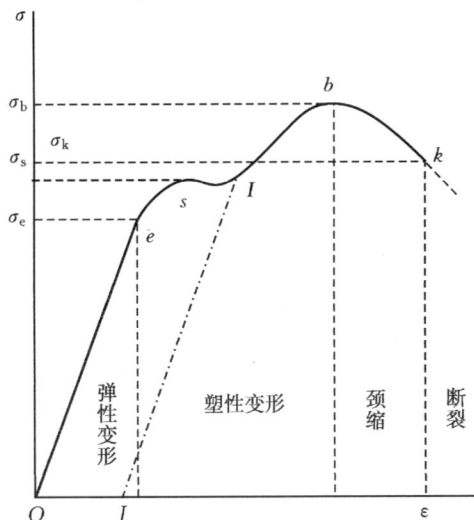

图 5-1　低碳钢的拉伸曲线

1. 弹性和刚度

材料所受的外力去除后其原来形状可以完全恢复时的变形,称为弹性变形。即当材料所承受的工程应力不超过 σ_e,当外力去除(卸载)后,工程应力应变曲线将沿 eO 回到 O 点。在工程上,弹性变形阶段材料所承受的应力与应变间可近似用胡克定律表示。

$$\sigma = E\varepsilon \tag{5-3}$$

式中:E 称为材料的杨氏模量,它是材料抵抗弹性变形的能力,E 与材料原始截面积 F_0 的乘积(F_0E)称为材料的刚度。从图 5-1 中可以看出,当载荷未达到 e 点以前,试样只产生弹性应变,e 点对应的应力 σ_e 为材料只发生弹性变形所能承受的最大应力,称为材料的弹性极限。它是材料的一个重要力学性能指标。

2. 塑性变形

当载荷超过 e 点,例如达到 I 点时,即使完全去除外力,材料的拉伸曲线并非

沿 $Iseo$ 回到原点,而是沿 IJ 到达 J 点。即外力去除后,材料留下 IJ 的永久变形。这个阶段称为材料的塑性变形阶段。对于如低碳钢一类的材料,当应力增加到 s 点后,试样所承受的应力虽不增加,但试样仍继续产生变形,应力应变曲线出现了近似水平线段或拉伸平台,这种现象叫做材料的屈服。s 点称为屈服点,它是金属材料从弹性状态转变成塑性状态的标志。e 点所对应的应力称为材料的屈服强度,通常用 σ_s 表示。有些材料没有明显的屈服平台,此时,用材料发生 0.2%、0.1% 或 0.02% 塑性变形所对应的应力表示其屈服强度,并标识为 $\sigma_{0.2}$、$\sigma_{0.1}$ 或 $\sigma_{0.02}$。

3. 颈缩与断裂

当应力继续增加到 b 点时,试样将产生不均匀变形,局部截面明显变细,称之为颈缩。由于试样截面积明显减小,导致外加载荷或工程应力下降而变形量却明显增加。当变形量迅速增大至 k 点时试样被拉断。b 点的拉力是试样在拉断前所能承受的最大应力,称之为材料的抗拉强度,用 σ_b 表示。

屈服强度 σ_s 和抗拉强度 σ_b 是金属材料两个重要的指标,也是设计零件的重要依据。机械零件不能在超过其 σ_s 的条件下工作,否则会引起机件的塑性变形,零件更不能在超过其 σ_b 的条件下工作,否则会导致机件的破坏。在大多数情况下,机件是不允许产生塑性变形的,如齿轮、连杆、轴等零件,一旦发生塑性变形就会失去原有的尺寸精度甚至报废。

4. 材料的塑性

材料的塑性是材料在外力的作用下产生塑性变形而不破坏的能力。在工程上,表示材料塑性好坏的指标有两个,一个是伸长率 δ,另外一个是断面收缩率 ψ。工程上的表示为

$$\delta = \frac{L - L_0}{L_0} \times 100\% \tag{5-4}$$

$$\psi = \frac{F_0 - F}{F_0} \times 100\% \tag{5-5}$$

式中:L_0 为试样的初始长度;L 为试样拉断后的长度;F_0 为试样初始截面积;F 为试样断裂后断口的最小截面积。

由于同一材料用不同长度的试样所测得的伸长率 δ 的数值是不同的,所以,用长度为直径 5 倍的试样测得的伸长率以 δ_5 表示,用长度为直径 10 倍的试样测得的伸长率则以 δ_{10} 或 δ 表示。同一种材料 δ_5 大约是 δ_{10} 的 1.2~1.5 倍。

材料的塑性指标在工程技术上具有重要的实际意义。许多零件在成形过程中要求材料有较好的塑性。例如机床油盘、汽车外壳、柴油机油箱及发动机曲轴等金属制品,都是利用金属的塑性变形而加工成形的。在塑性变形中,如果材料塑性

低,将会发生开裂。此外,从金属零件工作时的可靠性来看,也需要有效的塑性。良好的塑性使零件在使用时万一超载,也能由于塑性变形使材料强度提高而避免突然断裂,故在静载荷下使用的机械零件都要求有一定的塑性。

5. 真实应力-应变曲线与加工硬化

事实上,材料在受力过程中尺寸在不断变化。材料所受的真实应力应是即时载荷 P 与即时截面积 F 之比 S,即

$$S = \frac{P}{F} \tag{5-6}$$

同样,真实的应变应是即时伸长量 dl 与即时长度 l 之比 de,即

$$de = \frac{dl}{l} \tag{5-7}$$

显然,材料总的应变 e 为

$$e = \int de = \int_0^l \frac{dl}{l} = \ln \frac{l}{l_0} = \ln(1+\delta) \tag{5-8}$$

图 5-2 为由图 5-1 变换而得到的材料真实应力应变曲线,它与工程应力应变曲线的主要区别在于试样颈缩(非均匀形变)后,尽管外加载荷下降,但真实应力依然在升高,一直到应力达到 S_K 时试样断裂。S_K 为材料的实际抗拉强度。

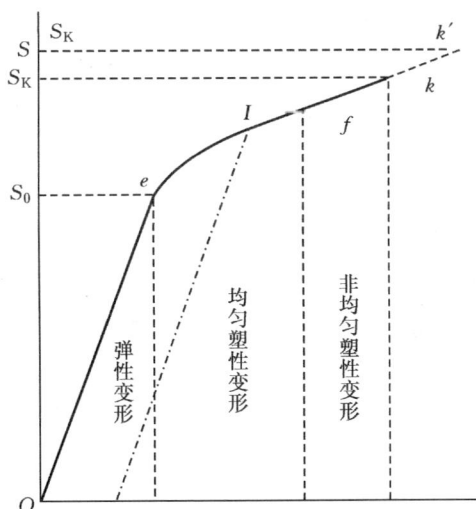

图 5-2　真实应力应变曲线

与工程应力应变相似,当试样应力达到 I 点后将外力去除(卸载),真实应力应变曲线将会沿 IJ 回到 J 点。当试样重新加载时,其应力应变曲线将会是 JIK'。

此时,由于材料经过了前期塑性变形(也称预变形),使材料的屈服强度和抗拉强度同时升高,这个现象称为材料的加工硬化和形变强化。显然,相同形变量所得到的强化程度与真实应力应变曲线上 eK 段的斜率有关。因此学术上将颈缩前的均匀塑性变形(ef)阶段称之为流变曲线,表示成:

$$S = Ke^n \qquad\qquad (5-9)$$

式中:K 是材料常数;n 称为形变强化指数,其物理意义为材料均匀变形阶段的形变强化能力。

形变强化在工程应用上有重要意义。通过冷变形,可以在不改变材料成分的基础上使强度得到明显提高。一般体心立方金属的 n 值较大,而面心立方和密排六方金属的 n 较小。但应注意,形变强化在提高材料强度的同时,也会使塑性(δ、ψ)变差。

6. 材料的硬度

硬度是材料抵抗更硬物体压入其表面的能力,亦即抵抗局部塑性变形的能力。它是材料的重要性能之一。常用于测定硬度的方法有压入法(如布氏硬度、洛氏硬度、维氏硬度、显微硬度等)和划痕法(莫氏硬度)两种。压入法硬度测量原理如图 5-3 所示。显然,在相同载荷的条件下,钢球或锥形压头压入的深度越浅,材料的硬度越高。金属材料常用的压入法是在静载荷下的压入硬度陶瓷、矿物等无机非金属材料,常用显微硬度和莫氏硬度,莫氏硬度只表示硬度由小到大的相对顺序,不表示软硬的程度,一般分为 10 级,后因出现了一些人工合成的硬度大的材料,又将莫氏硬度分为 15 级。各种硬度的测量和评价都有相应的国家或国际标准。

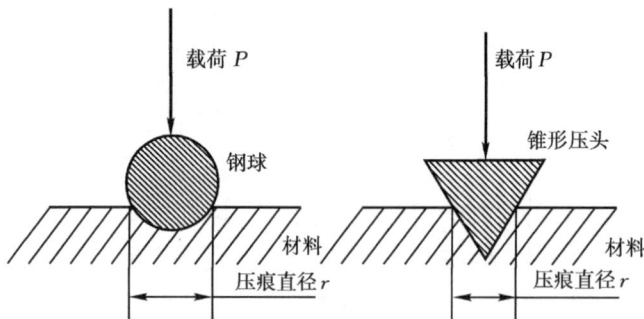

图 5-3　硬度测量原理示意图

7. 金属塑性变形机制

研究表明,常温下晶体材料特别是金属晶体塑性变形的主要方式有滑移和孪生两种,其中滑移是最基本的方式。现首先研究单晶体的滑移。

（1）滑移

①滑移现象。将一个表面抛光的单晶体进行一定的塑性变形后,在显微镜下可以发现抛光表面有许多平行的线条,称为滑移带。进一步用电子显微镜观察,发现每条滑移带由许多聚集在一起的相互平行的滑移线组成,这些滑移线实际上是晶体表面产生的小台阶,如图 5-4 所示。这些滑移线之间的距离为几十 nm,而沿每一滑移线的滑移量(即台阶高度)可达几百 nm。对变形后的晶体进行 X 射线分析,发现晶体结构类型并未改变,滑移线两侧的晶体取向也未改变,表明滑移是晶体的一部分相对于另一部分沿着晶面发生的平移滑动,滑移后在晶体表面留下滑移台阶。而且,晶体的滑移是不均匀的,滑移集中在某些晶面上,而相邻两条滑移线之间的晶体并未滑移。

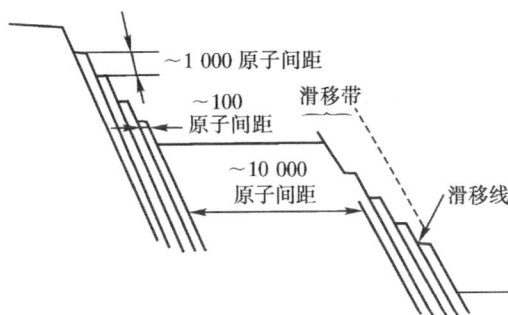

图 5-4　滑移带和滑移线示意图

②滑移系。在塑性变形中,单晶体表面的滑移线并不是任意排列的,它们彼此之间或者相互平行,或者互成一定角度,表明滑移是沿着特定的晶面和晶向进行的,这些特定的晶面和晶向分别称为滑移面和滑移方向。一个滑移面和其上的一个滑移方向组成一个滑移系。每一个滑移系表示晶体进行滑移时可能采取的一个空间方向,在其它条件相同时,滑移系越多,滑移过程可能采取的空间取向越多,塑性越好。滑移系主要与晶体结构有关,几种常见金属晶体结构的滑移面和滑移方向见表 5-1 和图 5-5。表 5-1 显示,滑移面总是晶体的密排面,而滑移方向也总是密排方向。这是因为密排面之间的距离最大,面与面之间的结合力较小,滑移的阻力小,故易滑动。而沿密排方向原子密度大,原子从原始位置达到新的平衡位置所需要移动的距离小,阻力也小。

表 5-1　常见金属单晶体的滑移面和滑移方向

金属	晶体结构	滑移面	滑移方向	滑移系个数
Cu、Al、Ni、Ag、Au	fcc	{111}	⟨110⟩	12
α-Fe、W、Mo	bcc	{110}	⟨111⟩	12
α-Fe、W		{121}		12
α-Fe、K		{231}		24
Cd、Zn、Mg、α-Ti、Be	hcp	{0001}	⟨1210⟩	3
α-Ti、Mg、Zn		{1010}		3
α-Ti、Mg		{1011}		6

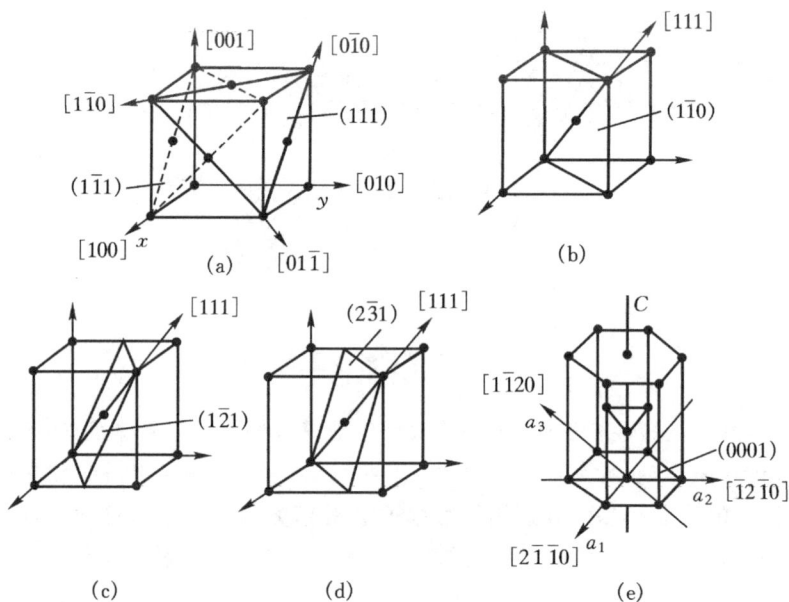

图 5-5　三种点阵的滑移系
(a)面心立方；(b)、(c)、(d)体心立方；(e)密排六方

　　每一种晶格类型的金属都具有特定的滑移系,例如面心立方金属的滑移系共有 12 个,为{111}⟨110⟩。密排六方金属有 3 个滑移系,为{0001}⟨1120⟩。体心立方金属不具有突出的最密排面,可能的滑移系有 48 个,为{110}⟨111⟩,{112}⟨111⟩及{123}⟨111⟩。一般来说,滑移系的多少在一定程度上决定了金属塑性的好坏,如面心立方和体心立方金属的塑性要好于密排六方金属。然而,在其它条件相同时,金属塑性的好坏不只取决于滑移系的多少,还与滑移面原子密排程度及滑移方向

的数目等因素有关。例如 α-Fe 有 48 个滑移系,但滑移方向(2 个)较面心立方(3个)少,且滑移面的密排程度也较低,所以,它的塑性要比铝、铜等面心立方金属差。

　　③临界分切应力。滑移是在切应力作用下发生的。当晶体受力时,晶体中的某个滑移系是否发生滑动,决定于沿此滑移系的分切应力的大小,当分切应力达到某一临界值时,滑移才能发生。设有一截面积为 A 的圆柱形单晶体,受到轴向拉力 P 的作用,如图 5-6 所示。

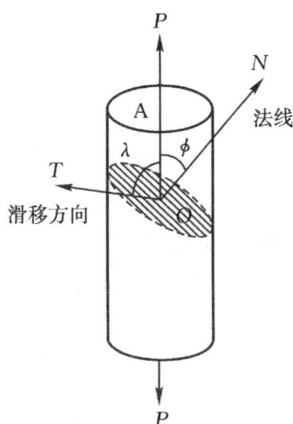

图 5-6　临界分切应力的计算

　　拉伸轴与滑移面法向方向 ON 及滑移方向 OT 的夹角分别为 φ 和 λ,则 P 在滑移方向的分力为 $P\cos\lambda$,而滑移面的面积为 $A/\cos\varphi$,则 P 在滑移方向的分切应力为

$$\tau = \frac{P\cos\lambda}{A/\cos\varphi} = \frac{P}{A}\cos\varphi\cos\lambda,\text{即}$$

$$\tau = \sigma_0 \cos\varphi\cos\lambda \qquad\qquad (5-10)$$

上式表明,当外力 P 一定时,作用于滑移系上的分切应力与晶体受力的位向有关。当 $\sigma_0 = \sigma_s$ 时,晶体开始滑移,此时滑移方向上的分切应力称为临界分切应力,式如

$$\tau_k = \sigma_s \cos\varphi\cos\lambda \qquad\qquad (5-11)$$

这里 $m = \cos\varphi\cos\lambda$ 称为取向因子,显然 m 越大,则分切应力越大,越有利于滑移。当滑移面法线、滑移方向与外力轴三者共处一个平面,即 $\varphi = \lambda = 45°$ 时,$m = 0.5$ 为最大,此取向最有利于滑移,称为软取向,此时晶体滑移所需的正应力(σ_s)最小;当外力与滑移面平行($\varphi = 90°$)或垂直($\varphi = 0°$)时,$\sigma_s \to \infty$,晶体无法滑移,这种取向称为硬取向。取向因子 m 对屈服应力 σ_s 的影响在只有一组滑移面的密排六方晶体中尤为明显。

　　临界分切应力 τ_k 的大小主要取决于金属的本性，与外力无关。当条件一定时，各种晶体的临界分切应力，各有其定值。但它是一个组织敏感参数，金属的纯度、变形速度和温度、金属的加工和热处理状态都对它有很大影响。

　　④滑移的位错机制。晶体滑移时，最初设想晶体中的原子是理想规则排列，并且在切应力的作用下作整体相对滑移，即"刚性滑移"，如图 5-7 所示。可是按此模型测算出的临界分切应力比实测值高了 3 个数量级。

　　实际上晶体的滑移是通过位错运动来实现的。如图 5-8 所示。从图中可看出，晶体在滑移时，并不是滑移面上的全部原子同时移动，而是只有位错线中心附近的少数原子移动很小的距离（小于一个原子间距），因此所需的应力要比晶体作整体刚性滑移低得多。当一个位错移到晶体表面时，便会在表面上留下一个原子间距的滑移台阶，其大小等于柏氏矢量。如果大量的位错滑过晶体，就会在晶体表面形成显微镜下能观察到的滑移痕迹，这就是滑移线的实质。因此，可将位错线看作是晶体中已滑移区域和未滑移区域的分界，如图 5-8 所示。同样，螺型位错的运动也同样能导致晶体的滑移。刃型位错运动的方向与其位错线垂直，即与 b 一致，因此，刃型位错的滑移面是由位错线与柏氏矢量所决定的平面，其滑移方向为 b 的方向；螺型位错运动的方向也垂直于位错线，但同时垂直于 b，即其运动方向与晶体滑移方向相互垂直。理解这些滑移方式请参照图 1-23。

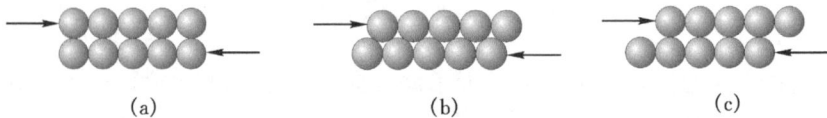

(a)　　　　　　　　　(b)　　　　　　　　　(c)

图 5-7　在切应力作用下原子作层状刚性滑移示意图

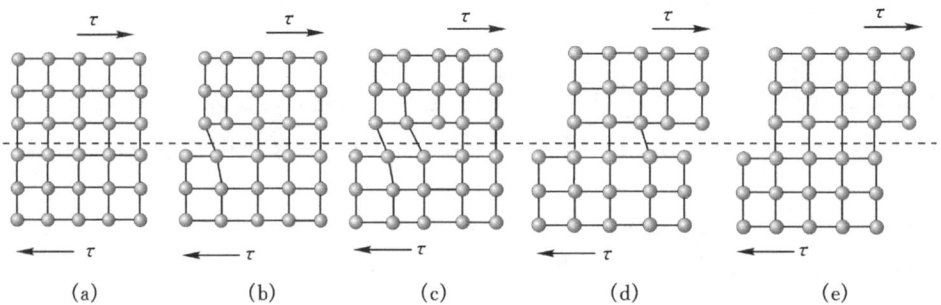

(a)　　　　(b)　　　　(c)　　　　(d)　　　　(e)

图 5-8　晶体通过刃型位错移动形成滑移示意图

（2）孪生与孪晶

孪生是金属塑性变形的另一种较常见方式。在孪生过程中形成变形孪晶。

所谓孪生变形，就是在切应力作用下，晶体的一部分沿一定晶面〔孪晶面〕和一定的晶向（孪生方向）相对于另一部分作均匀的切变所产生的变形。每层晶面的移动距离与该面距孪晶面的距离成正比，即相邻晶面的相对位移量相等。孪生后，均匀切变区的取向发生改变，与未切变区构成镜面对称，形成孪晶。孪晶的示意图请参看图 1-26。

与滑移相比，孪生变形有以下特点。

①晶体的孪晶面和孪生方向与晶体结构类型有关，如体心立方晶体孪晶面为 $\{112\}$，孪生方向为 $\langle 111 \rangle$；面心立方晶体为 $\{111\}\langle 112 \rangle$；密排六方晶体为 $\{1012\}$ $\langle 1011 \rangle$。

②孪生使一部分晶体发生了均匀的切变，而滑移是不均匀的，只集中在一些滑移面上进行。

③孪生后晶体变形部分与未变形部分成镜面对称关系，位向发生变化，而滑移后晶体各部分的位向并未改变，见图 5-9。

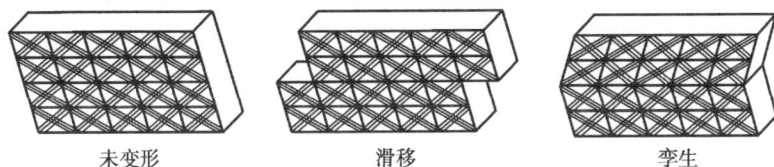

图 5-9　孪生与滑移时晶体取向示意图

④孪生比滑移的临界分切应力高得多，因此孪生常萌发于滑移受阻引起的局部应力集中区。一些密排六方金属如镁、锌等常以孪生方式变形。体心立方金属如 α-Fe 在冲击载荷作用下或在低温下也会借助孪生变形。面心立方金属一般不发生孪生，但在极低温度下或受高速冲击载荷时也会发生孪生变形。

⑤孪生对塑性变形的贡献比滑移小得多。特别是密排六方金属更是如此。但孪生能够改变晶体位向，使滑移系转动到有利的位置。因此，当滑移困难时，可通过孪生调整取向而使晶体继续变形。

⑥由于孪生变形时，局部切变可达较大数量，所以在变形试样的抛光表面上可以看到浮凸，经重新抛光后，虽然表面浮凸可以去掉，但因已变形区与未变形区的晶体位向不同，所以在偏光和侵蚀后仍可观察到孪晶，而滑移变形后的试样经抛光后滑移带消失。

5.1.3　多晶体的塑性变形

实际使用的材料大多数是多晶体。多晶体塑性变形的基本方式也是滑移和孪生，但多晶体由许多取向不同的晶粒组成，晶粒之间还有晶界，使多晶体的变形过程更为复杂。首先，多晶体的变形受到晶界的阻碍和位向不同的晶粒的影响。其次，任何一个晶粒的塑性变形都受到相邻晶粒的约束。晶粒间塑性变形的协调性和一致性是多晶体具有良好塑性的必要条件。

在多晶体中，由于各个晶粒位向不同，在给定外力作用下不能同时变形。处于有利取向的晶粒，其分切应力较早达到临界分切应力，首先发生塑性变形，处于硬取向的晶粒塑性变形还未开始。在位向有利的晶粒内开始塑性变形，意味着其滑移面上的位错已开动，并源源不断地沿着滑移面发生位错。但是由于周围晶粒的位向不同，滑移系取向不同，造成运动着的位错不能越过晶界而在晶界处造成塞积。这种塞积造成很高的应力集中，会使相邻晶粒中某些滑移系的分切应力达到临界值而开动，见图 5-10。相邻晶粒的滑移会使应力集中松弛，使原晶粒中的位错重新开始运动，并使位错移出这个晶粒。同时，多晶体的每个晶粒都处于其它晶粒的包围之中，其变形必须与周围的晶粒相互协调配合。如果这种协调性不佳，就不能保持材料的连续性，形成裂纹导致材料断裂。因此多晶体的塑性变形比单晶体困难，屈服强度（宏观强度）也高于单晶体。

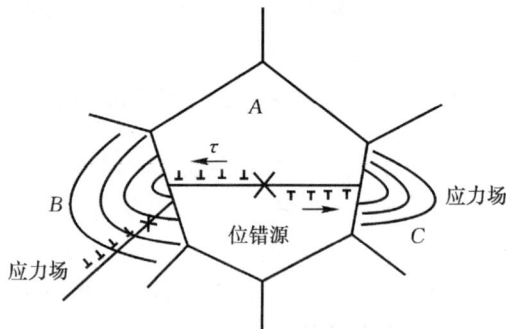

图 5-10　多晶体滑移示意图

与此同时，为了诸晶粒间的变形协调一致，还必须要求邻近几个晶粒（单晶体）内的多个滑移系同时开动。体心立方和面心立方晶体的滑移系较多，因而有较好的塑性。密排六方晶体滑移系较少，塑性较差。按照统计规律，晶粒直径的减小或晶粒细化使一定体积内的晶粒数目增多，则在同样变形量下，变形分散在更多的晶粒内进行，变形较均匀，且每个晶粒中塞积的位错少，因应力集中引起的开裂机会较少,有可能在断裂之前承受较大的变形量,即表现出较高的塑性。

研究表明,金属材料特别是低碳钢的屈服强度与晶粒尺寸的关系大致符合以下关系。

$$\sigma_s = \sigma_0 + kd^{-\frac{1}{2}} \qquad\qquad (5-12)$$

式中:d 为多晶金属材料的平均晶粒直径;σ_0 为材料常数,大致等于单晶体的屈服强度;k 为材料常数;σ_s 为多晶金属材料的屈服强度。这个关系称为 Hall-Petch 关系式。上式表明,晶粒细化(d 减小)可以有效提高金属材料的强度,称之为细晶强化。细晶强化在提高材料强度的同时,也改善材料的塑性和韧性,这是其它强化方法所不具备的。

5.1.4　合金的塑性变形

提高材料强度的另一种方法是合金化,工业上一般使用固溶体合金和多相合金。合金塑性变形的基本方式仍是滑移和孪生,但由于组织、结构的变化,其塑性变形各有特点。

1. 固溶强化

当合金由单相固溶体构成时,随溶质原子含量的增加,其塑性变形抗力大大提高,表现为强度、硬度的不断增加,塑性、韧性则呈不断下降的趋势。这种现象称为固溶强化。溶质原子的加入,一般还会提高材料的加工硬化速率。

影响固溶强化效果的因素很多,一般规律如下。

(1)溶质原子不同,引起的强化效果不同。溶质原子浓度越高,强化作用越大,但不保持线性关系,低浓度时强化效应更明显。

(2)溶质原子与基体金属的原子尺寸差别越大,强化作用越大。

(3)形成间隙式固溶体的溶质原子比形成置换式固溶体的强化作用大。

(4)溶质原子与基体金属的价电子数相差越大,固溶强化效果越明显。

固溶强化的本质是溶质原子与位错间的弹性交互作用、电交互作用与化学交互作用的结合。其中最主要的是溶质原子与位错间弹性交互作用阻碍了位错的运动。如图 5-11 所示,溶质原子与位错间的弹性交互作用是溶质原子聚集在位错周围,减小畸变能,使体系处于最低能态。这个作用称为位错的钉扎。外力作用下,位错的运动需要"挣脱"钉扎,必须施加更大的外力。溶质原子对位错的钉扎作用还会造成材料屈服现象的出现。

在图 5-1 中,当外力略大于 σ_s 时,应力不增加或略有减小时,应变不断增加即出现屈服现象。应变屈服点的出现通常与金属中溶有微量的杂质(或溶质)原子有关。由于溶质原子与位错的弹性交互作用,溶质原子总是趋于聚集在位错线受

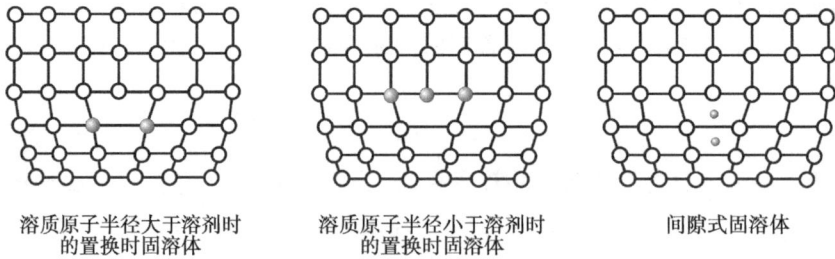

溶质原子半径大于溶剂时　　　　溶质原子半径小于溶剂时　　　　间隙式固溶体
的置换时固溶体　　　　　　　　的置换时固溶体

图 5－11　溶质原子在刃型位错线周围的分布

拉应力的部位以降低体系的畸变能,形成的溶质原子(cottrell)气团对位错的“钉扎”作用,致使 σ_s 升高。而位错一旦挣脱气团的钉扎,便可在较小的应力下继续运动,这时拉伸曲线上会出现平台或应力下降。对已经屈服的试样,卸载后立即重新加载拉伸时,由于位错已脱出气团的钉扎,故不出现屈服点。但若卸载后,放置较长时间或稍经加热后再进行拉伸时,由于溶质原子已通过热扩散又重新聚集到位错线周围形成气团,故屈服现象又重新出现。

2. 多相合金的塑性变形与弥散(沉淀)强化

单相合金虽然可借固溶强化来提高强度,但强化程度毕竟有限,尚不能满足要求,须进一步以第二相或更多的相来强化,故目前使用的金属材料大多是两相或多相合金。

第二相可通过相变热处理(沉淀强化、时效强化)或粉末冶金方法(弥散强化)获得。根据第二相粒子的尺寸大小将合金分成两大类:如果第二相的尺寸与基体晶粒尺寸属同一数量级称为聚合型;如果第二相很细小,且弥散分布于基体晶粒内,则称为弥散型合金,这两类合金的塑性变形和强化规律各有特点。

对于聚合型两相合金,如果两相都具有较好的塑性,合金的变形阻力决定于两相的体积分数。可以按照等应变理论和等应力理论来计算合金的平均流变应力或平均应变。前者假定塑性变形过程中两相应变相等,则合金产生一定应变的流变应力为

$$\bar{\sigma}=\varphi_1\sigma_1+\varphi_2\sigma_2 \qquad (5-13)$$

式中:φ_1 和 φ_2 为两相的体积分数;σ_1 和 σ_2 为两个相的流变应力。

可见,并非所有的第二相都能产生强化作用,只有当第二相较强时(如两相黄铜中的 β 相),合金才能强化。如果第二相为硬脆相,合金的性能除与两相的相对含量有关外,在很大程度上取决于脆性相的形状和分布。

如果硬脆的第二相呈连续网状分布在塑性相的晶界上,因塑性相晶粒被脆性

相包围分割,使其变形能力无法发挥。经少量变形后,即沿晶脆断。脆性相越多,网状越连续,合金的塑性越差,甚至强度也随之降低。例如,过共析钢中的二次渗碳体若呈网状分布于晶界上,使钢的脆性增加,强度、塑性下降。但如果硬脆的第二相呈层片状分布在基体相上,如钢中的珠光体组织,由于变形主要集中在基体相中,且位错的移动被限制在很短的距离内,增加了继续变形的阻力,使其强度提高。珠光体越细,片层间距越小,其强度越高,变形更加均匀,塑性也较好,类似于细晶强化。如果硬脆相呈较粗颗粒状分布于基体上,如共析钢及过共析钢中经球化退火后的球状渗碳体,因基体连续,Fe_3C 对基体变形的阻碍作用大大减弱,故强度降低,塑性、韧性得到改善。

对于弥散型两相合金,当第二相以细小弥散的微粒均匀分布于基体相中时,将产生显著的强化作用。根据第二相微粒是否变形将这种强化方式分为两类。

(1)不可变形微粒的强化作用:当移动着的位错与不可变形微粒相遇时,将受到粒子的阻挡而弯曲,随着外应力的增大,位错线受阻部分的弯曲加剧,以致围绕着粒子的位错线在左右两边相遇,于是正、负位错彼此抵消,形成包围着粒子的位错环,而位错线其余部分越过粒子继续移动,如图 5 - 12 所示。显然,位错绕过时,既要克服第二相粒子的阻碍作用,又要克服位错环对位错源的反向应力,且每个位错经过微粒时都要留下一个位错环。因此,继续变形时必须增大外应力,从而使流变应力迅速提高。

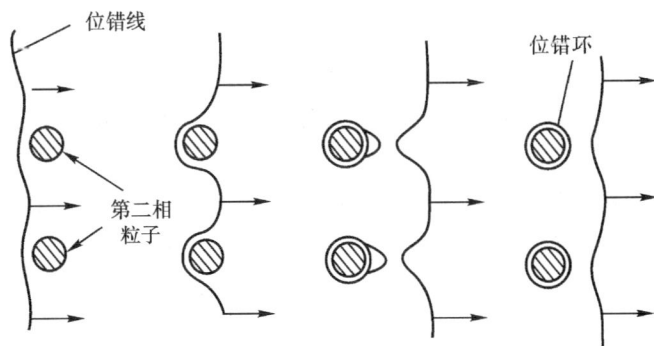

图 5 - 12　位错绕过第二相粒子示意图

(2)可变形微粒的强化作用(当第二相为可变形):当第二相为可变形微粒时,位错将切过粒子使其与基体一起变形,如图 5 - 13 所示。在这种情况下,强化作用取决于粒子本身的性质及其与基体的联系,主要有以下几方面的作用。① 由于粒子的结构往往与基体不同,故当位错切过粒子时,必然造成其滑移面上原子错排,需要错排能；② 如果粒子是有序相，则位错切过粒子时，将在滑移面上产生反相畴界，需反相畴界能；③ 每个位错切过粒子时，使其生成宽为 b 的台阶，需表面能；④粒子周围的弹性应力场与位错产生交互作用，阻碍位错运动；⑤ 粒子的弹性模量与基体不同，引起位错能量和线张力变化。上述强化因素的综合作用，使合金强度得到提高。此外，粒子的尺寸和体积分数对强度也有影响。增加体积分数或增大粒子尺寸都有利于提高强度。

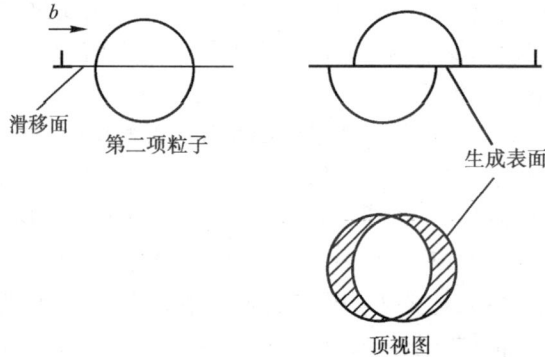

图 5-13　位错切过第二相粒子示意图

5.1.5　材料的其它性能

1. 材料的韧性

韧性是指材料抵抗裂纹萌生与扩展而不发生断裂的能力。与脆性是两个意义上完全相反的概念。标志材料韧性的指标有两种，一种是冲击韧性，另一种是断裂韧性。

许多机器零件在工作时要遇到冲击负荷。如火车开车、刹车，改变速度时，车辆间的挂钩要受到冲击。刹车愈急，起动愈猛，冲击力愈大。另外，还有一些机械本身就是利用冲击负荷工作的，如锻锤、冲床、凿岩机，铆钉枪等，其中一些零件必然要受冲击。一般说来，随着变形速度的增加，材料的塑性、韧性降低，脆性增加。强度高而塑性韧性较差的材料，往往易于发生突然性的破断，造成严重安全事故。现代机械的发展趋势是速度高、重量轻、功率大，既要求零件承受高速度的大负荷，又希望零件的尺寸小、重量轻。因此，发挥材料承受冲击负荷的能力是提高材料利用率的关键。

研究表明，相同材料、不同尺寸不同形状的工件承受冲击载荷的能力不同，而目前还不能对各种形状、不同尺寸工件韧性给出一个统一的评价。因此，工业上和实验室内将材料加工成一个相同形状、相同尺寸的试样，在冲击实验机上以一个标准的加载方式和加载速度将试样冲断,计算试样在裂纹生成、扩展和断裂整个过程中吸收的能量来比较材料的韧性。图 5 - 14 为冲击实验的原理示意图。

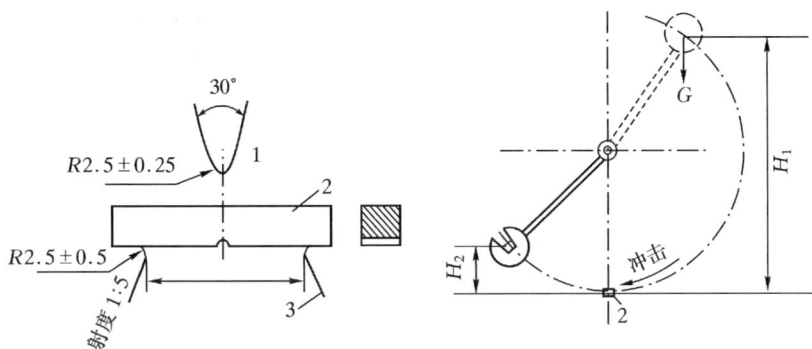

图 5 - 14　冲击实验原理示意图

在冲击实验中,韧性好的材料一般采用带缺口的试样,脆性材料则采用无缺口试样。因此标志材料冲击韧性时必须标示其实验条件。如前所述,冲击韧性的量纲是能量,一般用“什么形状、什么缺口的标准试样冲击韧性是多少 J”表示。工业上有时也用试样吸收的能量 E 除以试样的截面积 F 表示,并称其为 a_k 值,即 $a_k = E/F$,其单位为 J/cm^2。但应特别注意,a_k 值虽然可以认为是材料常数,但它是相同实验条件(试样形状、尺寸相同,加载速度和方式以及实验温度和湿度相同)下的相对值,而不能将其推广使用。例如,截面为 10×10 mm 的 U 形缺口试样得到的 a_k 为 20 J/cm^2,如果一个工件的截面尺寸为 20×20 mm,认为其在承受冲击载荷时可以承受 80 J/cm^2 的能量是错误的。

材料中不可避免的存在各种缺陷,即使工件内部不存在任何缺陷,其表面也会存在缺口、边角等加工缺陷,或由于服役要求必须存在的某些缺口等都会造成材料受载后,缺口根部的应力远高于平均和名义应力,这个现象称为应力集中。图 5 - 15 给出了半无穷大板状工件缺口前的应力分布示意图。应力集中曾造成过许多重大事故,因此也产生了断裂力学。断裂力学认为,材料本身就存在各种裂纹,受力后材料抵抗裂纹扩展的能力标志着材料韧性的高低。这个韧性值称为材料的断裂韧性。

2. 抗疲劳性能

不少机械零件在交变载荷作用下工作,这种载荷的大小、作用方向随时间发生周期性或无规则的变化,在金属材料内部也引起应力,具有反复性、波动性,如发动机曲轴、机床主轴、齿轮、轴承、弹簧等,它们承受载荷产生的应力常常低于材料的

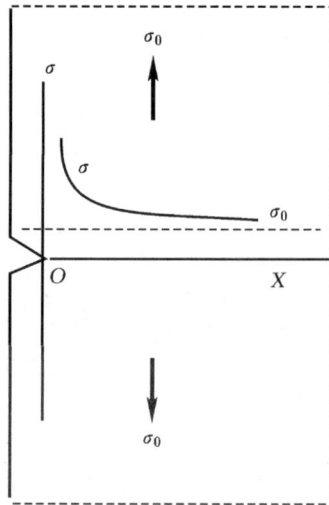

图 5 - 15　缺口前的应力集中示意图

屈服强度,但在长时间的交变载荷作用下,会产生损伤或断裂,这就是再疲劳。金属抵抗这种疲劳破坏的能力叫做疲劳强度。疲劳破坏是机械零件失效的一种主要形式,而且往往表现为突然破坏,事前无明显征兆,属于低应力脆断,危害很大。

3. 耐磨性

一个零件相对另一个零件摩擦的结果因其摩擦表面有微小的颗粒分离出来,使接触面尺寸变化、重量损失,这种现象称为磨损。材料对磨损的抵抗能力为材料的磨损性,可用磨损量来表示,在一定条件下的磨损量越小,则耐磨性越高。一般用在一定条件下试样表面的磨损厚度或试祥体积(或重量)的减少来表示磨损的大小。降低材料的摩擦系数、提高材料的硬度有助于增加材料的耐磨性。

4. 高温蠕变

金属在长时间的恒温、恒应力作用下,即使应力小于屈服强度,也会缓慢地产生塑性变形,这种现象称为材料的蠕变。由于这种变形而最后导致材料的断裂称为蠕变断裂。蠕变在低温下也会产生只是变形量极小而不被觉察而已。对于金属材料,当服役温度高于 $0.3T_m$(T_m 为以绝对温度表示的熔点)时蠕变就变得十分显著。如碳钢的服役温度超过 300 ℃、合金钢超过 400 ℃时,就必须考虑蠕变的影响。金属的蠕变过程可用蠕变曲线来描述。

5.1.6　陶瓷与高分子材料的拉伸性能

1. 高分子材料

(1)热塑性聚合物的变形

图 5-16 给出了一条聚合物的典型应力-应变曲线。σ_1,σ_y 和 σ_b 分别为比例极限、屈服强度和断裂强度。当 $\sigma < \sigma_1 <$ 时,应力与应变呈线性关系,物理机制为由键长和键角的变化引起的弹性变形。当 $\sigma > \sigma_1$ 后,链段发生可恢复的运动,产生可恢复的变形,同时应力-应变曲线偏离线性关系。当 $\sigma > \sigma_y$ 后聚合物屈服,同时出现应变软化,即应力随应变的增加而减小,随后出现应力平台,即应力不变而应变持续增加,最后出现应变强化导致材料断裂。屈服后产生的是塑性变形,即外力去除后,留有永久变形。

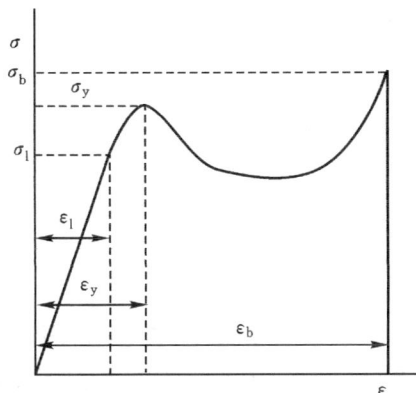

图 5-16　热塑性高聚物的应力应变曲线示意图

由于聚合物具有粘弹性,其应力-应变行为受温度、应变速率的影响很大。随温度的上升,有机高分子材料的模量、屈服强度和断裂强度下降,延性增加。例如在 4℃时有机玻璃是典型的硬而脆的材料,而在 66℃时已变成典型的硬而韧的材料。一般来说,材料在玻璃化温度 T_g 以下只发生弹性变形,而在 T_g 以上产生粘性流动。应变速率对应力-应变行为的影响是增加应变速率相当于降低温度。有些聚合物在屈服后能产生很大的塑性变形,其本质与金属也有很大不同。

(2)热固性塑料的变形

热固性塑料是刚硬的三维网络结构,分子不易运动,在拉伸时表现出脆性金属或陶瓷一样的变形特性。但是,在压应力下它们仍能发生大量的塑性变形。

图 5-17 为环氧树脂在室温下单向拉伸和压缩时的应力-应变曲线。环氧树

脂的玻璃化温度为 100 ℃,这种交联作用很强的聚合物,在室温下为刚硬的玻璃态,在拉伸时像典型的脆性材料,而压缩时则易剪切屈服并有大的变形,且屈服之后出现应变软化。环氧树脂剪切屈服的过程是均匀的,试样均匀变形而无任何局部变形的现象。

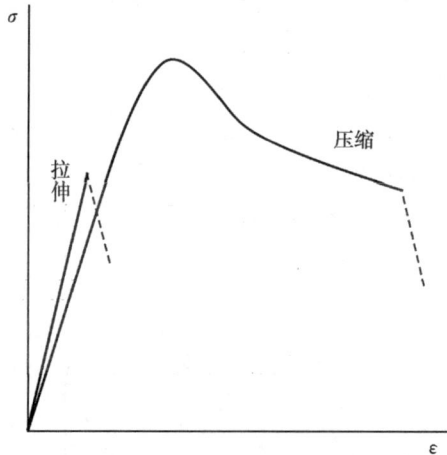

图 5 - 17　环氧树脂室温下的应力应变曲线示意图

2. 陶瓷材料的塑性变形

陶瓷材料具有强度高、重量轻、耐高温、耐磨损、耐腐蚀等一系列优点,作为结构材料,特别是高温结构材料极具潜力,但由于陶瓷材料的塑、韧性差,在一定程度上限制了它的应用。

(1)陶瓷晶体的塑性变形

图 5 - 18 所示的是陶瓷材料的晶态拉伸曲线以及与金属材料的对比关系。陶瓷晶体一般由共价键和离子键结合,除少数几个具有简单晶体结构的晶体外,绝大部分陶瓷晶体结构复杂,在室温下没有塑性。在室温静拉伸时,弹性变形阶段结束后,立即发生脆性断裂,这与金属材料具有本质差异。与金属材料相比,陶瓷晶体具有如下特点。

①由其原子键合特点所决定,陶瓷晶体的弹性模量比金属大得多。共价键晶体的键具有方向性,使晶体具有较高的抗晶格畸变和阻碍位错运动的能力,使共价键陶瓷具有比金属高得多的硬度和弹性模量。离子键晶体的键方向性不明显,但滑移不仅要受到密排面和密排方向的限制,而且要受到静电作用力的限制,因此实际可移动滑移系很少,弹性模量也较高。

②陶瓷晶体的弹性模量不仅与结合键有关,而且还与其相的种类、分布及气孔

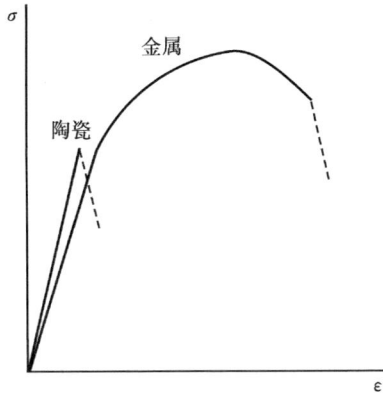

图 5-18　陶瓷与金属的应力应变曲线示意图

率有关。而金属材料的弹性模量是一个组织不敏感参数。

③陶瓷的压缩强度高于抗拉强度约一个数量级,而金属的抗拉强度和压缩强度一般相等。这是由于陶瓷中总是存在微裂纹,拉伸时当裂纹一达到临界尺寸就失稳扩展立即断裂,而压缩时裂纹或者闭合或者呈稳态缓慢扩展,使压缩强度提高。

④陶瓷的理论强度和实际断裂强度相差 1～3 个数量级。引起陶瓷实际抗拉强度较低的原因是陶瓷中因工艺缺陷导致的微裂纹,在裂纹尖端引起很高的应力集中,裂纹尖端的最大应力可达到理论断裂强度或理论屈服强度(因陶瓷晶体中可动位错少,位错运动又困难,故一旦达到屈服强度就已经断裂)。因而使陶瓷晶体的抗拉强度远低于理论屈服强度。

⑤和金属材料相比,陶瓷晶体在高温下具有良好的抗蠕变性能,而且在高温下也具有一定塑性。

(2)非晶体陶瓷的变形

玻璃的变形与晶体陶瓷不同,表现为各向同性的粘滞性流动。分子链等原子团在应力作用下相互运动引起变形,这些原子团之间的引力即为变形阻力。在玻璃生产中也利用产生表面残余压应力的办法使玻璃韧化,韧化的方法是将玻璃加热到退火温度,然后快速冷却,玻璃表面收缩变硬而内部仍很热,流动性很好,将玻璃变形,使表面的拉应力松弛,当玻璃心部冷却和收缩时,表层已刚硬,在表面产生残余压应力。因为一般的玻璃多因表面微裂纹引起破裂,而韧化玻璃使表面微裂纹在附加压应力下不易萌生和扩展,所以不易破裂。

5.2 材料的物理性能

5.2.1 材料的导电性

通过导体的电流 I 与两端的电压 U 的关系可用欧姆定律表示,即

$$U = IR \tag{5-14}$$

式中:R 表示导体的电阻,其值不仅与导体材料本身的性质有关,而且还与其长度 L 及截面积 S 有关。

$$R = \rho \frac{L}{S} \tag{5-15}$$

式中:ρ 称为电阻率,其单位为 $\Omega \cdot m$ 或 $\mu\Omega \cdot cm$。电阻率只与材料性能有关,而与导体的几何尺寸无关,因此是评定材料导电性的基本参数,ρ 的倒数 σ 被称为电导率,即 $\sigma = 1/\rho$。

不同的材料导电性差别非常大。金属的电阻率从银(Ag)的 $1.46 \times 10^{-8} \Omega \cdot m$ 到锰(Mn)$2.6 \times 10^{-6} \Omega \cdot m$。导电性最佳的材料(如银和铜)和导电性最差的材料(如聚苯乙烯和金刚石)之间的电阻率差别达 23 个数量级。根据导电性能的好坏,可将材料分为导体、半导体和绝缘体。导体的 ρ 值小于 $10^{-2} \Omega \cdot m$,绝缘体的 ρ 值大于 $10^{10} \Omega \cdot m$,半导体 ρ 值介于 $10^{-2} \sim 10^{10} \Omega \cdot m$ 之间。不同材料的导电性相差如此巨大是由它们的结构与导电本质决定的。

1. 金属导电理论

(1)经典导电理论

为讨论问题方便,以碱土金属 Na 晶体为例研究金属材料的电导。在 Na 晶体中,每个原子可以提供一个自由电子。N 个原子则提供 N 个自由电子而形成电子气或电子云。自由电子的浓度等于原子密度 n,数量级为 10^{12}。当温度一定时,电子做无规则热运动而没有定向流动因而也没有电流。当施加电场 $\boldsymbol{E}$ 时,电场对每一个自由电子施加电场力,大小为 $-q\boldsymbol{E}$。自由电子在电场作用下产生定向移动,形成电流。假如没有阻力,在电场力的作用下,自由电子应不断做加速运动,速度不断增大,电流也不断增加。但实际上在 $\boldsymbol{E}$ 一定而其它外界条件(例如温度)不变时,电流通常会维持一个稳定的值。这表明在晶体中存在与电场力相等的对电子运动的阻力,即电阻。研究显示,经典的导电理论认为,电阻来源于运动电子与晶格原子(或离子)的相互作用——碰撞,这种效应也称为声子散射。经典导电理论得到的材料的电导率为

$$\sigma=\frac{J}{|\boldsymbol{E}|}=\frac{nq^2\tau_0}{m_0} \qquad (5-16)$$

式中:$\boldsymbol{E}$ 为电场强度;J 为电流密度;n 为电子浓度;q 为电子电量;m_0 为电子质量;τ_0 为两次碰撞间的驰豫时间。上述结果表明,电子浓度(n)越高,驰豫时间(τ_0)越长,材料的导电率(σ)越大。

（2）金属导电性的电子能带解释

经典的电导理论很好地解释了电流的形成与电阻的来源。但根据经典的电导理论,在电场作用下,所有的自由电子都应对导电或电流有贡献。这样,自由电子浓度(n)越高,导电率越大,但实际情况并非如此。更重要的是,经典的电导理论无法解释自由电子做功与其速度间的关系。但电子能带理论很好地解决了上述问题。

根据量子理论,在理想周期性排列的晶格中,电子处于不同的能量状态之中。由于电子的能量是量子化和不连续的,因而形成电子可以具有该能量的能量区间,称为能带。能带之间是电子不可能处于该状态下的能量区间,称为禁带。量子理论将运动的自由电子处理成为运动的电子波,其波矢量为 $\boldsymbol{K}$,波矢量的大小为 K。由于电子的能量是量子化和不连续的(处于不同的能带内),因此不同的 K 值也必然处于不同的周期性数值之内。K 所处于的取值范围称为布里渊区(Brillouin Zone)。从能带理论已知,电子状态在布里渊区是均匀的。以一维理想晶格为例,在满带(各能级都被原子占据)条件下,当有电场 $\boldsymbol{E}$ 存在时,如图 5-19 所示,所有电子都以相同的速度反电场方向移动,而且 A 点的状态与 A' 的状态完全相同。因此在有外电场存在时,电子的运动并不改变布里渊区的电子分布情况,由一边出去的电子在另一边同时填充进来。可见,对于一个所有状态都被电子充满的能带,即使有电场,晶体中也没有电流,电子没有导电的作用。但如果能带没有被电子充满,由于电场的作用,电子在布里渊区的分布不再是对称的,此时电子的运动会发生能级的变化,如图 5-20 所示。假如电场的方向依然如图 5-19 所示,则向左移动的电子将多于向右移动的电子,产生宏观电流。

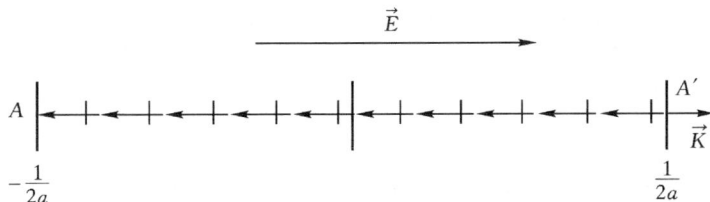

图 5-19　在外场作用下波矢 $\boldsymbol{K}$ 的变化示意图
其中 a 为一维晶格的晶格常数

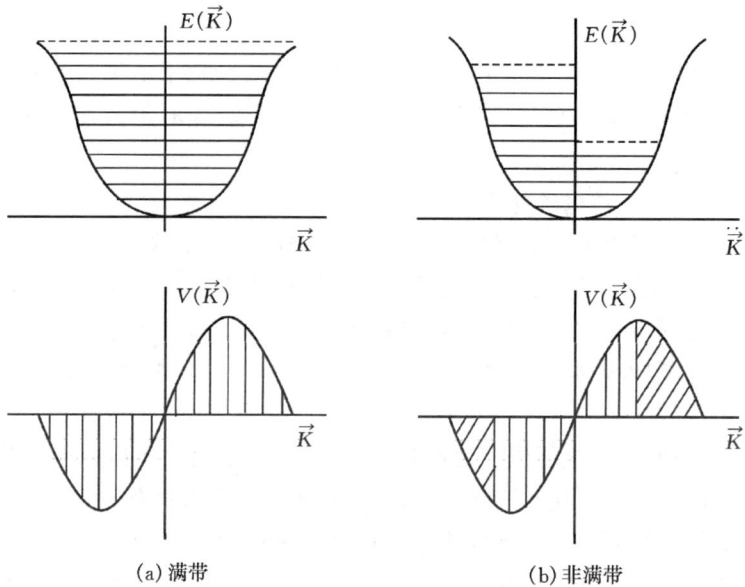

(a) 满带　　　　　　　　　　　　　　(b) 非满带

图 5-20　有电场存在时,电子的能量分布和速度

　　能带理论较好的解释了电流的来源。以金属为例,当金属中存在未填满的电子能带,即存在有可以改变自己能量状态的自由电子时,才有良好的导电性。亦即,对导电有贡献的不是所有自由电子,而是那些可变能态的自由电子,这些电子称为有效电子或导电电子,记为 $n_{有效}$。显然,$n_{有效}$ 与能带的结构有关,$n_{有效}$ 越大,导电性越好。电子散射的本质是电子被散射后跃迁到其它能态之中。只有金属中具有未填满的电子能带或有较多的空能级存在时,才有可能使较多的电子散射到空能级中来。因此,金属的电阻率也与能带结构有关。此外,能带理论认为,在理想周期性排列的晶格中,能带中的电子可以自由运动,理想周期性排列的晶格(上的原子)对导电电子没有散射作用。晶体中能对电子起散射作用的是那些破坏晶体完整性的因素,例如晶格振动(声子)和晶体缺陷(空位、异类原子、间隙原子、位错和各种内界面)等,它们是晶体电阻的根源。显然,金属中原子排列的不完整性或缺陷越多,导电电子被碰撞散射的几率越大,电阻率也越高。这一点与经典导电理论略有不同。

　　从上述能带理论的定性解释中得知,有些金属的自由电子虽多,但因其能带被填满,电子的能量状态不能改变或者可改变的能量状态极少,因此并不具有良好的导电性。对于碱土金属晶体,例如 Mg,一个原子有两个 3S 电子,按照能带理论应该是满带,Mg 晶体应该是绝缘体。但由于 3S 能带和能量较高的能带有交叠现象,相当于价电子并未填满 3S 能带,使之仍有导电性。从能带结构看,有些晶体如 Si 和 Ge,基本和绝缘体类似。但是它们的禁带较窄(小于 2eV),可以依靠激发将满带中的电子激发到空的能带上去,使之具有导电现象。这些晶体即为半导体。

(3)无机非金属材料的导电

自由电子导电的能带理论可以解释金属和半导体材料的导电现象,却难以解释陶瓷、玻璃及高分子材料等非金属材料的导电机理。无机非金属材料的种类很多,导电性及导电机制相差也很大,它们中多数是绝缘体,但也有一些是导体或半导体,即使是绝缘体,在电场作用下也会产生漏电电流(或称之为电导)。

对材料来说,只要有电流就意味着有带电粒子的定向运动,这些带电粒子称为"载流子"。金属材料电导的载流子是自由电子,而无机非金属材料电导的载流子可以是电子、电子空穴,或离子、离子空位。载流子是电子或电子空穴的电导称为电子式电导,载流子是离子或离子空位的电导称为离子式电导。

若点阵结点位置上缺少离子,就形成"空位",离子空位容易容纳临近的离子而空位本身又移到附近位置上去,在电场作用下,空位作定向运动引起电流。此时阳离子空位带负电,阴离子空位带正电。实际上空位移动是离子"接力式"的运动,而不是一离子连续不断的运动。电子空穴的导电情况也与此相似。非金属材料按其结构状态可以分为晶体材料与玻璃态材料,它们的导电机理也有所不同。

2. 半导体的电学性能

从能带理论知,半导体的能带结构类似于绝缘体,存在着禁带。目前人们已经发现具有广阔应用前景的化合物半导体达数十种之多,其中Ⅲ-Ⅴ族,Ⅱ-Ⅵ族,Ⅳ-Ⅳ族和氧化物半导体更得到优先发展。这些材料原子间的结合以共价键为主,其各项性能参数比起 IV 族单质半导体有更大的选择余地。

(1)本征半导体的电学性能

本征半导体就是指纯净的无结构缺陷的半导体单晶。在 0 K 和无外界影响的条件下,半导体的空带中无电子,即无运动的电子。但当温度升高或受光照射时,也就是半导体受到热激发时,共价键中的价电子由于从外界获得了能量,其中部分获得了足够大能量的价电子就可以挣脱束缚,离开原子而成为自由电子。

(2)杂质半导体的电学性能

①n 型半导体。在本征半导体中渗入五价元素的杂质(磷、砷、锑)就可以使晶体中的自由电子的浓度极大地增加。这是因为五价元素的原子有五个价电子,当它顶替晶格中的一个四价元素的原子时,它的四个价电子与周围的四个硅(或锗)原子以共价键相结合后,还余下了一个价电子而变成自由电子。

②p 型半导体。在本征半导休中,掺入三价的杂质元素(硼、铝、稼、铟)时,就可以使晶体中空穴浓度大大增加。因为三价元素的原子只有三个价电子,当它顶

替晶格中的一个四价元素原子,并与周围的四个硅(或锗)原子组成四个共价键时,必然缺少一个价电子,形成一个空位置而变成空穴。

在价电子共有化运动中,相邻的四价元素原子上的价电子就很容易来填补这个空位,从而产生一个空穴。在 p 型半导体中,主杂质能接受价电子产生空穴,使空穴浓度大大提高,空穴为多数载流子。同时因空穴多,本征激发的自由电子与空穴复合的机会增多,故 p 型半导体的自由电子浓度反而小,即电子是少数载流子。在电场的作用下,p 型半导体中的电流主要由多数载流子——空穴产生,即它是以空穴导电为主,故 p 型半导体又称空穴型半导体,其主杂质又称 p 型杂质。

3. 绝缘体的电学性能

绝缘体一般是指电阻率大于 $10^{10}\,\Omega\cdot m$ 用来限制电流流动(如在电机、电器、电缆中的绝缘)的材料,另外还有利用其"介电"特性建立电场以贮存电能(如电容器中)的材料。这种绝缘材料往往还起着灭弧、防火、防潮、防雾、防腐、防辐射和保护导体等作用。绝缘体表面在外电场作用下会感应屏蔽电流,使其内部的电场为零。但电荷不能在绝缘体中自由流动,所以在外电场作用下绝缘体内部电场不为零,正负电荷分布的中心分离,从而产生电偶极矩,即发生了电极化,所以绝缘体又称为电介质。实际上,电介质的概念更广泛,不仅绝缘体为电介质,许多半导体,如高纯度的硅和锗也是良好的电介质。掺杂半导体是具有损耗的电介质。在极高频率下,自由电子的移动跟不上外加电场的变化,金属内部的电场也不为零,此时金属薄膜也可看成高损耗的电介质。

(1)电介质的介电常数

当极板间为真空时,平板电容器的电容量 C 与平板的面积 S、板间距离 d 的关系为

$$C_0 = \varepsilon_0\,\frac{S}{d} \tag{5-17}$$

式中:C_0、ε_0 分别为真空下的电容和介电常数,$C_0 = 8.85 \times 10^{-2}\,\mathrm{Fm}$。当极板间存在电介质时

$$C = e\,\frac{S}{d} \tag{5-18}$$

式中:e 为比例常数,称为静态介电常数。显然,ε 代表了极板间电介质的性能。

(2)电介质的耐电强度(介电强度)

当施加于电介质上的电场强度或电压增大到一定程度时,电介质就由介电状态变为导电状态,这个突变现象称为电介质的击穿。此时所加电压称为击穿电压,用 U_b 表示,发生击穿时的电场强度称为击穿电场强度,用 E_b 表示,又称耐电强度(或称介电强度)。

　　各种电介质都有一定的耐电强度(介电强度),即不允许外电场无限加大。在电极板之间填充电介质的目的就是要使极板间可承受的电位差比空气介质能承受的更高些。

　　(3)电介质的极化

　　电介质在电场的作用下,其内部的束缚电荷所发生的弹性位移现象和偶极子的取向(正端转向电场负极、负端转向电场正极)现象,称为电介质的极化。当外加电场的频率增高时,极化过程显示出不相同的特征,这是由于电极化过程内部存在着不同的微观机制,它们对高频电场有不同的响应速度。

4. 超导电性

　　在一定的低温条件下材料电阻突然失去的现象称为超导电性。材料有电阻的状态称为正常态,失去电阻的状态称为超导态。材料由正常状态转变为超导状态的温度称为临界温度,以 T_c 表示。由于超导态的电阻小于目前所能检测的最小电阻($10^{27}\,\Omega \cdot m$),故可以认为超导态没有电阻。因为没有电阻,超导体中的电流将继续流动。超导体中有电流而没有电阻,说明超导体是等电位的,超导体内没有电场。

　　(1)超导体特性和超导体的三个性能指标

　　超导体有三个基本特性。一个基本特性是它的完全导电性。例如,在室温下把超导体做成圆环放在磁场中,并冷却到低温使其转入超导态。这时把原来的外磁场突然去掉,则通过超导体中的感生电流,由于没有电阻而将长久的存在,成为不衰减电流。超导体的另一个特性是它的完全抗磁性。处于超导态的材料,不管其经历如何,磁感应强度始终为零,这就是所谓的迈斯纳(Meissner)效应。说明超导态的超导体是一抗磁体,此时超导体具有屏蔽磁场和排除磁通的功能。当用超导体做成圆球并使之处于正常态时,磁通通过超导体。当球处于超导态时,磁通被排斥到球外,内部磁场为零。第三个特性是它的通量量子化,由于篇幅限制,此处不作具体介绍。

　　评价实用超导材料有三个性能指标。第一个是超导体的临界转变温度 T_c。转变温度越接近室温其实用价值越高。目前超导材料转变温度最高的是金属氧化物,但也只有 140 K 左右,金属间化合物最高的是 Nb_3Ge,只有 23.2 K。

　　第二个指标是临界磁场强度 H_c,当温度 $T < T_c$ 时,将磁场作用于超导体,若磁场强度大于 H_c 时,磁力线将穿入超导体,即磁场破坏了超导态,使超导体回到了正常态,此时的磁场强度称为临界磁场强度 H_c。可以定义临界磁场就是破坏超导态的最小磁场。H_c 与材料性质有关,不同超导材料临界磁场强度差异很大。

　　第三个指标是临界电流密度。除磁场影响超导转变温度外,通过的电流密度也会对超导态起影响作用,它们是相互依存和相互影响的。若把温度从超导转变温度下降,则超导体的临界磁场也随之增加。如果输入电流所产生的磁场与外加磁场之和超过超导体的临界磁场时,则超导态被破坏,此时通过的电流密度称为临界电流密度 J_c。随着外磁场的增加,J_c 必须相应减小,从而保持超导态,故临界电流密度是保持超导态的最大输入电流。

(2)两类超导体

大多数纯金属(除 V、Kb、Ta 外)超导体,在超导态下磁通从超导体中被全部逐出,显示完全的抗磁性(迈斯纳效应),它的磁化曲线如图 5-21(a)所示。但在铌、钒及其合金中,允许部分磁通透入,仍保留超导电性,这类超导体称为第二类超导体。它们的磁化曲线如图 5-21(b)所示。对第二类超导体,存在两个临界磁场,较低的 H_{c_1} 和较高的 H_{c_2},在低于 H_{c_1} 的外磁场中,该超导体如同第一类超导体那样,当 $H < H_c$ 时显示出完全的抗磁性。而当外磁场高于 H_{c_1} 时,磁通开始部分地透入到超导体内,当外磁场继续增加时,进入超导体内的磁通线也增加。磁通线能进入超导体内说明超导体内已有部分区域转变为正常态(但仍保持零电阻特性),这时的超导体处于混合态(涡漩态)。当外磁场增大到 H_{c_2} 时,超导体由混合态完全转变为正常态,磁场完全穿透超导体。H_{c_2} 值可以是超导转变热力学计算值 H_c 的 100 倍或更高。零电阻的超导电流可以在环绕磁通线圈的超导区中流动,在相当高的磁场下仍有超导电性,仍能负载无损耗电流,故第二类超导体在建造强磁场电磁铁方面有重要的实际意义。

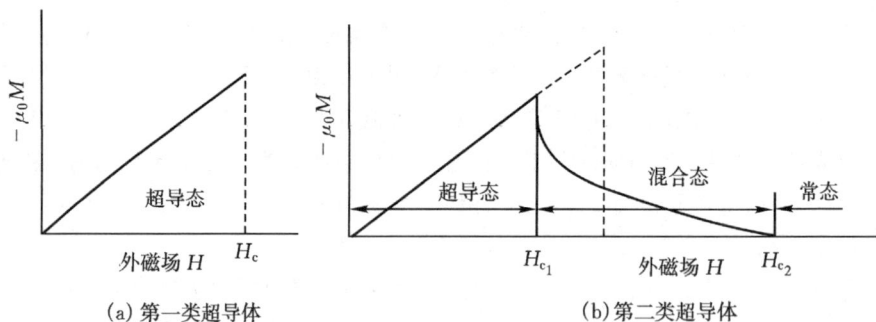

(a) 第一类超导体　　　　(b)第二类超导体

图 5-21　两类超导体的磁化曲线

(3)超导现象的物理本质

超导的微观物理本质由巴丁(Bardeen)、库柏(Cooper)和施瑞弗(Schrieffer)三人在 1957 年提出,简称为 BCS 理论。这个理论认为,超导现象产生的原因是由于超导体中的电子在超导态时电子之间存在着特殊的吸引力,而不是正常态时电子之间的静电斥力。这种特殊吸引力使电子双双结成电子对,它是超导态电子与晶格点阵间相互作用产生的结果。这种电子对又称为库柏电子对。这些成对的电子在材料中规则运动时,如果碰到物理缺陷、化学缺陷或热缺陷,而这种缺陷所给予电子的能量变化又不足以使"电子对"破坏,则此"电子对"将不损耗能量,即在缺陷处电子不发生散射而无阻碍地通过,这时电子运动的非对称分布状态将继续下去。这一理论揭示了超导体中可以产生永久电流的原因。当温度或外磁场强度增加时,电子对获得能量,当温度或外磁场强度增加到临界值时,电子对被拆开成正常态电子,于是材料即由超导态转变为正常态。温度越低,超导体就越稳定。这就是超导体中存在临界温度较低的原因。

5. 影响金属导电性的因素

影响材料导电性能的因素主要有温度、化学成分、晶体结构、杂质和缺陷的浓度及其迁移率等,但不同种类的材料导电机理各异,影响因素及其影响程度也不尽相同。例如,电子导电的金属材料,电导率随温度的升高而下降,而离子导电的离子晶体型陶瓷材料,电导率却随温度的升高而上升。因而对于具体材料应作具体分析。由于金属材料是常用的导电材料,所以本节仅对影响金属材料导电性的主要因素进行分析。

(1)温度的影响

温度是强烈影响材料许多物理性能的外部因素。金属电阻率随温度升高而增大。尽管温度对有效电子数和电子平均速度几乎没有影响,然而温度升高会使离子振动加剧,热振动振幅加大,原子的无序度增加,周期势场的涨落也加大。这些因素都使电子运动的自由程减小,散射几率增加而导致电阻率增大。

严格地说,金属电阻率在不同温度范围内变化规律是不同的,其特征见图 5 - 22,这与电子的散射有关。

(2)应力的影响

弹性应力范围内的单向拉应力,使原子间的距离增大,点阵的畸变增大,导致金属的电阻增大。压应力对电阻的影响恰好与拉应力相反,由于压应力使原子间的距离减小,点阵畸变减小,大多数金属在三向压力(高达 1.2 GPa)的作用下,电阻率下降。

(3)冷加工变形的影响

室温下测得经相当大的冷加工变形后的纯金属(如铁、铜、银、铝等)的电阻率比未经变形的只增加 2%～6%。金属钨、钼例外,当冷变形量很大时,钨的电阻可增加 30%～50%,铜可增加 15%～20%。一般单相固溶体经冷塑性变形后,电阻可增加 10%～20%。而有序固溶体电阻增加 100%,甚至更高。也有相反的情况,如镍-铬,镍-铜-锌,铁-铬-铝等由于形成 K 状态,冷加工变形将使合金电阻率降低。

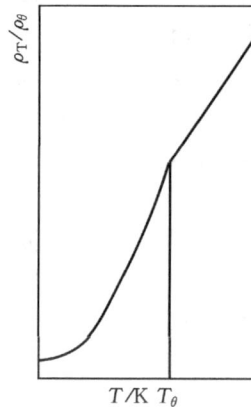

图 5 - 22　过渡族金属的电阻随温度的变化

T_θ,Curie 温度

冷加工变形引起金属的电阻率增大,这是由于冷加工变形使晶体点阵畸变和晶体缺陷增加,特别是空位浓度的增加,造成点阵电场的不均匀而加剧对电子散射的结果。此外,冷加工变形使原子间距有所改变,也会对电阻率产生一定影响。若对冷加工变形的金属进行退火,使它产生回复和再结晶,则电阻下降。例如,纯铁经过冷加工变形之后,再进行 100 ℃退火处理,电阻便有明显降低。如果进行500 ℃退火,电阻便可恢复到冷加工变形前的水平。但当退火温度高于再结晶温度时,由于再结晶生成的晶粒很细小,使晶界增多,电阻反而有所增高。晶粒越细,电阻越大。

退火可以显著降低点缺陷浓度,因此使电阻率有明显的降低。而再结晶过程可以消除形变时造成的点阵畸变和晶体缺陷,所以再结晶使电阻率恢复到冷变形前的水平。

(4)合金元素及相结构的影响

对于固溶体材料,溶质原子溶入溶剂晶格之后,将引起溶剂晶格畸变,增加了溶剂晶格的不完整性,从而加大了对导电电子的散射,固溶体的电阻相对于纯金属增加。同时无论溶质相对于溶剂原子半径的或大或小以及溶质(单质)的电阻率相对于溶剂的大与小都会使固溶体的电阻增加。

作为合金相之一的金属化合物具有导电性,但金属化合物的电阻通常比形成化合物的任一组元的电阻率都大。这是因为在形成化合物时,原来原子间的金属键结合至少部分地改变成为共价键或者离子键,导电自由电子的浓度减少。结合键的改变有时竟然可使金属化合物转变为半导体。化合物具有金属导电性或者成为半导体决定于各组元的电离势差,如果二组元价电子相近,促使电子趋于公有化,会产生金属导电性;如一组元易于给出电子,化合物则趋于半导体。

由两相或多相组成的混合物电阻率由各相的电阻率和组织类型共同决定。如果合金经充分退火、无织构,基体由粗大的等轴晶组成,各相的电阻率相近,则多相合金的电阻率可近似表示为

$$\rho = \sum_{i=1}^{n} X_i \rho_i \qquad (5-19)$$

式中:ρ 是合金的电阻率;ρ_i 是第 i 相的电阻率;X_i 是第 i 相的体积百分数。但电阻率是材料的组织结构敏感参量,除了下面将要讨论的晶体缺陷对导电率的影响外,第二相的尺寸和分布对导电率也有影响。特别是当一种相的尺寸与导电电子的平均自由程相近时,将使这种相对导电电子产生巨大的散射作用,合金的电阻率大大提高。

5.2.2　材料的磁学性质

磁性是一切物质的基本属性,它存在的范围很广。从微观粒子到宏观物体以至宇宙间的天体都存在着磁的现象。磁性不只是一个宏观的物理量,更与物质的微观结构密切相关。它不仅取决于物质的原子结构,还取决于原子间的相互作用以及晶体结构。随着现代科学技术和工业的发展,磁性材料的应用越来越广泛,特别是电子技术的发展,对磁性材料提出了新的要求。因此,研究有关磁性的理论,研制新型磁性材料也是材料科学的一个重要方向。

1. 磁性基本量及磁性分类

(1)磁化现象和磁性的基本参量

任何物质处于磁场中,均会使其所占有的空间的磁场发生变化。这是由于磁场的作用使物质表现出一定的磁性,这种现象称为磁化。通常把能磁化的物质称为磁介质。实际上包括空气在内所有的物质都能被磁化,因此从广义上讲所有物质都是磁介质。

当磁介质在磁场强度为 H_0 的外加磁场中被磁化时,会使它所在空间的磁场发生变化,即产生一个附加磁场 H',这时,其所处的总磁场强度 $H_总$ 为两部分的矢量和,即

$$\boldsymbol{H}_总 = \boldsymbol{H}_0 + \boldsymbol{H}' \qquad (5-20)$$

磁场强度的单位是 A/m(安/米)。

通常,在无外加磁场时,材料中原子固有磁矩(关于原子固有磁矩的产生将随后讨论)的矢量总和为零,宏观上材料不呈现出磁性。但在外加磁场作用下,便会表现出一定的磁性。实际上,磁化并未改变材料中原子固有磁矩的大小,只是改变

了它们的取向。因此,材料磁化的程度可用所有原子固有磁矩矢量 $\boldsymbol{P}_m$ 的总和来表示。由于材料的总磁矩和尺寸因素有关,为了便于比较材料磁化的强弱程度,一般用单位体积的磁矩大小来表示。单位体积的磁矩称为磁化强度,用 M 表示,其单位为 A/m,它表达式为

$$\boldsymbol{M}=\frac{\sum \boldsymbol{P}_m}{V} \tag{5-21}$$

式中:V 为物体的体积(m^3)。

　　磁化强度 M 即前面所述的附加磁场强度 H,磁化强度不仅与外加磁场强度有关,还与物质本身的磁化特性有关,即

$$\boldsymbol{M}=\chi \boldsymbol{H} \tag{5-22}$$

式中:χ 为单位体积磁化率,量纲为 1,其值可正可负。它表征物质本身的磁化特性。在理论研究中常采用摩尔磁化率 χ_A 表示,$\chi_A = \chi \cdot v$(v 为摩尔原子体积),有时也采用单位质量磁化率 χ_d 表示,$\chi_d = \chi/d$,d 为密度。

　　通过垂直于磁场方向单位面积的磁力线数称为磁感应强度 $\boldsymbol{H}'$,用 B 表示,其单位为 T(特斯拉),它与磁场强度 H 的关系是

$$\boldsymbol{B}=\mu_0(\boldsymbol{H}+\boldsymbol{M}) \tag{5-23}$$

式中:μ_0 为真空磁导率,它等于 $4\pi \times 10^{-7}$,其单位为 H/m(亨/米)。

　　将式(4-21)代入式(5-22)可得

$$\boldsymbol{B}=\mu_0(1+\chi)\boldsymbol{H}=\mu_0 \mu_r \boldsymbol{H}=\mu \boldsymbol{H} \tag{5-24}$$

式中:μ_r 为相对磁导率;μ 为磁导率(亦称导磁系数),单位与 μ_0 相同,它反映了磁感应强度 B 随外磁场 H 变化的速率。工程技术上常用磁导率 μ 来表示材料磁化难易程度,而科学研究上则通常使用磁化率 χ。

　　将磁矩 $\boldsymbol{P}$ 放入磁感应强度为 $\boldsymbol{B}$ 的磁场中,它将受到磁场力的作用而产生转矩,其所受力矩为

$$\boldsymbol{L}=\boldsymbol{P} \times \boldsymbol{B} \tag{5-25}$$

此转矩力图使磁矩 $\boldsymbol{P}$ 处于势能最低的方向。磁矩与外加磁场的作用能称为静磁能。处于磁场中某方向的磁矩,所具有的静磁能为

$$E=-\boldsymbol{P} \cdot \boldsymbol{B} \tag{5-26}$$

　　在讨论材料的磁化过程和微观磁结构时,经常要考虑磁体中存在的几种物理作用及其所对应的能量,其中包括静磁能。通常关心的不是总的静磁能而是单位体积中的静磁能,即静磁能密度 E_H

$$E_H=-\boldsymbol{M} \cdot \boldsymbol{H}=-\mu MH\cos\theta \tag{5-27}$$

式中:θ 为磁化强度 M 与磁场强度 H 的夹角。通常静磁能密度 E_H 在习惯上简称

为静磁能。

(2)物质磁性的分类

根据物质磁化率的符号和大小,可以把物质的磁性大致分为五类。按各类磁体磁化强度 M 与磁场强度 H 的关系,可做出其磁化曲线。图 5-23 为五类磁体的磁化曲线示意图。

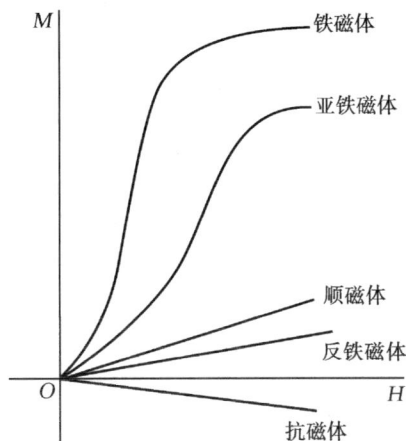

图 5-23　五类磁体的磁化曲线示意图

①抗磁体。磁化率 χ 为很小的负数,其绝对值大约在 10^{-6} 数量级。它们在磁场中受微弱斥力。金属中约有一半简单金属是抗磁体。

根据 χ 与温度的关系,抗磁体又可分为:(a)"经典"抗磁体,它的 χ 不随温度变化,如铜、银、金、汞、锌等;(b)反常抗磁体,它的 χ 随温度变化,且其大小是前者的 $10\sim100$ 倍,如镓、锑、锡、铟等。

②顺磁体。磁化率 χ 为正值,约为 $10^{-3}\sim10^{-6}$,它在磁场中受微弱吸力。根据 χ 与温度的关系可分为:(a) 正常顺磁体,其 χ 与温度成反比关系,金属铂、钯、奥氏体不锈钢、稀土金属等属于此类。(b) χ 与温度无关的顺磁体,例如锂、钠、钾等金属。

③铁磁体。在较弱的磁场作用下,就能产生很大的磁化强度,χ 是很大的正数,且 M 或 B 与外磁场强度 H 呈非线性关系变化,如铁、钴、镍等。铁磁体在温度高于某临界温度后变成顺磁体。此临界温度称为居里温度或居里点,常用 T_c 表示。

④亚铁磁体。这类磁体类似于铁磁体,但 χ 值没有铁磁体那样大,如铁磁矿(Fe_3O_4)等属于亚铁磁体。

⑤反铁磁体。χ 是个小的正数,在温度低于某温度时,它的磁化率随温度升高而增大,高于这个温度,其行为如顺磁体,如氧化镍、氧化锰等。

2. 磁化曲线和磁滞回线

如前所述,铁磁体具有很高的磁化率,即在不很强的磁场作用下,就可得到很大的磁化强度,其磁化曲线(M-H 或 B-H)是非线性的。铁磁性材料的磁学特性与顺磁性、抗磁性物质不同之处主要表现在磁化曲线和磁滞回线上。

如图 5-24(a)中 B-H 曲线所示,随磁化场的增加,铁磁体磁感应强度 B 开始时增加较缓慢,然后迅速地增加,再缓慢地增加,最后当磁场强度达到 H_s 时,磁化至饱和。此时的磁化强度称为饱和磁化强度 M_s,对应的磁感应强度称为饱和磁感应强度 B_s。磁化至饱和后,磁化强度不再随外磁场的增加而增加。但由于 $B = \mu_0(M+H)$,故当磁场强度大于 H_s 时,B 受 H 的影响仍将继续增大。所有铁磁性物质从退磁状态开始的基本磁化曲线都有如图 5-24(b)的形式。它们之间的区别只在于开始阶段区间的大小、饱和磁化强度 M_s 的大小和上升陡度的大小。这种从退磁状态直到饱和前的磁化过程称为技术磁化。

从磁化曲线 B-H 上各点与坐标原点连线的斜率可得到各点的磁导率 μ,因此可以建立 μ-H 曲线,如图 5-24(a)中的虚线所示。当 $H = 0$ 时,$\mu_0 = \lim \Delta B / \Delta H$ 称为起始磁导率,在 μ-H 曲线上存在的极大值 μ_m,称为最大磁导率。

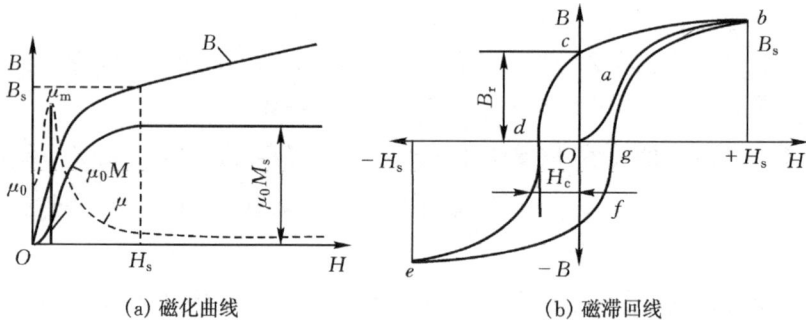

(a) 磁化曲线　　　　　　　　　　(b) 磁滞回线

图 5-24　铁磁材料的磁化曲线与磁滞回线

实验表明,铁磁材料从退磁状态被磁化到饱和的技术磁化过程中存在着不可逆过程,即从饱和磁化状态 b 点降低磁场 H 时,如图 5-24(b)所示,磁感应强度 B 将不沿着原磁化曲线下降而是沿 bc 缓慢下降,这种现象称为"磁滞"。当外磁场降为零时,得到不为零的磁感应强度 B_r,称为剩余磁感应强度。要将 B 减小到零,必须加一反向磁场 H_c,该反向磁场值称为矫顽力。通常把曲线 bc 段称为退磁曲线。进一步增大反向磁场到 H_s,磁化强度将达到 B_s。继续增加磁场 H,B 将沿 $efgb$

变化为 +B,得到一个闭合曲线 b→c→d→e→f→g→b,称为磁滞回线。磁滞现象表明,技术磁化过程和材料中的不可逆变化有重要的联系。

如果磁滞回线的起点不是图 5-24(b)中磁饱和状态 b 点,而是从某一小于 H_m 的状态开始变化一周,则磁滞回线将变得扁平些。由此可见,继续减小磁场则剩磁 M_s 和矫顽力 H_c 均将随之减小。因此,当施加于材料的交变磁场幅值 $H→0$ 时,回线将成为一条趋向坐标原点的螺线,直至 H 降到 0 时,M 亦降为 0,铁磁体将完全退磁。这就提供了一种有效的技术退磁方法。

磁滞回线所包围的面积表示磁化一周时所消耗的功,称为磁滞损耗 Q,其大小为

$$Q = \oint H dB \tag{5-28}$$

人们通常将矫顽力 H_c 很小而磁化率 χ 很大的材料称为"软磁材料",而将 H_c 大而 χ 小的材料称为"硬磁(或永磁)材料"。某些磁滞回线趋于矩形的材料则称为"矩磁材料"。总之,通过材料种类和工艺过程的选择可以得到性能各异、品种繁多的磁性材料。

3. 抗磁性和顺磁性

(1)原子本征磁矩

材料的磁性来源于原子磁矩。根据近代物理的观点,组成物质的基本粒子(电子、质子、中子等)均具有本征磁矩(自旋磁矩),同时电子在原子内绕核运动以及质子和中子在原子核内的运动也要产生磁矩。这些磁性的小单元称为物质的元磁性体。原子磁矩包括电子轨道磁矩、电子的自旋磁矩和原子核磁矩三部分。实验和理论都证明原了核磁矩很小,只有电子磁矩的几千分之一,故可以略去不计。

电子绕原子核轨道进行运动,犹如一环形电流,此环流将在其运动中心处产生磁矩,称为电子轨道磁矩。电子轨道磁矩的大小为

$$\mu = l\frac{eh}{4\pi mc} = l\mu_R \tag{5-29}$$

式中:e 为电子的电荷;h 为普朗克常量;m 为电子的静止质量;c 为光速;l 为以 $\hbar/2\pi$ 为单位的轨道角动量。$\mu = l\dfrac{eh}{4\pi mc} = 0.927 \times 10^{-23}$ J·T^{-1} 称为玻尔磁子,它是电子磁矩的最小单位。

电子的自旋运动产生自旋磁矩,电子自旋磁矩大小为

$$\mu = l\frac{eh}{4\pi mc} = 2s\mu_B \tag{5-30}$$

式中:s 为电子自旋磁矩角动量,以 $\hbar/2\pi$ 为单位。

实验测得电子自旋磁矩在外磁场方向上的分量恰为一个玻尔磁子,即

$$\mu_{sz} = \pm\mu_B \tag{5-31}$$

式中符号取决于电子自旋方向,一般取与外磁场方向 z 一致方向的为正,反之为负。

原子中电子的轨道磁矩和电子的自旋磁矩构成了原子固有磁矩,即本征磁矩。理论计算证明,如果原子中所有电子壳层都是填满的,即形成一个球形对称的集体,则电子轨道磁矩和自旋磁矩各自相抵消,此时原子本征磁矩为零。

(2)抗磁性

原子磁性的研究表明,原子的磁矩取决于未填满电子壳层的电子轨道磁矩和自旋磁矩。对于电子壳层已填满的原子,电子轨道磁矩和自旋磁矩的总和等于零,这是在没有外磁场的情况下原子所表现出来的磁性。当施加外磁场时,即使对于那种总磁矩为零的原子也会显示磁矩,这是外加磁场感应的轨道磁矩增量对磁性的贡献。

根据拉莫尔(Lamor)定理,在磁场中电子绕中心核的运动只不过是叠加了一个电子运动,就像一个在重力场中的旋转陀螺一样,由于拉莫尔运动是在原来轨道运动之上的附加运动,如果绕核的平均电子流起初为零,施加磁场后的拉莫尔进动会产生一个不为零的绕核电子流。这个电流等效于一个方向与外加磁场相反的磁矩,因而产生了抗磁性。可见物质的抗磁性不是由电子的轨道磁矩和自旋磁矩本身产生,而是由外加磁场作用下电子绕核运动所感应的附加磁矩造成的。

既然抗磁性是电子轨道运动感应的,可见物质的抗磁性普遍存在。但是必须指出,并非所有物质都是抗磁体,这是因为原子往往还存在着轨道磁矩和自旋磁矩所组成的顺磁磁矩。当原子系统的总磁矩等于零时,抗磁性就容易表现出来,如果电子壳层未被填满,即原子系统总磁矩不为零时,只有那些抗磁性大于顺磁性的物质才成为抗磁体。抗磁体的磁化率与温度无关或随温度变化极小。

凡是电子壳层被填满了的物质都属于抗磁性物质。例如惰性气体、离子型固体(如氯化钠)等;共价键的碳、硅、锗、硫、磷等通过共有电子而填满了电子层,故也属于抗磁性物质;大部分有机物质也属于抗磁性物质。金属中属于抗磁性物质的有铋、铅、铜、银等。

(3)顺磁性

材料的顺磁性来源于原子的固有磁矩。产生顺磁性的条件就是原子的固有磁矩不为零,在如下几种情况下,原子或离子的固有磁矩不为零:① 具有奇数个电子的原子或点阵缺陷;② 内壳层未被填满的原子或离子。金属中主要有过渡族金属(d 壳层没有填满电子)和稀土族金属(f 壳层没有填满电子)。

正离子的固有磁矩在外磁场方向上的投影,形成原子的顺磁磁矩。在通常温度下离子在不停地振动。根据经典统计理论可知,原子的动能 E_k 正比于温度,即 $E_k \propto kT$(k 为玻耳兹曼常数),随着温度的升高,振幅增加。由于热运动的影响,原子磁矩倾向于混乱分布,在任何方向上原子磁矩之和为零,对外不显示磁性。这就是顺磁性物质在无外磁场作用时,宏观磁特性为零的原因。

当加上外磁场时,外磁场要使原子磁矩转向外磁场方向,结果使总磁矩大于零而表现为正向磁化。但受热运动的影响,原子磁矩难以一致排列,磁化十分困难,故室温下顺磁体的磁化率一般仅为 $10^{-6}\sim10^{-3}$。据计算在常温下要克服热运动的影响使顺磁体磁化到饱和,即原子磁矩沿外磁场方向排列,所需的磁场约为 8×10^8 A·m^{-1},这在技术上是很难达到的。但如果把温度降低到 0 K 附近,实现磁饱和就容易得多。例如,顺磁体 $CdSO_4$,在 1 K 时,只需 $H=24\times10^4$ A·m^{-1}便达到磁饱和状态。总之,顺磁体的磁化是磁场克服热运动干扰,使原子磁矩沿磁场方向排列的过程。

值得指出的是,顺磁性物质的磁化率是抗磁性物质磁化率的 $1\sim10^3$ 倍,所以在顺磁性物质中抗磁性被掩盖了。

大多数物质都属于顺磁性物质,如 O_2、NO、铂、钯、锂、钠、钾、钛、铝、钒、稀土金属、铁、钴、镍的盐类以及在居里点以上的铁磁金属都属于顺磁体,此外,过渡族金属的盐也表现为顺磁性。其中少数物质可以准确地用居里(Curie)定律进行描述,即它们的原子磁化率与温度成反比

$$\chi=\frac{C}{T} \tag{5-32}$$

式中:C 称为居里常数;T 为热力学温度。目前已能够由理论计算 $C=N_A\mu_B^2/3k$,这里 N_A 为阿伏加德罗常数,μ_B 为玻尔磁子,k 为玻耳兹曼常数。

还有相当多的固体顺磁物质,特别是过渡族金属元素不符合居里定律。它们的原子磁化率与温度的关系由居里-外斯(Curie-Weiss)定律来描述,即

$$\chi=\frac{C'}{T+\Delta} \tag{5-33}$$

式中:C'是常数;Δ 对于一定的物质也是常数,对不同的物质可以大于零或小于零,对存在铁磁转变的物质来说,$\Delta=-T_C$,T_C 表示居里温度,在居里温度 T_C 以上铁磁体属于顺磁体,其磁化率 χ 大致服从居里-外斯定律。此时磁化强度 M 和磁场 N 保持着线性关系,只是在很强磁场或足够低的温度下,这些顺磁体才表现出复杂的性质,如顺磁饱和与低温磁性反常。对于反铁磁体,Δ 小于零。

碱金属锂、钠、钾、铷等的磁化率 χ 在 $10^{-7}\sim10^{-6}$之间,与温度无关,它们的顺磁性是由价电子产生的,由量子力学可以证明它们的 χ 与温度没有依赖关系。

(4)金属的抗磁性和顺磁性

由于金属是由点阵离子和自由电子构成,因此金属的磁性要从以下四方面考虑:①正离子的顺磁性;②正离子的抗磁性;③自由电子的顺磁性;④自由电子的抗

磁性。如前所述,正离子的抗磁性来源于其电子的轨道运动,正离子的顺磁性来源于原子的固有磁矩。而自由电子的顺磁性源于电子的自旋磁矩,在外磁场的作用下,自由电子自旋磁矩转向外磁场方向。由于电子运动都产生抗磁磁矩,因此自由电子在磁场下也表现出抗磁性,但又由于来源于自旋磁矩的顺磁性大于抗磁性,因此自由电子整体上表现为顺磁性。一般而言,自由电子的顺磁性比较小。根据离子和自由电子磁矩在具体情况下所起的作用,可以分析金属的抗磁性和顺磁性。

在 Cu、Ag、Au、Zn、Cd、Hg 等金属中,由于它们的正离子所产生的抗磁性大于自由电子的顺磁性,因而它们属于抗磁体。但金属的抗磁性总是小于其离子的抗磁性。实验表明,导电电子是具有顺磁性的。

非金属除了氧和石墨外都属于抗磁体,并且它们的磁化率与惰性气体相近。以 Si、S、P 以及许多有机化合物为例,它们基本上以共价键结合,由于共价电子对的磁矩相抵消,因而这些物质均称为抗磁体。在元素周期表中,接近非金属的一些金属元素如 Sb、Bi、Ga,灰锡、Ti 等,它们的自由电子在原子价增加时逐步向共价络合过渡,因而表现出异常的抗磁性。

所有的碱金属(Li,Na,K,Rb,Cs)和除 Be 以外的碱土金属都是顺磁体。虽然这两类金属元素在离子状态时都具有与惰性气体相似的电子结构,离子呈现抗磁性,但由于自由电子的顺磁性占主导地位,仍然称为顺磁体。

过渡族金属在高温都属于顺磁体,但其中有些存在铁磁转变(如 Fe、Co、Ni),有些则存在反铁磁转变(如 Cr)。这些金属的顺磁性主要是由于 3d、4d、5d 电子壳层未填满,而 d 和 f 态电子未抵消的磁矩形成晶体离子构架的固有磁矩,因此产生强烈的顺磁性。

稀土金属有特别高的顺磁磁化率,而且磁化率的温度关系也遵从居里-外斯定律。它们的顺磁性主要是由 4f 电子壳层磁矩未抵消而产生的。这些金属中的镝(Cd)在(16 ± 2℃)以下转变为铁磁体。

4. 铁磁性的物理本质

根据大量实验事实,外斯提出的第一个假设是:在铁磁物质内部存在着很强的与外磁场无关的"分子场",在这种"分子场"的作用下,原子磁矩趋于同向平行排列,即自发的磁化至饱和,称自发磁化。第二个假设是在居里点以下,铁磁体自发磁化成若干个小区域(这些自发磁化至饱和的小区域称为磁畴),在无外磁场时,由于热力学上的原因各个区域的磁化方向各不相同,故其磁性彼此相消,所以大块铁磁体对外并不显示磁性。只是在外磁场的影响下,磁畴中磁化强度的取向和磁畴的体积才发生变化,这就使得物体中出现宏观的磁化强度。可见对于铁磁体而言,磁场的作用不是像顺磁体的情况那样增加真实磁化强度,而只是克服掩盖整个物体自发磁化的次要因素。

外斯的假说由实验证明了它的正确性,并在此基础上发展了现代的铁磁理论。主要有铁磁物质的自发磁化理论和技术磁化理论即磁畴的理论以及磁畴在外磁场和其它因素(包括缺陷、杂质、磁致伸缩等)的影响下发生变化的理论。在分子场假说的基础上,发展了自发磁化的理论,其基本内容是解释铁磁性的本质;在磁畴假说的基础上发展了技术磁化理论,解释铁磁体在外磁场中的行为。

5.2.3　材料的光学性能

长期以来,人们对材料的光学性能予以了很大的关注。众所周知,材料对可见光的不同吸收和反射使我们周围的世界呈现出五光十色的景象。玻璃、塑料、晶体、金属和陶瓷都可以成为光学材料。光学材料已被人们广为利用,并越来越受到人们的青睐。

1. 材料对光的吸收和色散

一束平行光照射各向同性均质的材料时,除了可能发生反射和折射而改变其传播方向之外,进入材料之后还会发生两种变化。一是当光束通过介质时,一部分光的能量被材料所吸收,其强度将被减弱,即为光吸收;二是材料的折射率随入射光波长的变化而变化,这种现象称为光的色散。

光的吸收是材料中的微观粒子与光相互作用过程中表现出的能量交换过程,光作为一种能量流,在穿过介质时,当入射光子的能量与介质中某两个能态之间的能量差值相等时,将引起介质的价电子跃迁,或使原子振动而消耗能量。此外,介质中的价电子会吸收光子能量而被激发,当尚未激发时,在运动中与其它分子碰撞,电子的能量转变成分子的动能亦即热能,从而构成光能的衰减,这就是产生光吸收的原因。即使在对光不发生散射的透明介质,如玻璃、水溶液中,光也会有能量的损失。光的色散是材料的折射率随入射光频率的减小(或波长的增加)而减小的性质,称为折射率的色散。

2. 材料的光发射

材料的光发射是材料以某种方式吸收能量之后,将其转化为光能,即发射光子的过程。发光是人类研究最早也是应用最广泛的物理效应之一。一般来说,物体发光可分为平衡辐射和非平衡辐射两大类。平衡辐射的性质只与辐射体的温度和发射本领有关,又可称为热辐射。如白炽灯的发光就属于平衡或准平衡辐射。当材料开始加热时,电子被热激发到较高能级,特别是原子外壳层电子与核作用较弱,易激发,当电子跳回它们的正常能级时就发射出低能长波光子,波长位于可见光之外。温度继续增加,热激活增加,发射高能量的光子增加,则辐射谱变成连续谱,其强度分布决定于温度。由于发射的光子包括可见光波长的光子,所以热辐射材料的颜色和亮度随温度改变。不同材料的热辐射能力是不同的。在较低温下热辐射的波长太长以致不可见。温度增加,发射出短波长光子,在高温下材料热辐射出所有可见光的光子,所以辐射称为白光辐射,即看到材料为白亮的。用高温计测量辐射光的频带范围,便可以估计出材料的温度。非平衡辐射是在外界激发下物体偏离子原来的热平衡态,继而发出的辐射。

材料光发射的性质与它们的能量结构紧密相关。我们已经知道固体的基本能量结构是能带,固体中常常通过人为的方法掺杂一些与基质不同的成分,以改善固体的发光性能。杂质离子具有分离的能级,它们常出现在禁带中。固体发光的微观过程可以分为两个步骤:第一步,对材料进行激励,即以各种方式输入能量,将固体中的电子的能量提高到一个非平衡态,称为"激发态";第二步,处于激发态的电子自发地向低能态跃迁,同时发射光子。如果材料存在多个低能态,发光跃迁可以有多种渠道,那么材料就可能发射多种频率的光子。

在很多情况下发射光子和激发光子的能量不相等,通常前者小于后者。倘若发射光子与激发光子的能量相等,发出的辐射就称为"共振荧光"。当然向下跃迁未必都发光,也可能存在把激发的能量转变为热能的无辐射跃迁过程。

3. 材料的受激辐射和激光

上面介绍的材料发光时所发射的光子均为随机、独立的,即产生的光波不具有相干性。下面要讨论的激光则是在外来光子的激发下诱发电子能态的转变,从而发射出与外来光子的频率、相位、传输方向以及偏振态均相同的相干光波。这种光即为激光(LASER,Light Amplified by Stimulated Emission of Radiation 的缩写),其主要特点为:高指向性、极窄的光谱线宽和高强度,激光辐射能量在空间和时间上的高度集中,可以达到比太阳强 10^{10} 倍的亮度。激光为科学研究和计量检测提供了强有力的手段,而且大大地推动了信息、医学、工业、能源和国防领域的现代化进程。激光之所以具有传统光源无法比拟的优越性,其关键在于它利用了材料的受激辐射。

5.2.4　材料的热膨胀

物体在加热或冷却时的热胀冷缩现象称为热膨胀。而金属及合金在加热或冷却时所发生的相变还能产生异常的膨胀或收缩,故利用试样长度和体积的变化可以研究材料内部组织的变化规律,这一方法称为膨胀分析。长期以来,它已成为材料研究中常用的方法之一。

另外,仪表工业等对材料的热膨胀性提出了特殊要求。例如微波设备谐振腔、精密计时器和宇宙航行雷达天线等的零部件要求在工作时尺寸不发生变化,故需要采用在气温变动范围内具有很低膨胀系数的合金;电真空技术中为了与玻璃、陶瓷、云母、人造宝石等气密封接要求具有一定膨胀系数的合金；用于制造热敏感性元件的双金属要求高膨胀合金。这就需要研究化学成分和组织结构对合金热膨胀系数的影响。

固体材料的热膨胀与原子的非简谐振动（非线性振动）有关。简单地说，温度升高，原子振幅增加，导致原子间距增大，因此产生热膨胀。当原子作热振动时，如果原子相对于平衡位置的位移和原子间相互作用力呈线性关系，并且相对于平衡位置做等距离左右运动时所受的力相等，则温度变化只能改变原子振动的振幅，而不会改变原子间距，即原子振动的中心位置不变，不会引起热膨胀。实际上，原子热振动时，原子的位移和原子间相互作用力呈非线性和非对称的关系，因而引起热膨胀。其物理本质可通过第一章第一节（图 1-5）中的双原子模型进行解释。

实践证明，许多固体的长度随温度的升高呈线性增加，即

$$l_2 = l_1 [1 + \bar{\alpha}(T_2 - T_1)] \tag{5-34}$$

$$\bar{\alpha}_l = \frac{l_2 - l_1}{l_1} \cdot \frac{1}{T_2 - T_1} \tag{5-35}$$

式中：l_1 和 l_2 分别代表 T_1 和 T_2 温度下试样的长度；$\bar{\alpha}_l$ 为 T_1 上升到 T_2 温度区间的平均线膨胀系数，单位为 ℃^{-1} 或 K^{-1}。

当 $T_2 - T_1$ 和 $l_2 - l_1$ 趋近于零时，可得

$$\bar{\alpha}_{lT} = \frac{\mathrm{d}l}{l_T} \cdot \frac{1}{\mathrm{d}T_1} \tag{5-36}$$

式中：l_T 为 T 温度下试样的长度；$\bar{\alpha}_{lT}$ 称为真线膨胀系数。

5.3　材料的化学性质

5.3.1　金属材料的腐蚀与耐蚀性

金属和它所处的环境介质之间发生化学、电化学或物理作用，引起金属的变质和破坏，称为金属腐蚀。随着非金属材料越来越多地用作工程材料，非金属材料失效现象也越来越受到人们的重视，因此科学家们主张把腐蚀的定义扩展到所有材料（金属和非金属材料）。腐蚀现象是十分普遍的，其较确切的定义为：腐蚀是材料由于环境的作用而引起的破坏和变质。除了极少数贵金属（Au、Pt）外，一般金属材料都存在腐蚀的问题。

材料腐蚀给国民经济带来巨大损失，以金属材料为例，据一些工业发达国家统计，每年由于腐蚀而造成的经济损失约占国民经济生产总值的 2%～4%。美国 1975 年因腐蚀造成的经济损失约为 700 亿美元，约占当年国民生产总值的 4.2%，

而 1982 年高达 1260 亿美元；英国 1969 年腐蚀损失为 13.65 亿英镑,占国民生产总值的 3.53%；日本 1976 年腐蚀损失为 92 亿美元,占国民生产总值的 1.8%；前苏联 1967 年腐蚀损失为 67 亿美元,占国民生产总值的 2%；据我国 1995 年统计,腐蚀损失高达 1500 亿元人民币,约占国民生产总值的 4%。

5.3.2　腐蚀的分类

根据腐蚀环境,腐蚀可分为三种。

(1)干腐蚀:包括失泽和高温氧化。失泽是金属在露点以上的常温干燥气体中发生腐蚀(氧化),表面生成很薄的腐蚀产物,使金属失去光泽。高温氧化是指金属在高温气体中腐蚀(氧化),有时生成很厚的氧化皮,在热应力或机械应力下可引起氧化皮剥落。

(2)湿腐蚀:主要是指在潮湿环境和含水介质中的腐蚀。绝大部分常温腐蚀属于这一种,其腐蚀机理为电化学腐蚀机理,包括大气腐蚀、土壤腐蚀、海水腐蚀、微生物腐蚀。

(3)工业介质中的腐蚀:包括酸、碱、盐溶液中的腐蚀、工业水中的腐蚀、高温高压水中的腐蚀等。

根据腐蚀机制可分为以下四种。

①化学腐蚀。化学腐蚀是指金属与腐蚀介质直接发生反应,在反应过程中没有电流产生。这类腐蚀过程是一种氧化还原的纯化学反应,带有价电子的金属原子直接与反应物(如氧)的分子相互作用。因此,金属转变为离子状态和介质中氧化剂组分的还原是在同时、同一位置发生的。最重要的化学腐蚀形式是气体腐蚀,如金属的氧化过程或金属在高温下与 SO_2、水蒸气等的化学作用。化学腐蚀的腐蚀产物在金属表面形成表面膜,表面膜的性质决定了化学腐蚀速度。如果膜的完整性、强度、塑性都较好,若在膜的膨胀系数与金属接近、膜与金属的亲和力较强等情况下,则有利于保护金属、降低腐蚀速度。

②电化学腐蚀。电化学腐蚀是指金属与电解质溶液(大多数为水溶液)发生了电化学反应而发生的腐蚀。其特点是:在腐蚀过程中同时存在两个相对独立的反应过程——阳极反应和阴极反应,在反应过程中伴有电流产生。金属在酸、碱、盐中的腐蚀就是电化学腐蚀,电化学腐蚀机理与化学腐蚀机理有着本质的差别,但是进一步研究表明,有些腐蚀常常由化学腐蚀逐渐过渡为电化学腐蚀。电化学腐蚀是最常见的腐蚀形式,自然条件下,如潮湿大气、海水、土壤、地下水以及化工、冶金生产中绝大多数介质中金属的腐蚀通常具有电化学腐蚀性质。一般来说,电化学腐蚀比化学腐蚀强烈得多,金属的电化学腐蚀是普遍的腐蚀现象,它所造成的危害和损失也是极为严重的。

③物理腐蚀。物理腐蚀是指金属由于单纯的物理溶解作用引起的破坏。熔融金属中的腐蚀就是固态金属与熔融液态金属（如铅、钵、钠、汞等）相接触引起的金属溶解或开裂。这种腐蚀是由于物理溶解作用形成合金，或液态金属渗入晶界造成的。例如，浸锌用的铁锅，由于液态锌的溶解作用，铁锅很快被腐蚀了。

④生物腐蚀。生物腐蚀指材料表面在某些微生物生命活动产物的影响下所发生的腐蚀。这类腐蚀很难单独进行，但它能为化学腐蚀、电化学腐蚀创造必要的条件，促进金属的腐蚀。微生物进行生命代谢活动时会产生各种化学物质。如含硫细菌在有氧条件下能使硫或硫化物氧化，反应最终将产生硫酸，这种细菌代谢活动所产生的酸会造成水泵等机械设备的严重腐蚀。

按腐蚀形态分为全面腐蚀或均匀腐蚀、局部腐蚀。

习题 5

1. 什么是滑移、滑移线、滑移带和滑移系？作图表示 α-Fe、Al、和 Mg 中的最重要滑移系。哪种晶体的塑性最好，为什么？

2. 什么是临界分切应力？影响临界分切应力的主要因素是什么？单晶体的屈服强度与外力轴方向有关么，为什么？

3. 位错线和滑移线相同吗，为什么？

4. 孪生与滑移主要异同点是什么？为什么在一般条件下进行塑性变形时锌中容易出现孪晶，而纯铁中容易出现滑移带？

5. 多晶体塑性变形与单晶体有何不同？

6. 试用位错理论解释低碳钢的屈服。

7. 与金属材料相比，陶瓷材料的变形有何特点，其原因何在？

8. 什么是导体、半导体和绝缘体？

9. 什么是超导体？两类超导体的特点如何？

10. 金属材料导电率的影响因素有哪些？基本物理机制是什么？

11. 试说明以下磁学参量的定义和概念：磁化强度、矫顽力、饱和磁化强度、磁导率、磁化率、剩余磁感应强度、磁滞损耗。

12. 在磁场作用下，金属离子都产生一定的抗磁性，为何只有部分金属是抗磁金属？

13. 试说明 Al、Mg、Ti、Nb、v、Zr、Mo 和 W 等金属具有顺磁性的原因？

14. 金属材料腐蚀失效的类型有哪些？

第6章

材料的固态相变与热处理

物质在温度、压力、电场、磁场、光照、激发等外界条件变化的情况下,所导致的成分及成分分布、结构、显微或微观组织等的变化称为相变。没有液相参与的相变称为固态相变。上一章我们已知,材料的性能主要取决于材料的成分、相组成和微观组织。因此,在成分不变的前提下,控制材料的相组成和微观组织就成为控制其性能的关键。本章主要讨论固态特别是溶剂是晶体的条件下,溶质原子的迁移和由此引起的相变。

6.1 固态中的扩散

自然界中原子的迁移方式无外乎有两种形式。一是溶质原子以介质为载体,随介质一起运动,其特点是溶质和溶剂一起同方向迁移,例如风可以将远处的气味带过来。另一种是介质原子保持不动,即使溶质迁移,其方向也与溶剂相反,系统中化学成分的变化只依靠或主要依靠溶质原子运动,例如将墨水滴入水中,一定时间后墨水在水中分布变得基本均匀。前一种方式称为对流,而后一种方式主要是物质的原子或分子在介质中的迁移,称为扩散。

在我们所涉及到的知识中,液态材料中既有扩散也有液相中各部分的相对运动引起的对流,而在固相材料中,虽然向锻压、轧制等材料加工手段也会引起固相材料中的对流,但这种对流范围相对于液相是非常小的。因此,固相材料中原子的运动主要靠扩散完成。在材料的组织控制中,控制原子的扩散是其中的重要手段之一。此外,利用扩散也可以在一定程度上改变材料的成分(化学热处理)以及相组成。

6.1.1 扩散机制

在固体特别是晶体内,原子按一定的规律紧密排列,处于晶格结点上的原子存在热振动,但振幅也很小。由于自然界中,最小的原子其原子半径也小于晶体中最大的间隙半径,相邻原子间都隔着一个势垒,两个原子不会合成在一起,也很难交换其位置。因此,固态中的扩散比液态困难得多,原子在固态中的迁移必须通过一些特殊的方式才能进行。

1. 换位式扩散

在溶质与溶剂原子尺寸相近的材料特别是替换式固溶体中,A、B 两种原子通过环形换位的方式从一个平衡位置换位到另一个平衡位置。由于原子间的间隔很小,这种扩散方式原子每前进一个位置,至少需要 4 个原子同时换位,因此其扩散速度很慢,见图 6-1。

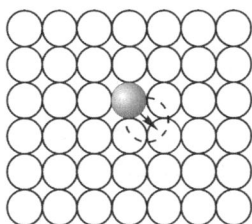

图 6-1　换位式扩散示意图

2. 间隙扩散

原子从一个间隙跳到另一个间隙之中进行扩散。显然间隙式固溶体中间隙内的原子主要通过这种方式扩散,而正常晶格结点上的原子也可以先进入间隙内,而后通过间隙式扩散方式迁移。

在间隙式固溶体中,由于溶质原子只占据很少的间隙,因此绝大部分间隙位置都可以认为是空着的。例如,Fe-C 合金中,奥氏体的最大含碳量为 $2.11w_t\%$,平均 5 个晶胞中才有两个间隙被原子占据,因此每个碳原子周围有大量的空余位置任其扩散。显然,由于间隙半径远小于原子半径,而且还要通过两个原子间更小的间隔位置,因此扩散依然是非常困难的,见图 6-2。不过,与换位式扩散相比,间隙式扩散相对要容易得多,因此相对于溶剂而言,半径越小的原子扩散越快。

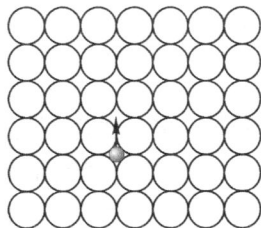

图 6-2　间隙式扩散示意图

3. 空位扩散

晶体中有很多缺陷,这些缺陷都使晶体的能量升高。而原子若占据或填充这些缺陷,会降低系统的能量,实验也证明,晶体中的缺陷密度越高,溶质原子扩散速度也越快。空位扩散机制如图6-3所示,溶质原子借助于邻近的空位,通过和空位相互交换位置而迁移,也可看成溶质原子借助于空位的运动扩散。计算表明,空位扩散是固态扩散中可能性最大的一种扩散方式。

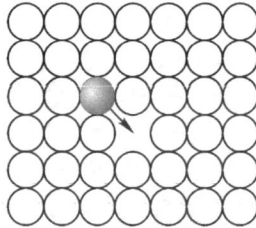

图6-3　空位扩散示意图

4. 位错扩散

位错周围存在晶格畸变,同时位错附近也是原子不规则排列的集中区域,能量较高,为溶质原子的扩散提供了能量条件。同时,位错特别是刃型位错在半原子面的尖端相当于一个由空位组成的管道,溶质原子可以沿这个天然管道扩散,这种方式称为位错扩散。

5. 界面扩散

晶界、相界等面缺陷附近都是位错、空位等缺陷的集中区,为溶质的扩散提供了条件,因此很多晶体中,溶质原子在界面上的扩散远比其它方式快得多。

6. 表面扩散

表面扩散指原子在晶体表面上的扩散。由于这种扩散方式一般不会引起晶体内溶质原子分布的变化,因此并无实际意义。

6.1.2　扩散类型

根据扩散前后材料中溶质原子浓度的变化情况,可将扩散分为如下几种类型。

(1)自扩散　在扩散前后系统中没有溶质原子浓度的变化,与浓度梯度无关。自扩散一般发生在单质(只有一种元素)的系统中,例如纯金属的结晶、再结晶、晶粒长大等。

(2)互扩散　伴有溶质原子浓度变化的扩散称为互扩散。扩散过程中溶质原子相对运动、互相渗透。

（3）上坡扩散 溶质原子向溶质原子浓度高的区域扩散,高溶质区溶质原子随扩散的进行而集聚程度增加。这种扩散多见于二次结晶、沉淀、第二相粒子长大等过程。

（4）下坡扩散 溶质原子向其浓度低的区域扩散,结果是扩散后溶质原子分布更加均匀。这种扩散常见于材料表面的化学热处理以及热处理中的均匀化处理等。

（5）反应扩散 反应扩散指在扩散过程中有新相形成的扩散。

6.1.3 Fick's 定律

1. Fick's 第一定律

Fick's 第一定律适用于稳态扩散的情况。其条件是,扩散源及溶质原子的提供源为一无穷大源,其溶质原子浓度为 C_A;接收源即溶质原子的接收区也为无穷大,其溶质原子浓度为 C_B。在接收源与扩散源之间有一扩散媒介,此媒介中存在一个溶质原子的浓度分布即浓度梯度 $\dfrac{\mathrm{d}C}{\mathrm{d}x}$,如图 6-4 所示。扩散过程中,原子从扩散源扩散到接收源,但扩散源和接收源的浓度都不随时间而改变,从扩散源中扩散出去的原子全部被接收源接收。此时,在图 6-4 所示的媒介中,垂至于纸面的任何一个截面单位时间通过的物质量——扩散流量都相等,媒介中没有任何物质残留,媒介中的浓度以及浓度梯度在扩散中保持常数。这种扩散称为稳态扩散。

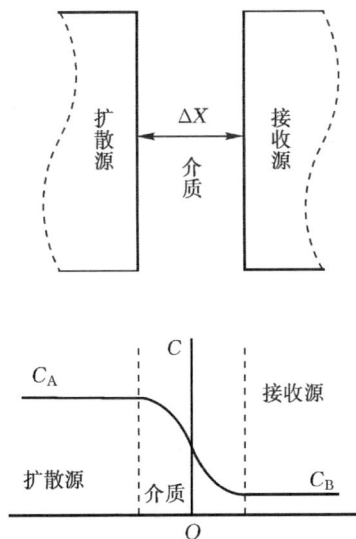

图 6-4 稳态扩散示意图

A. Fick 于 1855 年通过实验得出了 Fick 第一定律,即稳态扩散下,单位时间内通过垂至于扩散方向单位面积内的扩散流量 J 与浓度梯度 $\dfrac{\mathrm{d}C}{\mathrm{d}x}$ 成正比,即

$$J = -D\frac{\mathrm{d}C}{\mathrm{d}x} \tag{6-1}$$

式中:$\dfrac{\mathrm{d}C}{\mathrm{d}x}$ 为浓度梯度;D 为扩散系数,单位 $\mathrm{m^2 \cdot s^{-1}}$;$J$ 为扩散流量,单位 $\mathrm{mol/m^2 \cdot s}$。负号表示扩散方向与浓度梯度方向相反。

从式(6-1)可以看出,扩散系数 D 是描述扩散速度的一个重要物理量,它决定了一个物质系统扩散速度的大小。

2. Fick's 第二定律

Fick's 第一定律适用场合很少。大部分扩散都是在扩散过程中,各处的浓度以及浓度梯度不仅随距离变化,而且随时间变化。这样的扩散方式应用 Fick's 第二定律解决。

如图 6-5 所示,在扩散通道中相距 $\mathrm{d}x$ 的两个平面面积为 A,则其体积为 $A\mathrm{d}x$。在扩散过程中,微小体积内浓度和浓度梯度随距离和时间变化。在微小体积中,积存的物质量＝流入的物质量(J_1)—流出的物质量(J_2)。显然,

$$J_2 = \frac{\partial J}{\partial x}\mathrm{d}x + J_1 \tag{6-2}$$

故基元中物质的净增加量为

$$R = J_1 A - J_2 A = (J_1 - J_2)A = -\frac{\partial J}{\partial x}A\mathrm{d}x \tag{6-3}$$

由于 J 的量纲为 $[\mathrm{mol/m^2 \cdot s}]$,故 R 实际上是基元内物质的增加率。

基元内溶质的浓度为 C,则

$$R = \frac{\partial C}{\partial t}A\mathrm{d}x \tag{6-4}$$

由于 $J = -D\dfrac{\mathrm{d}C}{\mathrm{d}x}$,则

$$\frac{\partial C}{\partial t} = -\frac{\partial J}{\partial x} = \frac{\partial}{\partial x}\left(D\frac{\partial C}{\partial x}\right) \tag{6-5}$$

如果 D 与浓度无关,则

$$\frac{\partial C}{\partial t} = D\frac{\partial^2 C}{\partial x} \tag{6-6}$$

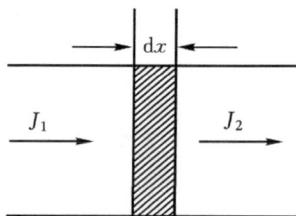

图 6-5　微小体积内的扩散

式(6-5)和式(6-6)就为 Fick's 第二定律表达式,其中 t 为时间。显然,给出边界条件后,利用第二定律即可解决扩散中的许多问题。以下是几个应用实例。

(1) 恒定源扩散:恒定源扩散的溶质浓度分布情况如图 6-6 所示。其初始条

件为

$$t=0,C=C_0,\ 0<x<\infty$$

边界条件为

$$C=C_s,\ x=0$$

$$C=C_0,\ x=\infty$$

式中：C_s，C_0 为常数；D 与浓度无关。利用上述边界条件，解式(6-6)得

$$\frac{C_x-C_0}{C_s-C_0}=1-erf(\frac{x}{2\ \sqrt{Dt}}) \qquad (6-7)$$

其中 $erf(\beta)=\dfrac{2}{\sqrt{\pi}}\displaystyle\int_0^\infty e^{-z^2}\mathrm{d}z$ 为误差函数，可以在相关的数学手册中查到。

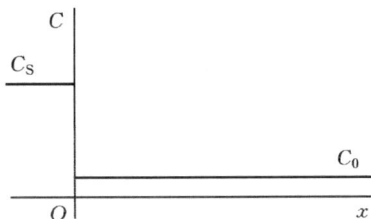

图 6-6　恒定源扩散成分分布

（2）扩散退火

固溶体合金非均匀结晶时往往出现不同程度的枝晶偏析，这种偏析可以采用高温长时间退火得到缓解或消除。图 6-7 为一树枝晶及其成分分布示意图，为讨论问题方便，假设溶质原子沿 X 方向的分布符合正弦规律，表达成

$$C_X=C_0+A_0\sin\frac{\pi x}{\lambda} \qquad (6-8)$$

式中：C_0 为合金的平均成分；$A_0=C_m-C_0$ 为初始溶质浓度振幅；λ 为正弦波波长的一半。其边界条件为

$$C=C_0,\quad x=0$$

$$\frac{\mathrm{d}C}{\mathrm{d}x}=0,\quad x=\frac{\lambda}{2}$$

这样，利用 Fick's 第二定律，得到

$$C(x,t)-C_0=A_0\sin(\frac{\pi x}{\lambda})\exp(\frac{-\pi^2Dt}{\lambda^2}) \qquad (6-9)$$

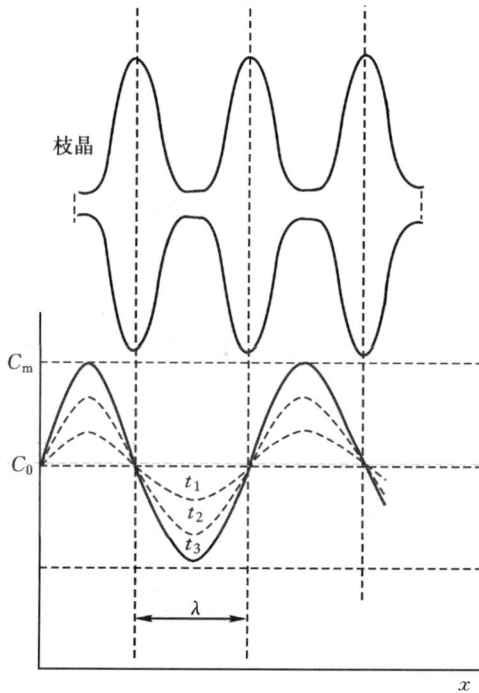

图 6 - 7　枝晶偏析与均匀化退火时的溶质原子分布

6.1.4　扩散驱动力与阻力

根据 Fick's 定律,扩散的驱动力应该是浓度梯度,扩散应该总是向浓度降低的方向进行。但有些条件下,例如沉淀等过程中,扩散不仅可以向浓度降低的方向进行,也可以向浓度高的方向进行,即所谓发生上坡扩散。因此,扩散的驱动力不是浓度梯度。

设 A、B 二组元组成一个固溶体,两组元的原子数分别为 n_A 和 n_B。扩散过程中,溶质浓度变化所引起的系统自由能 G 的变化量为

$$dG=(\frac{\partial G}{\partial n_A})_{T,P}dn_A+(\frac{\partial G}{\partial n_B})_{T,P}dn_B=\mu_A dn_A+\mu_B dn_B \quad (6-10)$$

式中:μ_A 和 μ_B 是自由能的组元浓度变化率,称之为化学位。根据热力学理论,在恒温恒压下,系统状态的变化方向总是向自由能降低的方向进行,即系统扩散前后,应该有自由能的下降。化学位是一个势函数,它对距离的导数即为力函数。因此,溶质原子扩散一个距离 x 引起的化学位的变化即为扩散的驱动力。则一般意义上,第 i 个组元扩散的驱动力

$$F=-\frac{\partial \mu_i}{\partial x} \qquad (6-11)$$

这里负号表示状态总是向化学位降低的方向进行。

式(6-11)表明,扩散的驱动力来自于化学位随距离的变化,即化学位梯度,而不是浓度的升高或降低。其根本还是系统扩散前后发生浓度的变化引起的自由能的下降。

但从图6-1~图6-3可知,原子从一个平衡位置扩散到另一个平衡位置都要越过一个势垒,这个势垒即为扩散的阻力。如图6-8所示,越过势垒所需要的能量即为扩散的激活能,用 Q 表示。显然,扩散驱动力不足以使原子越过势垒,即原子越过势垒需要额外的能量驱动。这些能量来自于哪里呢? 以晶体为例,我们已知,在高于0K时,原子在其平衡位置附近以一定的振幅作热振动,我们还已知,晶体中存在能量起伏,这样,在能量起伏和热振动的驱使下,总有原子有足够的能量越过势垒,完成扩散。因此,原子的热振动是扩散的必要条件。在热振动的驱使下,原子可能发生迁移,但这种迁移在三维上几率相同,因此不会引起成分变化。只有如图6-8所示,原子向某一方向迁移一个原子间距引起能量降低 ΔG 时,原子才会发生定向迁移即扩散。

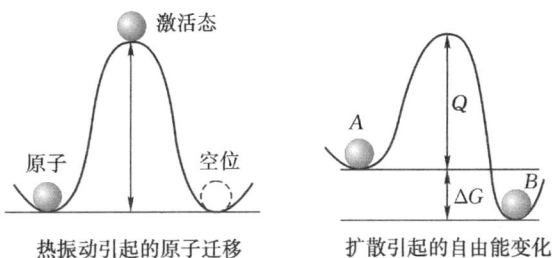

热振动引起的原子迁移　　　　扩散引起的自由能变化

图 6-8　扩散驱动力与阻力示意图

6.1.5　扩散的影响因素

由扩散第一定律可知,单位时间内物质迁移量或扩散流量的大小取决于两个参数,一是扩散系数 D,一是浓度梯度。浓度梯度与具体的条件有关,因此在一定的条件下,扩散的快慢主要由扩散系数决定。不同温度下的扩散系数 D 表示为

$$D=D_0 \exp(-\frac{Q}{RT}) \qquad (6-12)$$

式中:D_0 对于一定的物质系统为常数;Q 为扩散激活能;R 为气体常数;T 为绝对温度。式(6-10)虽然简单,但却表达了不同条件下影响扩散速度的许多信息。

（1）温度的影响

由式（6-12）可知，温度是影响扩散系数的最主要因素。温度升高，扩散系数急剧增大。原因在于温度升高，原子的热振动加强，原子借助于能量起伏越过势垒的几率增大，同时温度升高，晶体内部空位浓度增加，更有利于扩散。因此，扩散退火等热处理要在尽可能高的温度进行，材料的时效也必须在适当的温度进行。

（2）晶体结构

晶体结构是影响扩散速度的另一个重要因素。这一点突出表现在具有同素异构转变的系统之中。致密度大的晶体中，由于间隙半径小等原因，原子的扩散系数比致密度小的晶体小得多。有些晶体结构，例如六方晶系，原子的扩散还具有各向异性。

（3）固溶体类型

不同类型的扩散，扩散系数不同。前面提过，间隙式固溶体原子的跃迁位置较多，扩散较容易，因此间隙式固溶体的扩散系数比置换式大得多。

（4）晶体缺陷

位错、空位、界面等晶体缺陷都为原子扩散提供了通道，因此晶体缺陷都会使原子的扩散加快。

（5）化学成分

对于一个系统，加入其它元素一般都会对扩散产生明显的影响。但这种影响会根据这些元素间的相互关系不同而产生很大差异，目前尚无统一规律。其控制因素依然是能量条件和化学位条件。

6.1.6　扩散的应用

了解了扩散的基本原理后，可以利用这些原理解决许多实际问题。例如，采用快速冷却的方法可以抑制原子的扩散，得到过饱和的固溶体或非晶固体。室温时，由于原子扩散很慢，一些非平衡态的系统可以使用而不必担心组织变异。扩散的重要应用还在于可以利用扩散对材料或工件表面进行化学成分改性或化学热处理，在工件内部成分和组织不变的前提下，表面的硬度、耐磨性、耐腐蚀性等明显提高。

6.2　固态相变及其特点

前面我们所涉及到的纯金属、纯化合物和两个或两个以上组元物质的结晶是从液态到固态的转变，是相变的一种。这些转变涉及液态和固态两种凝聚状态，因此常称之为液固相变。而固态物质在温度、压力、电场、磁场等内部或外部因素改变时,所发生的晶体结构、相的化学成分、有序度等组织结构的改变称为固态相变。固态相变中,一种相变可同时包括一种或两种以上的变化。

6.2.1　固态相变的特点

固态相变与已知的液固相变在一些相变行为上有一定的相似性,但也有不同。突出地表现在以下几个方面。

(1)孕育期　相变发生所需要的一个重要前提是新相的形成必须要达到一定的成分条件。前面提到,固态中,原子的扩散比液态小几个数量级,因此,固态相变达到所需要的温度等其它必要条件后,相变不是立即开始而是经过一定的时间后才进行,经过的这段时间称为孕育期。事实上,液固相变也需要一定的孕育期,但由于液态中原子扩散很快,孕育期很短,因此不被注意。但孕育期在固态相变的控制中起重要作用。

(2)新相和旧相(也称母相)间存在晶体学位向关系　固态相变中新旧两相往往存在一定的晶体学位向关系。例如,后面涉及到的 Fe-C 合金马氏体相变中,$\{111\}_\gamma /\!/ \{110\}_{\alpha'}\langle 110\rangle_\gamma /\!/ \langle 111\rangle_{\alpha'}$(K - S 关系)。其原理是,这些位向关系为新相形成时尽量减小应变能。

(3)惯习面　新相一般在母相特定的晶面族上形成,这些晶面称为惯习面。例如,亚共析钢先共析铁素体从奥氏体中析出而形成魏氏组织时,铁素体往往在 $\{111\}_\gamma$ 上形成。

(4)应变能　新旧相之间存在晶格类型或至少存在晶格常数的差别,因此新相形成时,会出现体积的膨胀或缩小,即出现体积效应。体积效应的出现会使新相周围母相晶格以及新相自身晶格发生晶格畸变,因而产生应变能。在液固相变中,显然也存在体积效应,但由于液体或溶体强度极低,流动性很好,体积效应不会引起应变能的出现。而固态相变中,体积效应引起的应变能一般不能消除,因此应变能在固态相变的形核中起重要作用。

6.2.2　固态相变的驱动力和阻力

1. 驱动力

系统从一个凝聚状态到另一个凝聚状态的转变或相变的驱动力是系统自由能的下降。这个问题在讨论液固相变时已经详细描述过,固态相变也是如此,这里不再赘述。

在热力学上,相变发生还需要一个条件,即在相变点上,新旧两相的自由能相等,即 $G_{\mathrm{I}}=G_{\mathrm{II}}$ 且连续,而 G 的各阶导数——焓、熵、mol 体积、热容等可以在相变点不连续。

2. 阻力

和液固相变一样,新旧两相的界面能的出现使相变开始时系统能量升高,使形核需要形核功,因此,新旧相之间形成的界面能成为相变的阻力,固态相变也如此。但固态相变中,应变能构成了相变的另一个阻力,应变能在某些条件下还可能演变成相变阻力中的主要角色。

6.2.3　固态相变的分类

1. 热力学原理的分类

如果新旧两相在相变点上的化学位偏导不相等则称之为一级相变,即

$$\left(\frac{\partial \mu^{\alpha}}{\partial T}\right)_P \neq \left(\frac{\partial \mu^{\beta}}{\partial T}\right)_P \tag{6-13}$$

$$\left(\frac{\partial \mu^{\alpha}}{\partial P}\right)_T \neq \left(\frac{\partial \mu^{\beta}}{\partial P}\right)_T \tag{6-14}$$

由于 $\left(\frac{\partial \mu}{\partial P}\right)_T = V(\text{mol 体积})$,而 $\left(\frac{\partial \mu}{\partial T}\right) = S(\text{熵})$,则一级相变中 $V^{\alpha} \neq V^{\beta}$,$S^{\alpha} \neq S^{\beta}$,相变中发生体积和熵的突变,即一级相变中有体积效应和热效应。

如果在相变点上化学位的一阶偏导相等,而二阶偏导不等则称之为二级相变,即

$$\left(\frac{\partial \mu^{\alpha}}{\partial T}\right)_P \neq \left(\frac{\partial \mu^{\beta}}{\partial T}\right)_P \tag{6-15}$$

$$\left(\frac{\partial \mu^{\alpha}}{\partial P}\right)_T \neq \left(\frac{\partial \mu^{\beta}}{\partial P}\right)_T \tag{6-16}$$

亦即 $V^{\alpha} = V^{\beta}$,$S^{\alpha} = S^{\beta}$。而

$$\left(\frac{\partial^2 \mu^{\alpha}}{\partial T^2}\right)_P \neq \left(\frac{\partial^2 \mu^{\beta}}{\partial T^2}\right)_P \tag{6-17}$$

$$\left(\frac{\partial^2 \mu^{\alpha}}{\partial P^2}\right)_T \neq \left(\frac{\partial^2 \mu^{\beta}}{\partial P^2}\right)_T \tag{6-18}$$

由于 $\left(\frac{\partial^2 \mu}{\partial P^2}\right)_T = \left(\frac{\partial V}{\partial P}\right)_T = K \cdot V$,则 $K^{\alpha} \neq K^{\beta}$;而 $\left(\frac{\partial^2 \mu}{\partial T^2}\right)_P = -\left(\frac{\partial S}{\partial T}\right)_P = -\frac{C_P}{T}$,则 $C_P^{\alpha} \neq C_P^{\beta}$。二级相变不存在体积效应和热效应。

由此推广至一般意义,如果相的化学位 μ 的 $n-1$ 阶偏导都相等,而 n 阶偏导不等,则相变称为 n 级相变。

2. 原子运动形式上的分类

如果在相变中原子的扩散距离远大于一个原子间距,则该相变称为扩散型相变。扩散型相变中,原子的相邻关系改变,固体中会发生成分的变化。前面涉及到

的脱溶沉淀、共析、包析转变等都属于扩散型相变。如果在相变中原子的迁移距离不超过一个原子间距,原子的相邻关系没有改变,则该相变称为非扩散型相变。非扩散型相变的典型例子就是马氏体相变。

3. 相变过程上的分类

如果系统通过新相的形核和长大方式形成,新旧两相在晶核形成时就已存在并存在严格的晶体结构和成分的差别,则该相变称为非连续式相变;如果整个体系内的新相是通过过饱和相或过冷相内原始的小成份起伏连续扩展最终形成的,新旧两相之间没有明显的界面,则该相变称为连续式相变。典型的例子是 Spinodal 分解。

6.3　固态相变的基本过程

我们首先讨论非连续式相变中新相的形核问题。在固态相变中,同样存在非均匀形核和均匀形核两种形式。

6.3.1　固态相变的形核

1. 均匀形核

在均匀形核中,系统能量的变化表达式与液固相变相似,但必须考虑应变能的影响。假设系统中通过均匀形核方式形成一个半径为的球形晶核,则系统的自由能变化为

$$\Delta G = -\frac{4}{3}\pi r^3 (\Delta G_V - \Delta G_E) + 4\pi r^2 \gamma \qquad (6-19)$$

式中:ΔG_V 是新相形成时的体积自由能差;ΔG_E 是晶核形成后弹性能的增加;γ 为新旧两相的相界面能密度。令 $\dfrac{\mathrm{d}\Delta G}{\mathrm{d}r}=0$,得到

$$r_C = \frac{2\gamma}{\Delta G_V - \Delta G_E} \qquad (6-20)$$

$$\Delta G^* = \frac{16\pi\gamma^3}{3(\Delta G_V - \Delta G_E)^2} \qquad (6-21)$$

以及

$$r_C = \frac{2\gamma}{L_V \dfrac{\Delta T}{T_0} - \Delta G_E} \qquad (6-22)$$

$$\Delta G^* = \frac{16\pi\gamma^3}{3(L_V \dfrac{\Delta T}{T_0} - \Delta G_E)^2} \qquad (6-23)$$

显然上述表达式与液固相变形核表达式差一个参数 ΔG_E,即弹性应变能在形

核过程中起重要作用,它使晶核临界半径增大,形核功增加。研究表明,弹性应变能不仅使形核变得更困难,同时,ΔG_E 和 ΔG_V 在数量上的相互关系也会使晶核形状发生变化。在界面能起主导作用(例如非共格界面)时,晶核往往是球状;而应变能很大时,晶核往往是片(盘)状和针状。

在固态相变中,由于经常出现非球形晶核,因此还常常使用分子(原子数)n 代替 r,则

$$\Delta G = -n(\Delta g_V - \Delta g_E) + \eta n^{\frac{2}{3}} \gamma \qquad (6-24)$$

式中:Δg_V 和 Δg_E 为一个原子从母相迁移到新相降低的体积自由能和增加的应变能;η 为形状因子,它与新相表面积 A 的关系为:$A = \eta n^{\frac{2}{3}}$。

通过能量起伏和结构起伏在母相内形成的大小不一的具有新相晶体结构的小区域,即晶胚。一般认为,当晶胚尺寸大于形核所需要的临界尺寸时,晶胚发展成为晶核。因此,和液固相变一样,对于一个特定的系统,存在一个临界过冷度 ΔT_C。

均匀形核的形核率可用下式表示

$$I = I_0 e^{-Q/kT} e^{-\Delta G_E/kT} \qquad (6-25)$$

如考虑时间因素,τ 时刻的形核率为

$$I_\tau = I_0 \exp\left(-\frac{Q}{kT}\right) \exp\left(-\frac{\Delta G_E}{kT}\right) \exp\left(-\frac{\tau_{\text{孕}}}{\tau}\right) \qquad (6-26)$$

式中各符号的涵义与前面的讨论相同。

虽然在理论上具有均匀形核的可能,但实际材料中均匀形核非常少见。只有在 Cu-Co 等极少数合金中新相通过均匀形核的方式形成。

2. 非均匀形核

在液固相变中,液相中的杂质、铸模的模壁为固相的非均匀形核提供了条件,以减小形核功。在固态相变中,杂质或已有的第二相依然为新相的非均匀形核提供条件。但即使母相是非常纯净而且是单一的固溶体,晶界、位错、空位或空位集团等也为新相的非均匀形核提供条件。在固态相变中,非均匀形核不仅减小形核功,同时也使弹性应变能大大减小。

(1)晶界形核

晶界能有助于为新相的形核提供形核功。晶界是原子排列相对混乱的区域,新相在晶界的形核有助于减小应变能。同时,原子的晶界扩散也为新相的形核提供了充分条件。在许多材料中,新相往往集中在晶界上形成晶界偏析。这个现象也说明晶界是新相形核的重要区域。

根据现有的研究成果,新相的晶界形核具有以下几种方式。

　　①界面形核。在两个晶粒的交界面上形成一个盘状晶核,如图 6-9(a)所示。

　　②晶棱形核。新相在三个晶粒 α_1、α_2 和 α_3 两两组成的晶界交汇的晶界棱上形成一个橄榄状晶核,如图 6-9(b)所示。

　　③晶隅形核。新相在四个晶粒相互形成的晶界角上形成一个粽子形的晶核,如图 6-9(c)所示。

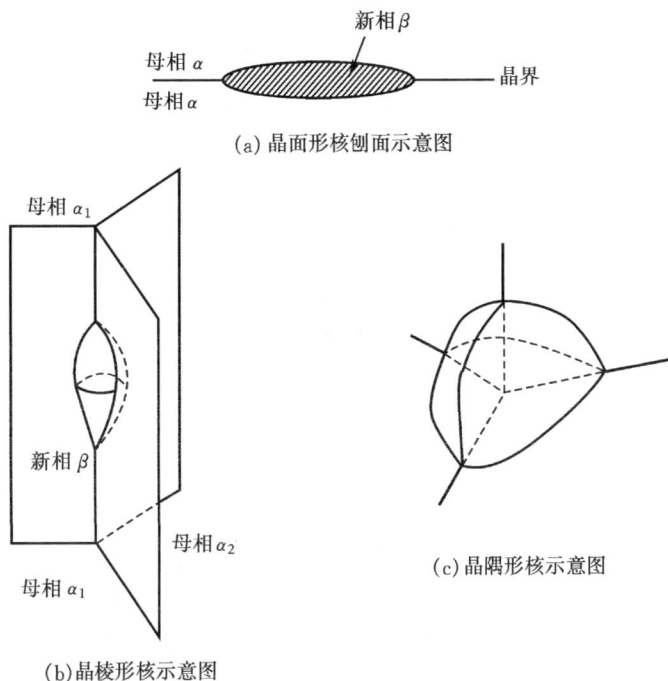

(a) 晶面形核刨面示意图

(b) 晶棱形核示意图

(c) 晶隅形核示意图

图 6-9　新相的晶界形核示意图

　　显然,第三种形核方式所需要的形核功最小、应变能最低,第二种次之。但显然,按照数量上的概念,晶隅数少于晶棱数,晶棱数少于晶面数。因此,在足够的过冷度条件下,几种晶界形核方式会同时存在。在一定的条件下,小角度晶界和亚晶界也对新相的形核有所帮助。这里取决于界面能与弹性应变能的大小关系以及过冷度的大小。

　　(2)位错形核

　　我们很容易想到新相在位错线上形成一个柱状晶核,如图 6-10(a)所示。位错形核可以使部分位错线消失,释放的应变能可以使位错应变能部分消失,新相形核功减小,促进形核。位错的能量与其柏氏矢量 **b** 有关,**b** 越大,促进形核的作用也越大。但计算表明,如图 6-10(a)所示的晶核形核功依然很大,难以形核。但如果形成如图 6-10(b)的腰鼓形晶核,则其形核功可大大减小。

(3) 空位形核

空位首先促进原子的扩散,促进新相的形核。另一方面空位和空位集团可利用本身的能量提供形核功。此外空位群凝聚成位错也可以促进形核。

(a)在位错线上形成圆柱形晶核

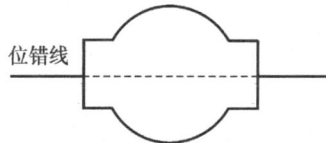

(b)在位错线上形成腰鼓形晶核

图 6-10　位错线上形核示意图

6.3.2　新相的长大

大部分固态相变的晶核长大是依靠扩散来进行的。对于扩散型相变,新相的长大又分为界面控制的长大和扩散控制长大两种方式。前者如同素异构转变等是通过相界面附近的原子短程迁移完成,后者如脱溶沉淀等则是依靠原子的长程扩散完成。

1. 扩散控制的长大

现以板状或片状晶核为例,讨论晶核的长大。设合金的名义成分为 C_0,从母相 α 中析出新相 β,新相的成分为 C_β。根据相图,两相在界面上的平均浓度为 C_e,见图 6-11(a)。由于新相的生长(加厚)速度决定于界面的迁移速度,母相必须不断给新相供应溶质原子。这种通过长程扩散使新相长大的方式即为扩散控制的长大。

为讨论问题方便,设新相为板状。若单位面积的新相向前生长 dx 的距离,则新相长大的过程中要获得$(C_\beta-C_e)dx$ 的溶质原子(B)的供应。在 dt 时间内,通过单位面积的 B 原子流量为 $D\dfrac{dC}{dx}dt$,则有

$$(C_\beta-C_\alpha)dx=D\frac{dC}{dx}dt \qquad (6-27)$$

则界面的迁移速度为

$$v=\frac{\mathrm{d}x}{\mathrm{d}t}=\frac{D}{C_\beta-C_\mathrm{e}}\cdot\frac{\mathrm{d}C}{\mathrm{d}x} \tag{6-28}$$

因为 $\mathrm{d}C/\mathrm{d}x$ 随时间增加而减小,不是常数,可按图 6-11(b)的方法近似处理。认为 $\mathrm{d}C/\mathrm{d}x=\Delta C_0/L$,而 $\Delta C_0=C_0-C_\mathrm{e}$,则在图 6-11(b)中两个影线区的面积按照质量守恒应该相等,则

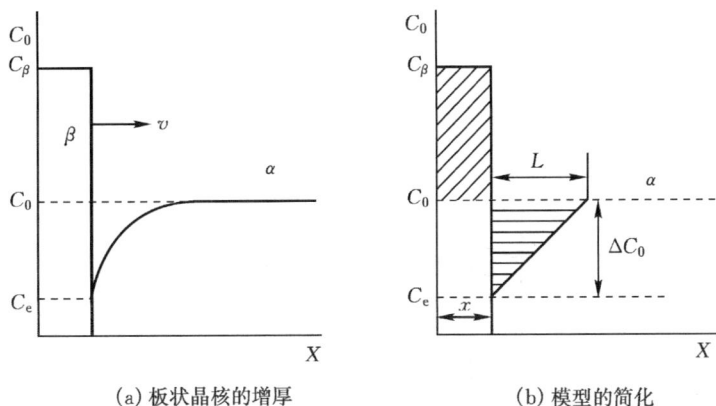

(a) 板状晶核的增厚　　　　　(b) 模型的简化

图 6-11　扩散控制晶核的长大过程

$$(C_\beta-C_0)X=L\frac{\Delta C_0}{2} \tag{6-29}$$

式中各符号的涵义见图 6-11(b)。这样,新相的生长速度式(6-28)变为

$$v=\frac{D(\Delta C_0)^2}{2(C_\beta-C_\mathrm{e})(C_\beta-C_0)X} \tag{6-30}$$

在上述方程中,以对 v 进行积分,并假设 $X\gg X_0$(晶核原始厚度),则

$$v=\frac{C_0-C_\mathrm{e}}{2(C_\beta-C_\mathrm{e})^{1/2}(C_\beta-C_0)^{1/2}}(\frac{D}{t})^{1/2} \tag{6-31}$$

$$X=\frac{C_0-C_\mathrm{e}}{C_\beta-C_\mathrm{e}}(Dt)^{1/2} \tag{6-32}$$

以上结果可得到以下推论。

(1) $X\propto(Dt)^{1/2}$,新相长大服从抛物线规律;

(2) $v\propto(C_0-C_\mathrm{e})$,即在时间一定条件下,新相长大速度正比于溶体的过饱和度;

(3) $v\propto(\frac{D}{t})^{1/2}$。

图 6-12 为浓度和时间因素对长大速度的影响。

同样,对于球形晶核

$$4\pi r^2(C_\beta - C_e)\mathrm{d}r = 4\pi r^2 \cdot D(\frac{\partial C}{\partial R})_{R=r}\mathrm{d}t \qquad (6-33)$$

式中:r 为球形晶核的半径。和上述处理方式相似,得到

$$r^2 - r_0^2 = \frac{2(C_0 - C_e)}{(C_\beta - C_e)}Dt \qquad (6-34)$$

式中:r_0 为晶核的原始半径。当 $r \gg r_0$ 时,

$$v = \frac{(C_0 - C_e)^{1/2}}{\sqrt{2}(C_\beta - C_e)^{1/2}}(\frac{D}{t})^{1/2} \qquad (6-35)$$

显然,式(6-34)和式(6-35)与式(6-31)、式(6-32)中 D、t 对 v 和 $X(r)$ 的影响规律相同。

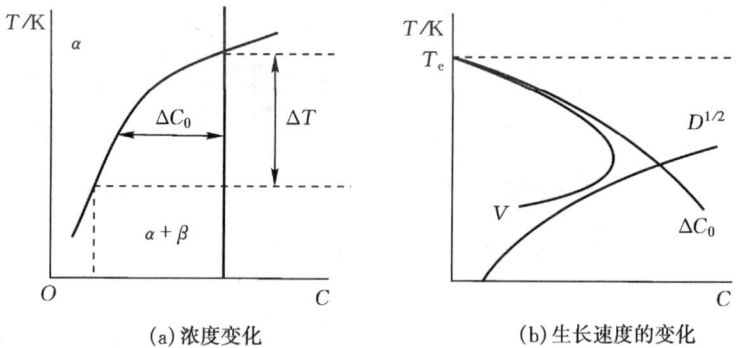

图 6-12　温度对晶核长大速度的影响示意图

2. 界面控制的长大

晶面控制的晶核生长仅涉及原子的短程输送,生长过程中新、旧两相成分相同。新相长大速度 u 为

$$u = \delta v_0 \mathrm{e}^{-Q/kt}\left[1 - \mathrm{e}^{-\Delta G_V/kT}\right] \qquad (6-36)$$

式中:δ 为原子跳动一次的距离;v_0 为原子振动频率;Q 为原子越过界面的激活能;ΔG_V 为相变驱动力(新,旧两相原子自由能差)。

从式中可知,界面控制的新相长大速率与原子越过界面的激活能 Q 和相变驱动力 ΔG_V 关系密切,随温度变化两者的共同影响下会出现如图 6-13 中所示两头小中间大的现象。当过冷度较小时,ΔG_V 对生长速率起主导作用,而当过冷度较大时,由于 D 值减小,扩散困难,动力学因素占主导地位。但对于共格界面,Q 值等于晶界扩散激活能,而对于半共格晶面可认为大致等于原子在母相中的激活能。因此,原子越过非共格晶面的激活能远小于越过共格晶面的激活能,非共格新相生

长速率远大于共格新相的生长速率。

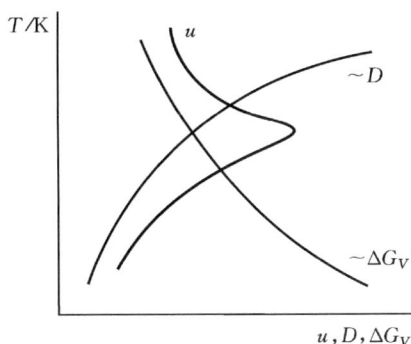

图 6 - 13　生长速率与温度的关系

6.3.3　相变速率(相变动力学)

从上述讨论中可知,固态相变的形核率和晶核长大速率都是转变温度的函数,而固态相变的速率又是形核率和长大速率的函数,因此固态相变的速率必然是温度的函数。

对于扩散型相变,若形核率和长大速率都随时间而变化,则在一定过冷度下的等温转变动力学可用 Avrami 方程来表示,即

$$\psi_f = 1 - \exp(-bt^n) \tag{6-37}$$

式中:ψ_f 为转变量(体积分数);t 为时间;b,n 为常数。

若形核率随时间增加,则取 $n>4$;若形核率随时间减小,则取 $3 \leqslant n < 4$。具体的表达式取决于形核率的关系式。

固态相变转变速率和凝固与再结晶的规律一样。所测定的不同温度下的恒温转变量 ψ_f 与时间 t 的转变量的时间曲线表明,在不同温度下转变开始前都有一段孕育期,相变开始后的转变速率是先慢后快,最后又减慢的规律。

等温下,固态相变转变速度和转变量可用温度-时间-转变量曲线描述,一般该曲线的形状为 C 型,及常说的 C 曲线,也称 TTT 曲线,如图 6 - 14 所示。图中可清楚地看出,高温转变和低温转变孕育期都很长,而中温范围转变孕育期很短,转变速度最快,当温度很低时扩散型相变可能被控制,而转化为无扩散型相变。

迄今为止,我们可以将相变分为两大基本类型,即固态相变和液固相变。两类相变在新相的形核、长大规律等方面各有特点,这些特点的总结见表 6 - 1。

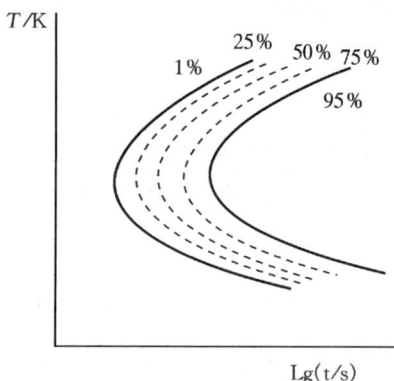

图 6-14　固态相变转变动力学 TTT 曲线

表 6-1　两类相变的特点及对组织的影响

相变类型		固态相变	液固相变
形核	形核阻力	因比体积差引起的畸变能及新相出现而增加的表面能	形成新相而增加的表面能
	核的形状	片状、针状	球状
	核的位置	大部分在缺陷处或界面上非均匀形核。可能出现亚稳相形成共格、半共格界面,出现取向关系;尚有无核转变	在各种晶体表面非均匀形核
长大		新相生长受扩散或界面控制,以团状或球状方式长大;若能获得大的过冷度,将导致无扩散相变	新相生长受温度和扩散速率的控制,以枝晶方式长大
组织特点		组织细小,并可有多种形态,如马氏体组织*、沿晶析出等	产生枝晶偏析及疏松、气孔、夹杂等冶金缺陷

* 碳在 α-Fe 中的过饱和固溶体

6.4　材料的热处理

　　材料的热处理在工业生产中占有十分重要的地位,它是在不改变成分的前提下改善材料性能的最重要手段。有时,热处理的地位在生产中是不可替代的。热处理的花费在机械零件的生产总成本中占 1/3 以上。本文仅对材料常用的热处理工艺进行简单介绍。

6.4.1　固溶处理

固溶处理是将材料加热到一定的温度保温足够长的时间后缓慢冷却到室温的一种热处理。其主要目的是消除和减小材料成型(如铸造)缺陷,使材料的成分达到尽可能的均匀化。在进行固溶处理时,首先要参考相图使材料在加热温度时可以获得单相。在保证满足该条件的前提下,尽可能采用高的加热温度以使原子获得尽可能高的扩散系数。有时,固溶处理的加热温度仅比固相线低一个很小温差。但应避免加热温度与固相线间过于接近时,由于成分不均匀而导致材料产生局部或部分熔化,同时还要考虑设备的加热能力。对于金属材料,固溶处理是消除枝晶的常用方法。例如,合金钢铸锭常采用 1250℃ 保温 24 小时的固溶处理方法消除铸造缺陷,有色金属材料常采用固溶处理方法消除成分偏析。

6.4.2　退火

退火是将材料加热到相变临界点以上,保温一定的时间然后缓慢冷却以得到近似平衡组织的一种热处理工艺。目的是使材料的成分更加均匀、细化晶粒、调整(或降低)硬度、消除内应力和加工硬化、改善切削加工性能等,同时为淬火做好前期准备。根据退火的目的退火的工艺有很多种,例如钢的退火就有完全退火、扩散退火、不完全退火、球化退火、去应力退火、再结晶退火等。在功能材料例如导体材料中,冷拔丝材由于冷加工会产生大量晶体缺陷,一般使用退火尽可能消除这些缺陷提高导电率。金属材料冷变形加工到一定程度时,由于加工硬化会使材料继续加工变得很困难并且容易使材料出现裂纹甚至断裂,一般达到一定形变量后采用退火工艺消除加工硬化以便使变形加工可以继续。

6.4.3　正火

对于钢而言,正火与退火在工艺上非常相似,只是在冷却方式上有所不同。退火一般是缓慢冷却,在实际操作中多采用随炉冷却的方法,而正火是将钢奥氏体化并保温一定的时间后在空气中自由冷却到室温的一种热处理过程。对于钢来说由于正火的冷却速度较快,得到的珠光体组织较细,硬度比退火处理的材料要高。有时为提高冷却速度,可以采用吹风冷却的方式,为降低冷却速度,可以将工件埋在石灰之中。

对钢而言,正火的目的是提供适宜的硬度以便机械加工,同时消除应力,细化晶粒。正火还可为最终热处理作组织准备或者作为淬火前的预备热处理。有些钢材也常以正火作为最终热处理。

6.4.4　淬火

淬火是材料热处理中最重要和用途最广泛的一种工序。在工艺方法上,淬火指将材料加热到一定温度以上,保温一定时间,然后以大于某一临界速度的冷却速度冷却下来的一种热处理方法。所谓的临界冷却速度在不同的材料中有不同的涵义。对于钢,临界冷却速度指在冷却过程中不发生珠光体转变所需要的最低冷速。广义而言,临界冷却速度可定义为抑制冷却过程中一个或几个中间相变而得到一种室温组织所需要的最小冷速。显然,不同的材料,临界冷速差异很大。碳钢一般在水中冷却才能淬火,而一些高合金钢在空气中冷却(空冷)即可淬火。

淬火是一个强制冷却过程,淬火过程中用于对工件进行强制冷却的物质称为淬火介质。目前使用的淬火介质有许多类型,其中最廉价的当属自来水。理论上,自来水具有极高的冷却能力,但实际应用时,自来水也表现出了很多不足。其一,是在工件温度较高时,由于汽化使工件表面形成一层气泡,这些气泡不能及时排出,严重减少了水与工件的接触面积,使工件的冷却速度降低;其二,自来水的冷却能力在工件的温度400℃以下时随温度降低而增加,而该温度区间正是需要工件冷却速度降低的温度范围,因此用自来水冷却淬火工件的废品率较高。另一个常用淬火介质是机油,它的冷却能力比自来水低得多,但在工件的温度400℃以下时冷却能力减弱,有助于减少工件的变形开裂。对于自来水,为了提高高温冷却能力,常加入一定量的食盐或NaOH。水在工件表面受热汽化后,NaCl或NaOH在工件表面析出结晶,而析出的固体颗粒被工件快速加热至高温后会发生碎裂或爆炸,将汽泡击破,有效地提高冷却能力。其中加入NaOH的效果优于NaCl,但NaOH具有腐蚀性,对人体也会有一定伤害,因此使用范围受到一定限制。对于不发生晶格类型变化而只需得到过饱和固溶体的有色金属与合金,水淬是最好的选择。

6.4.5　回火

对于钢,淬火得到马氏体后工件具有高硬度,但韧性一般很差,同时还具有残余应力等缺陷。回火是指将淬火后的工件加热到 A_1 温度以下,保温一定的时间,以一定的冷却方式冷却到室温的热处理过程。其主要目的是减少和消除淬火应力,得到理想的组织类型和机械性能。对于碳钢和低合金钢,根据不同需要将回火分为低温回火、中温回火和高温回火三种类型。低温回火是指在150℃~250℃间的回火,中温回火是指淬火钢在350℃~550℃间的回火,在500℃~650℃回火时,称为高温回火。

6.4.6　时效

时效一般是针对有色金属材料或陶瓷材料而言的。它的前期处理是将材料或工件加热到特定的相区内固溶处理并淬火成过饱和固溶体,然后再加热到一定温度使过饱和固溶体分解。淬火并时效处理后,组织中的第二相比热处理前更细小,分布更均匀,材料的性能会得到明显改善。不同材料具有不同的时效规范。有些合金,例如 Al-Li、Al-Mg 等室温时过饱和固溶体即可分解,称为自然时效。有些材料需要加热到一定温度,称为热时效或高温时效。相对于回火而言,时效需要的时间一般较长,有时在一个特定的温度保温时间可长达几百小时。

习题 6

1. 试设计一种方法用于测量气体原子在固体中的扩散系数。

2. 设有一条直径为 3 cm 的厚壁管道,被厚度为 0.001 cm 的铁膜隔开,通过输入氮气以保持在膜片一边氮气浓度为 1000 mol/m³,膜片另一边氮气浓度为 100 mol/m³。若 700℃时氮在铁中的扩散系数为 4×10^{-7} cm²/s,试计算通过铁膜片的氮原子总数。

3. 已知 Zn^{2+} 和 Cr^{3+} 在尖晶石 $ZnCr_2O_4$ 中的自扩散系数与温度的关系分别为

$$D_{Zn/ZnCr_2O_4} = 6 \times 10^{-3} \exp\left(-\frac{357732}{kT}\right) \quad (m^2/s)$$

$$D_{Cr/ZnCr_2O_4} = 8.5 \times 10^{-3} \exp\left(-\frac{338904}{kT}\right) \quad (m^2/s)$$

试求 1043 K 时 Zn^{2+} 和 Cr^{2+} 在 $ZnCr_2O_4$ 中的扩散系数。将薄铂细条涂在两种氧化物 ZnO 和 Cr_2O_3 的分界线上,然后将这些压制的样品进行扩散退火。标记细条十分狭窄,不影响离子在不同氧化物之间的扩散。根据所得数据判断铂条将向哪一个方向移动。

4. 用限定源方法向单晶硅中扩散硼,若 $t = 0$ 时硅片表面硅总量为 5×10^{10} mol/m³,在 1473 K 时硼的扩散系数为 4×10^{-9} m²/s,在硅片表层深度为 8 μm 处,若要求硼浓度为 3×10^{10} mol/m³,问需要进行多少小时的扩散?

5. 假定合金铸件中的枝晶偏析溶质分布近似可以用正弦函数描述(见图 6-15),则根据扩散第二定律,试利用变量分离法证明,溶质分布在扩散退火过程中的变化规律为

$$c = \bar{c} + c_m^0 \sin \frac{2\pi x}{l_0} \exp\left(\frac{-4\pi^2 D t^2}{l_0}\right)$$

式中:$\bar{c}$ 为溶质的平均含量;c_m^0 为溶质原始起伏幅度。

试分析:(1)在均匀化扩散退火过程中,浓度起伏幅度 c_m 随时间的衰减规律;

(2)如果定义 $c_m=0.01$,c_m 为达到均匀化的判据,给出达到均匀化所需时间并分析相关的主要影响因素及其作用;

(3)如果采用变质处理细化晶粒以减小枝晶间距 l_0,对扩散退火过程会有什么影响;

(4)如果在退火前进行变形处理,对均匀化过程会产生什么影响;

(5)如果溶质浓度分布不按正弦曲线分布,会有什么影响。

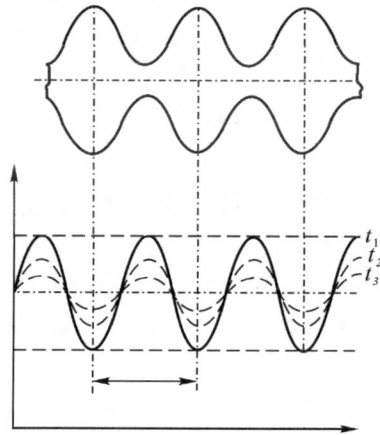

图 6-15　枝晶偏析及均匀化退火时的溶质浓度分布的变化趋势

6. 三元系发生反应扩散时,扩散层内能否出现两相共存区,为什么?

第 7 章

金属材料

金属材料是最重要的工程材料,包括金属和以金属为基的合金。最简单的金属材料就是纯金属,周期表中的金属元素分为简单金属和过渡族金属两类。凡是内电子壳层完全填满或完全空着的元素,均属于简单金属;内电子壳层未完全填满的元素属于过渡族金属。简单金属的结合键完全为金属键;过渡族金属的结合键为金属键和共价键的混合键,但以金属键为主。所以以金属为主体的工程金属材料,原子间的结合键基本上都为金属键,皆为金属晶体材料。

工业上把金属和其合金分为两大部分。

铁基金属(黑色金属)——铁和铁为基的合金(钢、铸铁和铁合金);

非铁金属(有色金属)——铁基金属以外的所有金属及合金。

7.1　铁基金属材料

铁基金属材料也常称为黑色金属材料,工程上常用的碳钢、铸铁、合金钢均属于这类材料。其中碳钢、铸铁主要是铁碳合金。为了提高钢的机械性能,改善钢的工艺性能或获得某些特殊物理、化学性能,加入一定量的合金元素的钢称为合金钢。

7.1.1　碳钢

碳钢的生产工艺简单,容易加工,且化学成分比较简单,价格低廉,故在机械制造业中获得了极广泛的应用。碳钢中所含的合金元素,碳钢的分类、编号、用途及对钢的性能影响简单介绍如下。

1. 合金元素对碳钢性能的影响

碳钢中除含碳元素之外,或多或少还含有一些其它元素,如 Si、Mn、S、P 等,它们的存在会影响钢的性能。

(1) Si、Mn 的影响

Si、Mn 是炼钢过程中随脱氧过程进入钢中的元素,它们均可以固溶于铁素体中,使铁素体的强度、硬度增强,产生固溶强化,有利于提高钢的性能。但硅与氧的亲和力很强,可形成 SiO_2,会使钢的性能下降。因此碳钢中的硅、锰含量一般分别为 $0.1\%\sim0.4\%$ 和 $0.25\%\sim0.8\%$。

(2) S、P 的影响

硫、磷是生铁中带来而在炼钢时又未能除尽的有害元素。硫不溶于铁,而与铁形成熔点为 1190℃ 的 FeS。FeS 常与 γ-Fe 形成低熔点(985℃)共晶体,分布在奥氏体晶界上,当钢材在 1000~1200℃ 锻造或轧制时,共晶体会熔化,使钢材变脆,沿钢奥氏体晶界开裂,这种现象称为"热脆"。适当增加钢中锰的质量分数,使 Mn 与 S 优先形成高熔点(1620℃)的 MnS,从而避免热脆。另一方面,严格控制钢中含硫量,使之不形成或很少形成 FeS 化合物,也可减小硫的有害作用。磷在钢中全部固溶于铁素体中,虽然有较强的固溶强化作用,但它在很大程度上降低了钢的塑性和韧性,特别是低温韧性,使钢在低温下变脆,这种现象称为冷脆。磷还使钢中的偏析加重。此外硫、磷均降低钢的焊接性能。

2. 碳钢的分类、编号及一般用途

(1)碳钢的分类

碳钢的分类方法很多,这里只介绍常用的三种。

①按碳的含量分类,分为:

低碳钢　　$w_c\leqslant0.25\%$;

中碳钢　　$w_c=0.30\%\sim0.60\%$;

高碳钢　　$w_c>0.6\%$。

②按质量(即硫、磷的含量)分类,分为:

普通碳素钢　　$w_S\leqslant0.035\%\sim0.050\%$,$w_P\leqslant0.035\%\sim0.045\%$;

优质碳素钢　　$w_S\leqslant0.030\%\sim0.035\%$,$w_P\leqslant0.030\%\sim0.035\%$;

高级优质碳素钢　　$w_S\leqslant0.020\%$,$w_P\leqslant0.030$。

③按用途分类,分为:

碳素结构钢　　用于制造工程构件,如桥梁、船舶、建筑构件等,及机器零件,如齿轮、轴、连杆、螺钉、螺母等。

碳素工具钢　　用于制造各种刃具、量具、模具等,一般为高碳钢,在质量上都是优质钢或高级优质钢。

(2)碳钢的牌号和用途

①普通碳素结构钢。这类钢主要保证力学性能,故其牌号体现其力学性能,用"Q+数字"表示,"Q"为屈服点"屈"字的汉语拼音字首,数字表示屈服点数值,例如,Q275 表示屈服点为 275 MPa。若牌号后面标注字母 A、B、C、D,则表示钢材质量等级不同,含 S、P 的量依次降低,钢材质量依次提高。若在牌号后面标注字母"F"则为沸腾钢,

标注"b"为半镇静钢,不标注"F"或"b"者为镇静钢。例如 Q235-A·F 表示屈服点为
235 MPa 的 A 级沸腾钢,Q235-C 表示屈服点为 235 MPa 的 C 级镇静钢。表 7-1 和表
7-2分别列出了普通碳素结构钢的牌号、化学成分和力学性能。

　　普通碳素结构钢,一般情况下都不经热处理,而在供应状态下直接使用。其组
织为铁素体加珠光体。通常 Q195、Q215、Q235 钢的碳质量分数低,焊接性能好,
塑性、韧性好,有一定强度,常轧制成薄板、钢筋、焊接钢管等,用于桥梁、建筑等结
构和制造普通铆钉、螺钉、螺母等零件。Q255 和 Q275 钢的碳质量分数稍高,强度
较高,塑性、韧性较好,可进行焊接,通常轧制成型钢、条钢和钢板作结构件以及制
造简单机械的连杆、齿轮、联轴节、销等零件。

表 7-1　普通碳素结构钢的牌号和化学成分(GB700—88)

牌　号	等　级	化学成分 $w/\%$		Si	S	P	脱氧方法
		C	Mn		不大于		
Q195	—	0.06～0.12	0.25～0.50	0.30	0.050	0.045	F、b、Z
Q215	A	0.09～0.15	0.25～0.55	0.30	0.050	0.045	F, b、Z
	B				0.045		
Q235	A	0.14～0.22	0.30～0.65[(1)]	0.30	0.050	0.045	F、b、Z
	B	0.12～0.20	0.30～0.70[(1)]		0.045		
Q255	A	0.18～0.28	0.40～0.70	0.30	0.050	0.045	Z
	B				0.045		
Q275	—	0.28～0.38	0.50～0.80	0.35	0.050	0.045	Z

注:1. Q235A、B级沸腾钢锰含量上限为 0.60%
　　2. "F"沸腾钢,"b"半镇静钢,"Z"镇静钢,"TZ"特殊镇静钢

表 7-2　普通碳素结构钢的力学性能(GB700—88)

牌号	等级	拉　伸　试　验														冲击试验	
		屈服点 σ_s/MPa						抗拉强度 σ_b /MPa	伸长率 δ_s/%						温度 /℃	V 型 冲击功 (纵向) /J
		钢材厚度(直径)/mm							钢材厚度(直径)/mm							
		≤16	>16 ～40	>40 ～60	>60 ～100	>100 ～150	>150		≤16	>16 ～40	>40 ～60	>60 ～100	>100 ～150	>150		
		不小于							不小于						不小于	
Q195	—	(195)	(185)	—	—	—	—	315～390	33	32	—	—	—	—		
Q215	A	215	205	195	185	175	165	335～410	31	30	29	28	27	26	—	—
	B														20	27

牌号	等级	拉　伸　试　验															冲击试验	
		屈服点 σ_s/MPa						抗拉强度 σ_b /MPa	伸长率 δ_s/%							温度 /℃	V 型 冲击功 （纵向） /J
		钢材厚度（直径）/mm							钢材厚度（直径）/mm								
		≤16	>16 ~40	>40 ~60	>60 ~100	>100 ~150	>150		≤16	>16 ~40	>40 ~60	>60 ~100	>100 ~150	>150			
		不小于							不小于							不小于	
Q235	A	235	225	215	205	195	185	375~460	26	25	24	23	22	21		—	—
	B															20	27
Q255	A	255	245	235	225	215	205	410~510	24	23	22	21	20	19		—	—
	B															20	27
Q275	—	275	265	255	245	235	225	490~610	20	19	18	17	16	15		—	—

②优质碳素结构钢。与普通碳素结构钢不同,优质碳素结构钢必须同时保证其化学成分和机械性能,故一般均在热处理后使用。这类钢的硫、磷含量低,组织均匀性较好,故塑、韧性较好,主要用于制造各种机械零件和弹簧等。

优质碳素结构钢的编号用平均含碳量的万分数的两位数字表示。如 20 钢,即表示钢中平均含碳的质量分数为 0.20%;45 钢表示钢中平均含碳的质量分数为 0.45%。若钢中含有较高的锰(>0.7%～1.0%),则在其钢号后附以符号 Mn。如 15Mn、20Mn、45Mn、60Mn 等。

③碳素工具钢。碳素工具钢的含碳量为 0.65%～1.35%之间。其组织为珠光体加铁素体或珠光体加渗碳体,淬火后为马氏体或马氏体加渗碳体。钢的编号方法是在"T"字后面附以数字表示。其中"T"为"碳"字的汉语拼音字首,数字表示钢中平均碳的质量分数,以千分数表示。如 T9,T12 分别表示钢中平均含碳的质量分数为 0.9%和 1.2%的碳素工具钢。若为高级优质碳素工具钢,则应在钢号后标符号"A",如 T9A。

常用碳素工具钢的牌号、成分、热处理和用途如表 7－3 所列。

表 7－3　常用碳素工具钢的牌号、成分、热处理和用途(GB1298—86)

钢号	化学成分 w /%					热　处　理					应 用 举 例
						淬　火			回　火		
	C	Si	Mn	S	P	温度 /℃	冷却 介质	硬度 /HRC>	温度 /℃	硬度 /HRC>	
T8	0.75~0.84			≤0.030	≤0.035	780~800	水	62	180~200	60~62	制造承受振动与冲击载荷、要求足够韧性和较高硬度的各种工具,如简单模子、冲头、剪切金属用剪刀、木工工具、煤矿用凿等
T8A	0.75~0.84			≤0.020	≤0.030	780~800	水	62	180~200	60~62	

钢号	化学成分 w/%					热处理					应用举例
						淬火			回火		
	C	Si	Mn	S	P	温度/℃	冷却介质	硬度/HRC>	温度/℃	硬度/HRC>	
T10	0.95~1.04			≤0.030	≤0.035	760~780	水,油	62	180~200	60~62	制造不受突然振动、在刃口上要求有少许韧性的工具,如刨刀、冲模、丝锥、板牙、手锯锯条、卡尺等
T10A	0.95~1.04			≤0.020	≤0.030	760~780	水,油	62	180~200	60~62	
T12	1.15~1.24			≤0.030	≤0.035	760~780	水,油	62	180~200	60~62	制造不受振动、要求极高硬度的工具,如钻头、丝锥、锉刀、刮刀等
T12A	1.15~1.24			≤0.020	≤0.030	760~780	水,油	62	180~200	60~62	

7.1.2　合金钢

碳钢具有良好的力学性能,工艺简单、压力加工和机械加工性能好,价格低廉,是工业生产中应用最广的金属材料。但由于它存在淬透性低、回火抗力低、强度不够高和不具备特殊性能(如耐高温、耐低温、耐磨损、耐腐蚀)等缺点,使它的应用受到很大的限制。加入了某些合金元素的碳钢称为合金钢,其目的是改善钢的性能,弥补碳钢性能上的某些不足。在合金钢中,常用合金元素有 Cr、Mn、Ni、Co、Cu、Si、Al、B、W、Mo、V、Ti、Nb、Zr、RE(稀土元素)等。

1. 合金元素在钢中的作用

合金元素在钢中可以与铁和碳形成固溶体(包括合金奥氏体、合金铁素体、合金马氏体)和碳化物(包括合金渗碳体、特殊碳化物),也可以相互之间形成金属间化合物,从而改变钢的组织和性能,它们在钢中的具体作用可归纳如下:

(1)合金元素改善钢的热处理工艺性能

①细化奥氏体晶粒。除 Mn 以外所有的合金元素都阻碍钢在加热时奥氏体晶粒长大,尤其以 Ti、V、Nb、Zr、Al 的作用最大,它们在钢中分别形成 TiC、VC、NbC、ZrC、AlN 细微质点,阻碍晶界移动,显著细化奥氏体晶粒,从而使钢热处理后的组织细化。

②提高淬透性。除 Co 以外,几乎所有的合金元素固溶于奥氏体中都增加奥氏体的稳定性,从而减慢过冷奥氏体的分解速度,使 C 曲线右移,因而降低了钢淬火时的临界冷却速度,提高了淬透性。这样,大尺寸的零件淬火后,整个截面上组织较均匀,性能较一致,而且还可以选用较低冷却速度的淬火介质(如油),避免淬火时的变形开裂。如果合金元素含量很高,在空气中冷却就能得到马氏体。

另外,有些合金元素如 Mn、Cr、W、Mo 等,除使 C 曲线右移外,还能改变 C 曲线形状,形成珠光体转变与贝氏体转变明显分开的两个 C 曲线。其中 Mn 和 Cr 使贝氏体转变 C 曲线右移的作用大于使珠光体转变 C 曲线右移的作用,因而某些合金钢采用空冷就能得到贝氏体。值得指出的是除 Co 和 Al 外,大多数合金元素都会使钢的马氏体转变温度 M_s、M_f 下降,引起淬火后残余奥氏体量的增加。

③提高回火抗力,产生二次硬化,防止第二类回火脆性。回火抗力是指淬火钢在回火过程中抵抗硬度下降的能力,又称回火稳定性。硬度下降愈慢,则回火抗力愈高。合金元素固溶于淬火马氏体中减慢了碳的扩散,阻碍碳化物从过饱和固溶体中析出,推迟了马氏体的分解,抵抗硬度下降,因而合金钢具有较高的回火抗力。与同等含碳量的碳钢相比,在同一温度回火,合金钢有较高的强度和硬度,而回火至同一硬度,合金钢的回火温度高,内应力的消除比较彻底,因而其塑性和韧性比碳钢好。

当钢中 Cr、W、Mo、V 等碳化物形成元素的含量超过一定值时,在 400℃ 以上还会形成弥散分布的特殊碳化物 Cr_7C_3、W_2C、Mo_2C、VC 等,使硬度重新升高,直至 500～600℃ 硬度达最高值。这种淬火钢在较高温度回火,硬度不降低反而升高的现象称为二次硬化。二次硬化对高合金工具钢十分重要,使刃具、模具在较高温度下保持高硬度。

淬火钢回火后出现韧性下降的现象称为回火脆性。在 250～400℃ 出现的冲击韧性下降现象称为"第一类回火脆性"。这类回火脆性与钢的成分及回火后的冷却速度无关,无论在碳钢还是在合金钢中都会出现,目前尚无有效的方法消除它,通常只有避免在此温度范围内回火。在 500～650℃ 回火后缓慢冷却出现的冲击韧性下降现象称为"第二类回火脆性"。它不仅使钢的室温冲击韧性降低,而且显著降低钢的低温韧性。这类回火脆性只在含有 Cr、Mn 或 Cr-Ni、Cr-Mn 的合金钢中出现,若回火后快冷(水冷或油冷)脆性便不会出现。若回火后快冷或在钢中加入为 $w_{Mo}0.2\%$～0.3% 或 w_W 为 0.4%～0.8%,可防止或减轻回火脆性。

(2)合金元素提高钢的使用性能

合金元素使钢性能强化。钢或其它金属的塑性变形是位错在滑移面上运动的结果,钢中的溶质原子、第二相粒子、晶界等都是位错运动的障碍,因此都会使得钢的强度、硬度升高,产生固溶强化、第二相强化、晶粒细化。

①固溶强化。合金元素 Ni、Si、Al、Co、Cu、Mn、Cr、Mo、W 等固溶于铁素体、奥氏体、马氏体中引起晶格畸变,增加位错运动阻力,产生固溶强化。合金元素与铁的原子半径和晶体结构相差愈大,强化效果愈显著,但会引起韧性降低。

②第二相强化。合金元素 Mn、Cr、Mo、W 等可以固溶于渗碳体中,形成合金渗碳体 M_3C(M＝Fe、Mn、Mo、W 等),提高了渗碳体稳定性。这种稳定性较高的合金渗碳体在钢中加热形成奥氏体时,难以溶于奥氏体中,也难以集聚长大,冷却后保留在钢中,成为位错运动的障碍,提高钢的强度和硬度。合金元素 V、Ti、Nb、

Cr、W、Mo 等常与碳形成特殊碳化物。这些特殊碳化物熔点高、硬度高、稳定性高,加热时更难溶于奥氏体中,当它们以细小质点分布在钢中时,更能有效地提高钢的硬度和强度。

③细晶强化。大多数合金元素都能细化奥氏体和铁素体晶粒及马氏体针条,尤其以 V、Ti、Nb、Zr、Al 的细化作用最显著,晶界或马氏体针条边界成为位错运动的障碍。奥氏体和铁素体晶粒或马氏体针条越细,位错运动阻力越大,强化效果越大。细化晶粒不仅可以提高钢的强度和硬度,而且同时提高钢的塑性和韧性。

④形成稳定单相组织。合金元素固溶于铁素体和奥氏体中时,可以导致相图中奥氏体区扩大,当这些元素含量较高时,例如含 $w_{Ni}9\%$ 和 $w_{Mn}13\%$,钢在室温则呈单相奥氏体组织,称为奥氏体钢,它有着碳钢不具备的耐腐蚀、耐高温、抗磨损等特殊性能。Si、Cr、W、Mo、V、Ti、Al 等元素使相图中奥氏体区缩小,此时钢在室温呈单相铁素体组织,称为铁素体钢,此类钢也具有耐腐蚀、耐高温等特殊性能。

⑤形成致密氧化膜和金属间化合物。在不锈钢和耐热钢中,合金元素 Si、Cr、Al、Ni、W、Mo、Ti 等可以形成致密氧化膜 SiO_2、Cr_2O_3、Al_2O_3 和金属间化合物 Fe-Si、FeCr、Ni_3Al、Ni_3Ti、Fe_2W、Fe_2Mo 等。致密氧化膜覆盖在钢的表面,提高钢的耐腐蚀性和高温抗氧化性;金属间化合物则阻碍位错在高温下运动,提高钢的蠕变抗力,特别当它们呈弥散分布的细小颗粒时,可以显著提高钢的高温强度。

2. 合金钢的分类

合金钢的分类方法很多,最常用的方法是按用途将合金钢分为合金结构钢、合金工具钢、特殊性能钢三大类。下面介绍这三类钢的牌号表示方法。

(1)合金结构钢

合金结构钢的牌号是用"数字+合金元素符号+数字"表示,前面的数字表示钢的平均碳的质量分数的万分数($w_C\times10000$),后面的数字表示合金元素平均质量分数的百分数($w_M\times100$)。当合金元素的平均质量分数<1.5%时,牌号中只标明合金元素,而不标明含量;如果平均质量分数≥1.5%、2.5%、3.5%…时,则相应地以 2、3、4…表示。对于滚珠轴承钢,其牌号前注明"滚"字的汉语拼音字首"G",后面的数字则表示平均铬的质量分数的千分数($w_{Cr}\times1000$),例如 GCr15 钢的平均 w_{Cr} 为 1.5%。含 S、P 量较低($w_S<0.02\%$、$w_P<0.03\%$)的高级优质钢,则在牌号的最后加"A"。

(2)合金工具钢

合金工具钢的牌号表示方法与合金结构钢大致相同,也是用"数字+合金元素符号+数字"表示,其差别只是前面的数字是表示钢的平均碳的质量分数的千分数,如果钢的平均 $w_C\geqslant1\%$ 时不标此数字,如 9Mn2V 钢,其平均 w_C 为 0.9%,

CrWMn 钢,其平均 w_C＞1.0%。但高速钢例外,其平均 w_C＜1%时也不标此数字,例如 w_C 为 0.7%～0.8%、w_W 为 17.5%～19.0%、w_{Cr} 为 3.8%～4.4%、w_V 为 1.0%～1.4%的高速钢用 W18Cr4V 表示。

（3）特殊性能钢

特殊性能钢的牌号表示方法与合金工具钢完全相同,例如 9Cr18 表示平均 w_C 为 0.9%,平均 w_{Cr} 为 18%;Mn13 表示平均 w_C≥1%,平均 w_{Mn} 为 13%。钢中平均 w_C≤0.03%及≤0.08%时,在牌号前面分别冠以"00"及"0",例如 00Cr18Ni10 钢,其 w_C≤0.03%,0Crl8 钢,其 w_C≤0.08%。

通常,钢中合金元素的总质量分数小于或等于 5%时称为低合金钢;合金元素的总质量分数在 5%～10%范围内称为中合金钢;合金元素的总质量分数大于10%时称为高合金钢。

3. 合金结构钢

合金结构钢是指用于制造各种机械和建筑工程结构的钢,是合金钢中用途最广,用量最大的一类钢。本节主要介绍机械结构用钢,其中又着重介绍合金调质钢、弹簧钢、轴承钢、渗碳钢及超高强度钢等。

（1）低合金高强钢

又称为普通低合金钢。它是一种低碳结构钢,合金元素总含量 5%以下。这类钢的强度显著高于同类含碳量的碳素钢。低合金钢主要用于制造各种要求强度较高的工程结构,如船舶、车辆、高压容器、输油(气)管道、桥梁及大型钢结构等。

低合金高强钢是近 20 年来迅速发展起来的并十分引人注目的钢种。由于含碳量低,这类钢具有良好的综合机械性能,特别是具有较高的屈服强度和良好的塑、韧性。如低合金钢的 σ_s 最高可达 600 MN/m²,而普通碳素钢的 σ_s＝240～260 MN/m²。所以,若用低合金钢代替普通碳素钢就可在相同载荷条件下使结构重量减轻 20%～30%;其次,低合金钢还具有良好的焊接性能、冷加工成型性能及一定的耐蚀性能。它能焊接或冷加工成型各种形状的结构件,能在潮湿大气,特别是在海洋环境中工作。此外,还具有比普通碳素钢更低的韧脆转变温度。这对在北方高寒地区使用的机械及结构件具有十分重要的意义。

通常,这类钢是在热轧退火(或正火)状态下使用,经焊接后不再进行热处理,只有少数钢种是在调质或采用淬火成低碳马氏体后代替调质钢使用。由于加工性能和焊接性能的要求,钢中平均碳的质量分数不能超过 0.2%。其优良使用性能主要靠加入微量 Mn、Ti、V、Nb、Al 等合金元素,固溶在钢中或形成微细碳化物或氮化物,起弥散强化和细化晶粒的作用,从而提高钢的强度和低温冲击韧性。

常用低合金钢的化学成分、机械性能及大致用途列于表 7-4。

表 7-4　常用低合金高强钢的化学成分、机械性能及用途

| 牌号 | 化学成份 w/% | | | | 钢材厚度/mm | 机械性能 | | | 冷弯试验 a—试件厚度 d—心棒直径 | 用　途 |
	C	Si	Mn	其它		σ_b /MN·m^{-2}	σ_s /MN·m^{-2}	δ/%		
09Mn2	≤ 0.12	0.20~0.60	1.40~1.80	—	4~10	450	300	21	180° (d=2a)	油槽、油罐、机车车辆、梁柱等
14MnNb	0.12~0.18	0.20~0.60	0.80~1.20	0.15~0.50Nb	≤16	500	360	20	同上	油罐、锅炉、桥梁等
16Mn	0.12~0.20	0.20~0.60	1.20~1.60	—	≤16	520	350	21	同上	桥梁、船舶、车辆、压力容器、建筑结构等
16MnCu	0.12~0.20	0.20~0.60	1.25~1.50	0.20~0.35Cu	≤16	520	350	21	同上	同上
15MnTi	0.12~0.18	0.20~0.60	1.25~1.50	0.12~0.20Ti	≤25	540	400	19	180° (d=3a)	船舶、压力容器、电站设备等

(2)合金调质钢

所谓调质钢一般是指经淬火＋高退回火后其组织为回火索氏体的碳素结构钢和合金结构钢。调质钢具有高的强度和良好的塑、韧性，即具有良好的综合机械性能，是结构钢中应用最广泛的一类钢，调质钢在航空工业中常用于制造发动机涡轮轴、涡轮叶片、压气机盘、压气机叶片、起落架动作筒、机身加强隔框、机翼大梁、接头、支座以及重要的螺栓、螺钉等。据统计，其用量约占飞机上钢制零件的 80~90%。

调质钢常用以制造受力大、受力形式复杂、承受交变载荷和冲击载荷的零部件。这些零部件既要求钢材具有很好的强度与塑性，又要求具有较高的冲击韧性，即具有良好的综合机械性能，故其组织应为回火索氏体。调质效果与钢的淬透性有着密切关系，如淬透性不足，淬火后就不能获得足够厚度的淬硬层及足够数量的马氏体，虽然回火后硬度合格，但其它机械性能如屈服强度、疲劳强度却显著下降。对调质钢淬透性的要求，应根据零件受力情况而定。如连杆、螺栓等是单向均匀受拉、压或剪切应力的零件，则要求淬火后保证心部获得 90% 以上马氏体，才能满足整个截面都具有较高强韧性；传动轴是承受扭转或弯曲应力的零件，因弯扭时应力由表面至心部逐渐减小，它只要求淬火后离表面 1/4 半径处保证获得 90% 以上马氏体，就能满足受力较大处的强韧性。

为了达到高强度和良好的塑、韧性配合，合金调质钢的化学成分要求碳的质量分数一般在 0.25%~0.5% 范围内。如含碳量偏低，热处理后强度不足；若含碳量偏高，则塑性和韧性太差。加入的合金元素如 Ni、Mn、Cr、Si 总含量一般为 3%~7% 之间，属于中合金钢范围。杂质元素（主要是硫、磷）的含量一般均小于或等于

0.025%；合金元素一般都是加入两种或两种以上，其中，Cr、Ni、Mn、Si 等加入量较大，它们在改善钢的性能方面起着主导作用，称为主加合金元素；W、Mo、V、Ti、Nb、B 及稀土元素等是配合一定数量的主加元素加入钢中的，且加入量较少，在改善钢的性能方面只起辅助作用，故称为辅加合金元素。

调质钢的最终热处理一般是淬火＋高温回火。故淬火是调质钢热处理的第一道工序，一般是将钢件加热至约 850℃左右（＞Ac₃）进行淬火，其淬火冷却介质可根据钢件尺寸和该钢种淬透性高低来决定。回火是使调质钢具有良好综合机械性能的重要工序，一般是在 500～650℃高温进行。要求强度较高时，可采用较低回火温度；反之，则选用较高的回火温度。为防止回火脆性，回火后应快冷，即水冷或油冷。

对于一些表面要求高耐磨性的零件，经调质后还要进行感应加热表面淬火，最后再低温回火，使表层硬度达到 HRC56～58。如果对耐磨性要求极高，则需选用专门的渗碳钢或氮化钢，先进行调质处理，然后再进行专门的化学热处理。

（3）弹簧钢

弹簧是现代各种机器和仪表中不可缺少的重要部件。按其外形可分为板簧及螺旋弹簧两类。它主要利用弹性变形吸收冲击能量达到缓和机械上的震动和冲击作用，或用以与其它零件相配合而控制某一工作过程。如导弹中各种活门的弹簧与活门顶杆、活门座等机构相配合，控制导弹箱体中液体燃料流向的过程。由于弹簧一般是在动载荷条件下不断地受到反复压缩、拉伸或扭转应力的作用，因此要求弹簧钢必须具有高的抗拉强度、高的屈强比（σ$_s$/σ$_b$）、高的疲劳强度（尤其是缺口疲劳强度），并且有足够高的塑、韧性，良好的加工工艺性能及良好的表面质量。对需要进行油淬火、回火的弹簧钢还要求有较好的淬透性、低的过敏性和低的脱碳倾向等。

为了获得上述性能，弹簧钢的含碳量比一般调质钢高，合金弹簧钢中碳的质量分数一般为 0.45%～0.70%，以保证获得高的弹性极限及疲劳强度。常加入提高钢的淬透性元素有 Si、Mn、Cr 等，其中尤以 Si 能显著提高钢的屈服强度，使其屈强比提高到接近于 1，主加元素还有提高钢的回火稳定性的作用，使弹簧钢在较高温度下回火后仍能得到高的弹性极限和相当好的韧性。对于要求较高的弹簧钢还要加入 W、Mo、V 等辅加元素，以减少硅锰钢易产生脱碳及过热的倾向，同时也可进一步提高钢的弹性极限、屈强比和耐热性等。

弹簧钢的成形方法有两种：①热成型弹簧，这类弹簧多用热轧钢丝或钢板制成，然后淬火和中温（450～550℃）回火。一般采用淬火加热后成型工艺，此时，淬火加热温度比平常淬火温度高出 50～80，成型后利用余热立即淬火。但应注意防止硅锰弹簧在高温加热时脱碳与晶粒粗化现象。淬火后的弹簧可根据具体要求进行不同的中温回火处理，经这种处理后，其组织为回火屈氏体，具有高的屈服强度，特别是弹性极限和疲劳强度很高，同时还具有一定的塑、韧性。②冷成型弹簧，这类弹簧一般用直径(或厚度)小于 8～10 mm 的弹簧钢丝(或片)在冷态下制成。一部分弹簧不进行淬火＋回火处理,只进行消除应力的低温回火,使弹簧定形。制造这类弹簧的钢丝(或片)在绕制前已有很高的强度和足够的塑、韧性。另一部分弹簧是退火钢丝(或片)绕制,绕制后要进行淬火＋回火处理,其工艺与热成型弹簧相同。

弹簧的疲劳强度对其使用寿命影响极大,为了提高其疲劳强度,特别是淬火回火强化后弹簧钢的疲劳强度,可采用喷丸处理,使表面产生加工硬化层,并形成残余压应力。

常用弹簧钢的牌号、化学成分、热处理、机械性能及主要用途如表 7 - 7 所列。合金弹簧钢大致可分为两类。一类为 Si、Mn 元素合金化的弹簧钢,最常用代表性钢种有 65Mn、60Si_2Mn。它们比碳素弹簧钢有较高的淬透性,弹性极限及疲劳强度亦较高,常用于制造截面尺寸较大、承受应力较高或工作温度低于 230℃ 的弹簧。另一类为含 Cr、W、V 等合金元素的弹簧钢 最常用的有代表性的钢种有 50CrVA、30$Cr_2$$W_4$VA 等,由于 Cr、W、V 等元素 的作用,弹簧钢不仅有较高的淬透性、回火稳定性,而且还有高的抗拉强度、高的屈强比及较高的冲击韧性和高温强度,可用于制造在高温(350～400℃)下工作的弹簧。

(4)滚动轴承钢

滚珠轴承钢是用于制造滚动轴承的滚珠、滚柱和套圈等的钢种,也可用于制作精密量具、冷冲模、机床丝杠及柴油机油泵的精密配件如针阀体、柱塞、柱塞套等。

滚动轴承工作时,承受高达 3000～5000 MPa 的交变接触压应力及很大的摩擦力,还会受到大气、润滑油的浸蚀,它常因接触疲劳引起麻点剥落和过度磨损而失效,有时也因腐蚀而使精度下降。因此,滚动轴承应具有高的接触疲劳强度、高而均匀的硬度和耐磨性及一定的韧性和耐腐蚀性能。

(5)超高强度钢

所谓超高强度钢是指抗拉强度(σ_b)在 1500 MPa 以上或屈服强度(σ_s)在 1400 MPa 以上,且同时兼具优良韧性的钢。它是近 20 年来为适应航天和航空技术的需要而发展起来的一类新型钢种,主要用于航天飞机、火箭、导弹的结构材料,飞机的着陆部件、机身骨架及大梁,高压容器和常规武器的零部件等方面,如炮筒、坦克的防弹板等。这些用于飞行器和常规武器中的结构材料一般均要求有更高的比强度和屈服比,足够的塑、韧性及尽可能小的缺口敏感性、良好的加工工艺(主要是冲压成型与焊接成型)性能等。在某些情况下,还要求材料具有较高的耐热性(如高速运动的飞行器表面与空气或其它物质的冲刷摩擦,使其表面温度升高,一般可达 300～500℃ 以上)和耐蚀性(如液体燃料火箭的氧化剂贮箱)。

超高强度钢按其合金元素含量多少大体可以分为低合金超高强度钢、中合金超高强度钢及高合金超高强度钢等三大类,现简述如下:

①低合金超高强度钢。低合金超高强度钢是在调质钢的基础上发展起来的，为了得到超高强度，其最终热处理不是调质而采用淬火＋低温（200～300℃）回火或等温淬火，其使用状态的组织为回火马氏体或回火马氏体加下贝氏体。这类钢的典型代表有 40CrNiMoA（美 ALSI4340）及 30CrMnSiNi$_2$A 等，其中 30CrMnSiNi$_2$A 钢是航空工业中目前使用最广泛的一种低合金超高强度钢，常用于制造飞机上的一些重载荷的重要零件，如主起落架的支柱、轮叉、机翼大梁等。

②中合金超高强度钢。这类钢多半兼作热作模具钢用，是由热作模具钢及其改型发展起来的。主要利用马氏体的二次硬化现象以达到超高强度的目的。这类钢含有大量的碳化物，形成元素 Cr、Mo、W、V 等，在回火时，从马氏体中析出大量呈弥散分布的 M$_2$C 及 MC 型碳化物，产生明显的二次硬化现象，从而得到很高的强度。

这类钢的突出特点是淬透性高，可以空冷成马氏体，回火稳定性高、强度高，热处理后残余应力很小，可以在 300～500℃温度下使用，这对于制造在中温下使用的飞机或发动机结构件是很适宜的。

③高合金超高强度钢（马氏体时效钢）。为降低超高强度钢的缺口敏感性，提高钢的断裂韧性，从 20 世纪 50 年代末起，研究和发展了一种新型的以铁镍为基的所谓马氏体时效钢。它是目前超高强度钢中屈服强度最高，且断裂韧性及抗裂纹扩展能力最强的。

马氏体时效钢是一种超低碳或无碳高镍高合金钢，一般规定其 $w_C \leqslant 0.03\%$，通常为 0.018%，主要靠高镍来形成超低碳马氏体。这种马氏体与 Fe-C 马氏体完全不同，它不存在 Fe-C 马氏体钢中的淬透性和回火相变问题。而且，超低碳高镍马氏体具有体心立方晶格和板条状组织形态，故比 Fe-C 马氏体的塑、韧性高。这种钢的主要强化方式是靠加入 Mo、Ti、Al、Nb、Co 等合金元素，利用淬火后的时效（450～500℃）使金属间化合物，如 Fe$_2$Mo、Ni$_3$Ti、Ni$_3$Mo、Ni$_3$Al、Ni$_3$(AlTi) 等，在超低碳高镍马氏体基体上呈极弥散状析出。

马氏体时效钢除具有上述优点外，还具有很好的工艺性能。淬火马氏体可进行各种冷加工成型；可焊接性好，焊后不必重新固溶处理，可直接时效强化；淬透性高，空冷可得到马氏体组织；加热时无脱碳倾向，热处理变形小及淬火开裂倾向小等。

4. 合金工具钢

工具钢是指用来制造各种刃具、模具及量具的钢。工具钢按其化学成分可分为碳素工具钢、合金工具钢和高速钢等，按用途则可分为刃具钢、模具钢和量具钢。刃具钢主要用来制造各种材料的切削工具，如钻头、车刀、铣刀等。刃具在切削零部件时，将受到零部件的压力及机床通过零部件传来的冲击力和震动载荷；刃部与切屑之间也会产生摩擦，使刃部温度升高，切削速度愈大，温度愈高，有时可达 500～600℃。用于制造各种模具的钢通称为模具钢。根据工作条件不同，模具钢一般可分为冷作模具钢和热作模具钢两大类,用于冷态金属成型的模具钢称为冷作模具钢,如制造各种冷冲模、冷挤压模、拉丝模的钢种等,这类模具工作时的实际温度一般不超过 200~300℃;用于热态金属成型的模具钢称为热作模具钢,如制造各种热锻模、热挤压模、热压铸模的钢种等,这类模具工作时型腔表面温度可达 600℃以上。

(1)合金刃具钢

根据刃具钢的工作条件,要求合金刃具钢性能具有高硬度,这是对刃具钢的基本要求,也是使刃具钢保持高耐磨性的必要条件。切削金属所用刃具的硬度一般在 HRC60 以上,对于某些较难切削的材料,其硬度可达 HRC65 以上;高耐磨性,这是保证刃具刃部锋利不钝的主要因素。实践证明,一定数量的硬度而弥散分布的碳化物可使合金刃具钢获得较为良好的耐磨性;高热硬性(又称红硬性),即是指刃部受热升温时,刃具钢仍能保持高硬度(≥HRC60)的一种特性;一定的强度和足够的塑、韧性,以免刃部在复杂切削应力或冲击、震动载荷作用下发生脆断或崩刃。

(2) 低合金刃具钢

低合金刃具钢是在碳素刃具钢基础上加入少量合金元素发展起来的,属于低合金钢,主要用于制造切削量不大、形状较复杂、刃部工作温度不高于 300℃的刃具。也可兼作冷作模具及量具。其成份特点是高碳,其含碳量一般为 0.75%~1.50%,并加入 Cr、Mn、Si、W、Mo、V 等提高淬透性及回火稳定性的合金元素,但其总含量一般小于 5%.

(3)高速钢

高速钢是热硬性及耐磨性均很高的一种高合金工具钢。钢中含有 W、Mo、Cr、V 等合金元素,其总含量超过 10%。用高速钢制成的刃具,在切削时,能长期保持刃口锋利,故俗称"锋钢"。在较高温度(600℃以上)下,仍然具有高热硬性、高耐磨性及高强度,能以比低合金刃具钢更高的切削速度(一般可达 50~80 m/min)进行切削,故而得名高速钢。高速钢种类较多,性能各异。

高速钢的成分特点是碳量较高,一般在 0.70%~0.80%,个别可达 1.5%左右。较高的含碳量既保证钢在淬得马氏体后具有高硬度,又有足够碳量与强碳化物形成元素以生成极硬的、稳定性高的合金碳化物(主要是 M_6C 型碳化物),大大地增加钢的耐磨性。高速钢主要以铬提高钢的淬透性。铬的碳化物在淬火加热时容易溶解于奥氏体中,促使铬几乎全部转入到奥氏体中,增加奥氏体的稳定性,从而使钢的淬透性大大提高,以致截面很大的高速钢零件在空气中都可完全淬透。W 或 Mo 造成二次硬化,以保证钢的高热硬性。在退火状态下,W 或 Mo 以 M_6C 型的碳化物(如 Fe_3W_2C)形式存在。这种碳化物在淬火加热时极难溶解,大约只有少部分溶于奥氏体中,而剩余部分作为残余碳化物保留下来,起阻止奥氏体晶粒长大及提高钢的耐磨性作用。溶入奥氏体中的碳化物则在 560℃左右回火时以

W_2C 或 MO_2C 形式弥散沉淀析出，造成二次硬化，使钢的硬度增高。钒提高钢的耐磨性。钒是强碳化物形成元素，在高速钢中，生成硬度很高的 VC(或 V_4C_3)，这种碳化物非常稳定，很难溶于奥氏体中，大部分以残余碳化物形式保留下来。钒的碳化物除硬度高外，且颗粒极细小，分布较弥散均匀，故对提高钢的耐磨性起着重大的作用。一般来说，耐磨性很高的高速钢中均含有较高的钒量。溶入奥氏体中的钒在淬火后存在于马氏体中，从而增加了马氏体的回火稳定性。回火时，钒以VC形式析出，并呈弥散质点均匀分布于马氏体基体，产生二次硬化，同样提高钢的热硬性。除此之外，钒还可以细化晶粒，降低钢的过热敏感性。

高速钢为高碳高合金钢，其铸造组织中含有大量分布不均匀的粗大碳化物，并呈鱼骨状分布，使钢的脆性增加，强度及塑、韧性下降。这种缺陷不能用热处理矫正，必须借助于反复锻造，将大块碳化物打碎，并使其均匀地分布在基体内。高速钢锻造后应进行球化退火，以便随后的机械加工，并为其随后的淬火回火作组织准备。为缩短操作时间，通常都是采用等温退火(在 720～750℃等温)，退火后其组织为粒状索氏体和均匀分布的碳化物。

(4) 冷作模具钢

冷作模具钢大都要使金属或合金在模具中产生塑性变形，因而模具的工作部分特别是刃口部位受到很大的压力、摩擦或冲击。冷作模具正常的失效一般是磨损过度，有时也可能因脆断、崩刃而提前报废。因此，冷作模具钢与刃具钢相似，主要要求高硬度、高耐磨性及足够高的强度和韧性。

根据性能要求，冷作模具钢的成分特点是：高碳，一方面要保证能与 Cr、Mo、V 等元素形成足够数量的碳化物；另一方面又要有足够的碳溶于高温奥氏体中，以获得含碳量过饱和的马氏体，从而使钢具有高硬度、高耐磨性、足够的强韧性及热硬性。故其含碳量一般在 1.0% 以上，有时甚至高达 2.0%。加入较多的形成难熔碳化物并能提高其耐磨性及强韧性的合金元素，如 Cr、Mo、W、V 等。其中，铬与碳所形成的合金碳化物 Cr_7C_3 或 $(Cr、Fe)_7C_3$ 具有较高的硬度(约 HV1820)，能极大地增加钢的耐磨性，同时，铬还可以显著提高钢的淬透性。Mo、W、V 等既能改善钢的淬透性和回火稳定性，又可细化晶粒。

冷作模具钢为高碳高合金钢，与高速钢一样，也属于莱氏体钢，铸态下组织中含有网状共晶碳化物，轧制后坯料中的碳化物往往分布不均匀，并呈带状分布。故在制造模具时均应经过合理的锻造加工，然后进行等温球化退火处理。

(5) 热作模具钢

热作模具是在热态下对金属或合金进行塑性变形加工的工具。在工作过程中，模具一方面承受着很大的机械应力；另一方面又受着炽热金属和冷却介质的交替作用而引起很大的热应力。因此，热作模具不仅要求在常温下有足够高的强度、硬度、耐磨性及韧性,而且要求在较高温度下保持这种性能,并要求有较好的热疲劳性能。对于较大的锻模、压铸模还要有高的淬透性,使模具热处理后整体性均匀一致。

热作模具钢的成分特点如下:中碳,热作模具钢含碳量一般为 $0.3\% \sim 0.6\%$,以保证经中、高温回火后获得优良的综合机械性能和抗热疲劳性能;加入较多的提高钢淬透性的合金元素,如 Mn、Ni、Cr、Si 等。Cr、Ni 或 Cr、Mn 配合加入可大大提高钢淬透性,尤其对于工作温度不太高而韧性要求较高的热作模具钢,这一点更为明显;加入防止回火脆性或产生二次硬化的合金元素,如 W、Mo、V 等。对于工作温度较高,要求较高热强度及热硬性的热作模具钢,这是保证良好高温性能的重要途径。

热作模具钢中的热锻模具钢的热处理与调质钢类似。淬火后在 550℃ 左右回火。热压模具钢要利用二次硬化现象,其热处理则与高速钢类似,但回火温度一般均比二次硬化温度稍高。

5. 特殊性能钢及合金

特殊性能钢是指一些具有特殊物理及化学性能的不锈钢、耐热钢、耐磨钢及高温合金等。它们在成分上、组织上和热处理方面均与一般钢有明显不同。概而言之,不锈钢和耐磨钢都含有较高的 Cr、Ni,高锰耐磨钢则含有较高的锰,而高温合金一般均含有较高的 Ni、Mo、Co 等元素。其次,它们的组织往往是以奥氏体为基体(也有以铁素体为基体)。在热处理方面,除采用一般淬火,回火工艺外,还采用回火、时效强化处理工艺。而高锰耐磨钢则要求在热处理后获得奥氏体组织,它的强化是在使用过程中产生的。

(1)不锈钢

不锈钢除具有优良的耐蚀性能外,还具有较高强度、硬度及耐磨性以及在很大的工作温度范围内(高到 $500 \sim 550℃$,低到 $-253℃$)具有良好的综合机械性能及工艺性能的特点。因而,不锈钢在航空及航天飞行器方面得到了广泛的应用。例如,航空喷气发动机压气机转子、叶片通常采用 Cr13 型不锈钢或它的改型钢种。大型运输火箭液体推进剂(液氧、液氢)贮箱要求在低温下具有较良好的强韧性,奥氏体不锈钢则是它们的重要结构材料,如美国"宇宙神"及"半人马座"推进器贮箱就是采用镍铬奥氏体不锈钢 $1Cr_{18}Ni_9$ 制造的。美国"土星"火箭用的液氢、液氧贮箱运输船是采用 $0Cr_{18}Ni_9$ 奥氏体不锈钢制造的,"土星"末级的液氢贮箱是采用 $1Cr_{18}Ni_9$ 制造的。除此之外,不锈钢在液体火箭发动机系统中也得到了广泛的使用,如美国的"大力神"、"土星",前苏联的"东方号"以及我国的大型液体火箭发动机均是采用奥氏体不锈钢或奥氏体-铁素体双相不锈钢制造的。

不锈钢有两种分类方法。一种是按合金元素分类,分为铬不锈钢(以铬作为主加合金元素)和铬镍不锈钢(以铬、镍作为主加元素);另一种是按正火状态的组织分类,可分为马氏体不锈钢、铁素体不锈钢、奥氏体不锈钢及奥氏体-铁素体双相不锈钢。常用不锈钢的牌号、化学成分、热处理、机械性能及用途如表 7-5、表 7-6 所列。

①马氏体不锈钢。为保证钢的耐蚀性,其基体中的含铬量至少要达到 11.7%(重量)。故常用马氏体不锈钢含碳量为 0.1%~0.45%,含铬量为 12%~14%,属于铬不锈钢。工业中应用最广泛的马氏体不锈钢是 Cr13 型不锈钢,主要钢号有 0Cr13、1Cr13、2Cr13、3Cr13、4Cr13 等。这类钢随着含碳量的增加,钢的强度、硬度及耐磨性均提高,但腐蚀性能则下降。因碳与铬形成 $(Fe,Cr)_{23}C_6$ 后将降低基体中的含铬量,并与基体间形成原电池。由于这类钢的耐蚀性主要是靠阳极区域基体表面形成一层富铬氧化物保护膜阻止阳极反应,故只能在氧化性介质(如蒸馏水、大气、海水及氧化性酸)中有较好的耐蚀性,在非氧化性介质(如盐酸、硫酸、碱溶液)中不能获得良好的钝化状态,耐蚀性很低。

表 7-5　常用马氏体型及铁素体型不锈钢牌号、化学成分、热处理、机械性能及用途

类别	钢号	化学成分 $w_t/\%$		热处理	组织	机械性能						用途
		C	Cr			σ_b /MPa	σ_s /MPa	δ /%	ψ /%	α_k /J·cm^{-2}	HRC	
马氏体型	1Cr13	0.08 ~ 0.15	12 ~ 14	1000~1050℃油或水淬 700~790℃回火	回火索氏体	≥600	≥420	≥20	≥60	≥72	HB 187	制作航空发动机压气机转子、叶片、推进储箱、气轮机叶片、水压阀、结构架
	2Cr13	0.10 ~ 0.24	12 ~ 14	1000~1050℃油或水淬 700~790℃回火	回火索氏体	≥660	≥450	≥16	≥55	64	—	
	3Cr13	0.26 ~ 0.34	12 ~ 14	1000~1050℃油淬 200~300℃回火	回火马氏体						48	制作具有较高硬度和耐热性的医疗工具、量具、滚珠轴承等
铁素体型	1Cr17	≤ 0.12	16 ~ 18	750~800℃空冷	铁素体	≥400	≥250	≥20	≥20			制作硝酸工厂设备如吸收塔、热交换器、酸槽,以及食品工厂设备等

表 7 - 6　奥氏体不锈钢的化学成分、热处理工艺、机械性能及用途

牌号	化学成分 w_t/%				热处理	机械性能				用途
	C	Cr	Ni	Ti		σ_b /MPa	σ_s /MPa	δ /%	ψ /%	
0Cr18Ni9	≤0.08	17～19	8～12		1050～1100℃ 水淬（固溶处理）	≥490	≥180	≥40	≥60	具有良好的耐蚀及耐晶间腐蚀性能，为化学工业用的良好耐蚀材料。
1Cr18Ni9	≤0.15	17～19	8～12		1100～1150℃ 水淬（固溶处理）	≥550	≥200	≥45	≥50	制作耐硝酸、冷磷酸、有机酸及盐、碱溶液腐蚀的设备零件
0Cr18Ni9Ti	≤0.08	17～19	8～11	5×(C% -0.02) ～0.8	1100～1150℃ 水淬（固溶处理）	≥650	≥200	≥40	≥60	耐酸容器及设备衬里、输送管道等设备零件、抗磁仪表；液体火箭发动机壳体，管路、活门及其附件
1Cr18Ni9Ti	≤0.12	17～19	8～11							

含碳量较低的 0Cr13、1Cr13、2Cr13 钢主要用于制造耐蚀结构零件；含碳量较高 3Cr13、4Cr13 钢主要用于制造防锈的手术器械及刀具、量具等。

②铁素体不锈钢。这类钢的含碳量一般比较低（≤0.12%），而含铬量较马氏体不锈钢高，一般为 12%～30%，也属于铬不锈钢。最常用的钢种有 1Cr17、1Cr20、1Cr17Ti 等。这类钢为单相铁素体组织，加热或冷却时均发生 $\alpha \longleftrightarrow \gamma$ 转变，所以，耐蚀性、塑性、焊接性等均优于 Cr13 型不锈钢。由于不能热处理强化，热加工中所出现的晶粒粗化现象不能采取热处理的方法来细化，只能用塑性变形及再结晶退火来改善，以及强度较低等缺点，这类钢一般只用于耐蚀性要求高而强度要求低的零部件，如化工机械、造船工业中的容器、管道等。

③奥氏体不锈钢。奥氏体不锈钢是一种具有优良机械性能、工艺性能及耐蚀性能，且应用极广的铬镍不锈钢。其典型钢种为含铬 18%、镍 8%、组织为奥氏体的所谓的 18-8 型不锈钢。这类钢在国标 GB1220—75 中有五个牌号，即 0Cr18Ni9、1Cr18Ni9、2Cr18Ni9、0Cr18Ni9Ti 及 1Cr18Ni9Ti。

（2）耐热钢和高温合金

耐热钢和高温合金是指在高温下具有高热稳定性和热强性的特殊钢和合金。它们主要用于制造工业加热炉、高压锅炉、汽轮机、内燃机、航空发动机、热交换器等在高温下工作的构件和零件。

对耐热钢和高温合金的性能要求主要是：①高的热稳定性，即具有高温抗氧化能力，使零件表面形成致密的氧化膜，保护其内部不被氧化；②高的热强性，即具有高的蠕变抗力和持久强度，使零件在高温下具有抵抗塑性变形和断裂的能力。

为了获得上述性能，耐热钢和高温合金中常加入的合金元素有 Cr、Ni、W、

Mo、V、Ti、Nb、Al、Si 等,其中 Cr、Ni、W、Mo 的主要作用是固溶强化和形成单相组织并提高再结晶温度,从而提高钢和合金的高温强度;V、Ti、Nb、Al 的作用是形成弥散分布,且稳定的 VC、TiC、NbC 等碳化物和 Ni_3Ti、Ni_3Nb、Ni_3Al、$Ni_3(Ti、Al)$等金属间化合物,它们在高温下不易聚集长大,有效地提高钢和合金的高温强度;Cr、Si、Al 可以形成致密氧化膜 Cr_2O_3、SiO_2、Al_2O_3,尤其是 Cr 的作用最大,钢和合金中加入 15% 的 Cr,其抗氧化温度可达 900℃,加入 20%~25%,抗氧化温度可达 1100℃。

耐热钢按其正火组织可分为珠光体钢、马氏体钢、铁素体钢、奥氏体钢。

①珠光体耐热钢。这类钢在正火状态下的显微组织是细片珠光体+铁素体。其含碳量为 0.1%~0.4%,常加入的合金元素有 Cr、Mo、W、V 等,它们的主要作用是强化铁素体,防止高温下片状渗碳体的球化与石墨化,提高钢的高温强度。由于这类钢中合金元素含量少,因而其膨胀系数小,导热性好,并具有良好的冷、热加工性能和焊接性能,广泛用于制造工作温度<600℃的锅炉及管道、压力容器、汽轮机转子等。常用牌号有 12CrMo、15CrMoV、25Cr2MoVA 等。其热处理简单,通常采用正火处理。

②马氏体耐热钢。这类钢淬透性好,空冷就能得到马氏体。包括两种类型,一类是低碳高铬钢,它是在 Cr13 型不锈钢基础上加入 Mo、W、V、Ti、Nb 等合金元素,以便强化铁素体,形成稳定的碳化物,提高钢的高温强度。常用的牌号有 1Cr11MoV、1Cr12WMoV 等,它们在 500℃ 以下具有良好的蠕变抗力和优良的消振性,最宜制造汽轮机的叶片,故又称叶片钢。另一类是中碳铬硅钢,其抗氧化性好、蠕变抗力高,还有较高的硬度和耐磨性。常用的牌号有 4Cr9Si2、4Cr10Si2Mo 等,主要用于制造使用温度低于 750℃ 的发动机排气阀,故又称气阀钢。此类钢通常是在淬火(1000~1100℃加热后空冷或油冷)及高温回火(650~800℃空冷或油冷)后获得具有马氏体形态的回火索氏体状态下使用。

③铁素体耐热钢。这类钢在铁素体不锈钢的基础上加入了 Si、Al 等合金元素以提高抗氧化性。此类钢的特点是抗氧化性强,但高温强度低,焊接性能差,脆性大,多用于受力不大的加热炉构件,常用的牌号有 1Cr13Si3、1Cr13SiAl、1Cr18Si2 等。此类钢通常采用正火处理(700~800℃加热空冷),得到铁素体组织。

④奥氏体耐热钢。这类钢在奥氏体不锈钢的基础上加入了 W、Mo、V、Ti、Nb、Al 等元素,用以强化奥氏体,形成稳定碳化物和金属间化合物,以提高钢的高温强度。此类钢具有高的热强性和抗氧化性,高的塑性和冲击韧性,良好的可焊性和冷成形性。主要用于制造工作温度在 600~850℃ 间的高压锅炉过热器、汽轮机叶片、叶轮、发动机气阀等,常用的牌号有 1Cr18Ni12Ti、1Cr15Ni36W3Ti、

4Cr14Ni14W2Mo 等。奥氏体耐热钢一般采用固溶处理(1000～1150℃加热后水冷或油冷)或是固溶处理＋时效处理,获得单相奥氏体＋弥散碳化物和金属间化合物的组织。时效的温度应比使用温度高 60～100℃,保温 10 h 以上。

高温合金用于航空、航天飞机的零构件如喷气发动机的压气机燃烧室、涡轮、尾喷管等,都在 800℃以上温度下长期服役,耐热钢已不能满足抗氧化和高温强度的要求,这时就应选用高温合金。高温合金包括铁基、镍基、钴基、铌基,钼基等类型,下面简单介绍铁基和镍基两类高温合金。

a.铁基高温合金。这类合金是在奥氏体耐热钢基础上增加了 Cr、Ni、W、Mo、V、Ti、Nb、Al 等合金元素,用以形成单相奥氏体组织提高抗氧化性,并提高再结晶温度,以及形成弥散分布的稳定碳化物和金属间化合物,从而提高合金的高温强度。这类合金的常用牌号有 GH1035、GH2036、GH1130、GH1131、GH2132,"GH"是"高合"二字的汉语拼音字首,它们的热处理为固溶处理或固溶＋时效处理。其中 GH1035、GH1130、GH1131 采用固溶处理,获得单相奥氏体组织,抗氧化性好,冷压力加工成形性和焊接性好,用于制造形状复杂、需经冷压和焊接成形,但受力不大,主要要求在800～900℃温度下抗氧化能力强的零件,如喷气发动机的燃烧室、火焰筒等;GH2036、GH2132、GH2135、采用固溶＋时效处理,高温强度好,用于制造在 650～750℃温度下受力的零构件,如涡轮盘、叶片、紧固件等。

b. 镍基高温合金。这类合金是以 Ni 为基,加入 Cr、W、Mo、Co、V、Ti、Nb、Al 等合金元素,以形成 Ni 为基的固溶体,也称它为奥氏体,产生固溶强化并提高再结晶温度和形成弥散分布的稳定碳化物及金属间化合物,故这类合金的抗氧化性好,具有好的高温强度。常用牌号有 GH3030、GH4033、GH4037、GH3039、GH3044、GH4049,它们的热处理为固溶处理或固溶＋时效处理。其中 GH3030、GH3039、GH3044 采用固溶处理,获得单相奥氏体组织,具有好的塑性和冷压力加工性能及焊接性能,用于制造形状复杂而需冷压和焊接成形,但受力不大,主要要求在800～900℃温度下抗氧化能力强的零件,如喷气发动机的燃烧室、火焰筒等;GH4033、GH4037、GH4049 采用固溶＋时效处理,抗氧化性好、高温强度高,用于制造在 800～900℃温度下受力的零件,如涡轮叶片等。

(3)耐磨钢

耐磨钢是指在强烈冲击载荷作用下发生冲击形变强化的高锰钢。它的主要化学成分为 1.0%～1.3%C,11%～14%Mn、(Mn/C＝10～12),其中杂质(Si、S、P)均控制在一定范围内。典型钢种有 ZGMn13("ZG"为"铸钢"的汉语拼音字头)。高锰钢的铸态组织中存在大量碳化物,由于碳化物是沿晶界分布的,故其性质硬而脆,耐磨性也很差,不能实际应用。实践证明,高锰钢只有全部获得奥氏体组织时才能呈现出最优良的韧性及耐磨性。为了使高锰钢全部获得奥氏体组织,必须进行"水韧处理"。所谓"水韧处理"就是将铸造后的高锰钢加热到 1060～1100℃,保温,使碳化物完全熔入奥氏体中,然后迅速淬入水中,即获得全部奥氏体组织。

水韧处理后的高锰钢,其强度很低,而塑、韧性却很高。$\sigma_b \geq 560 \sim 700$ MPa, HB$=180\sim220$,$\delta=15\%\sim14\%$,$\alpha_k=150\sim200$ J/cm^2。但在工作时如受到强烈的冲击、压力与摩擦、表面因塑性变形会产生强烈的形变硬化,并伴有奥氏体向马氏体的转变,使表面硬度提高到 HB500～550,因而获得高的耐磨性,而心部仍保持原奥氏体所具有的高韧性。当旧的表面磨损后,新露出的表面又可在冲击与摩擦作用下获得新的耐磨层。故这种钢具有很高的耐磨性及抗冲击能力。但一定要在强烈的冲击与摩擦情况下才有这种特性。

高锰耐磨钢主要用于造制坦克及拖拉机覆带、防弹钢板、破碎机的颚板、铁路道岔等。近年来,以铬系为主的耐磨钢也得到了很大的发展,其中铬系的低合金耐磨钢有珠光体—渗碳体耐磨钢、马氏体耐磨钢和奥氏体—贝氏体耐磨钢三类。另外,含 $w_{Cr}=4\%\sim8\%$ 的中合金耐磨钢也广泛的应用于球磨机衬板等零件的加工中。

7.1.3　铸铁

铸铁是碳的质量分数大于 2.11%(一般为 2.5%～5.0%)并含有 Si、Mn、S、P 等元素的多元铁基合金。或者说,铸铁是铁和初生渗碳体或初生石墨的合金。与钢相比,虽然铸铁抗拉强度、塑性、韧性较低,但却具有优良的铸造性、减震性,生产成本较低,因此在工业上得到了广泛的应用。

1. 铸铁的石墨化

(1)铸铁的石墨化过程

铸铁中的碳除了少部分固溶于铁素体和奥氏体外,还以化合态的渗碳体(Fe$_3$C)和石墨(G)两种形式存在。通常把铸铁中石墨的形成过程称为石墨化过程。

石墨具有简单六方晶格结构,如图 7-1 所示,晶体中的碳原子是分层排列的,同一层上的原子间距较小(为 0.142 nm),其结合力较强,而层与层之间的原子间距较大(为 0.340 nm),其结合力较弱。由于石墨晶体具有这样的结构特点,使之从液态铸铁中结晶时,沿六方晶格每个原子层方向上的生长速度大于原子层间方向上的生长速度,即层的扩展较快而层的加厚较慢,使之易形成片状。

石墨的碳质量分数近似于 100%,其强度、塑性和韧性极低,几乎为零,硬度仅为 3HBS。它的存在相当于完整的基体上出现了孔洞和裂缝。

实践证明,铸铁中的石墨既可在液体结晶时直接析出,也可由 Fe$_3$C 分解而来,即 Fe$_3$C→3Fe＋C。这表明,铁碳合金的结晶过程和组织转变除了按 Fe-Fe$_3$C

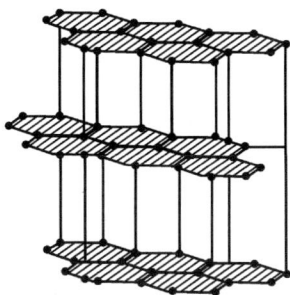

图 7-1　石墨的晶体结构示意图

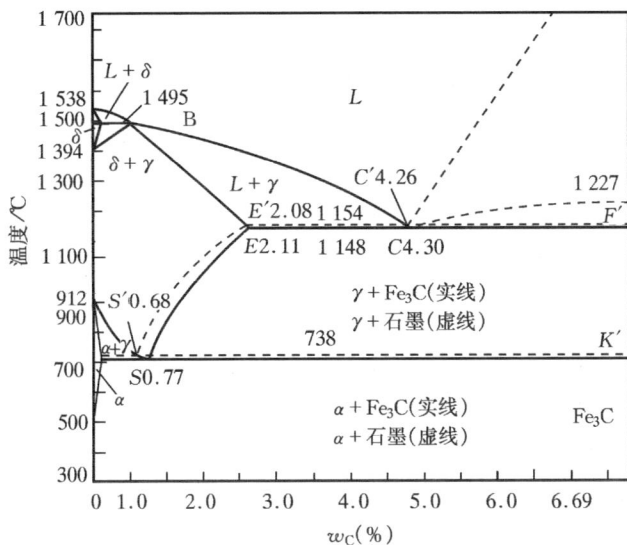

图 7-2　铁碳合金的双重相图

相图进行外,还可按 Fe-C(G)相图进行,为此,铁碳合金便具有双重相图,如图 7-2 所示,图中实线表示 Fe-Fe₃C 相图,虚线表示 Fe-C(G)相图。从热力学的角度来看,L→Fe+Fe₃C 的共晶转变为介稳定相变,而 L→Fe+C(G)的共晶转变为稳定相变。

所以,含有铸铁成分的"铁碳合金"从液体以缓慢冷却进行凝固时,其凝固发生在低于 L→Fe+C(G)的共晶转变温度以下,但在 L→Fe+Fe₃C 共晶转变温度以上时,组织转变将按照 Fe-G 相图进行。但是如果冷却速度较快,液体很快冷却到 L→Fe+Fe₃C 共晶转变温度以下,由于 Fe 和 C 生成 Fe₃C 要远比生成石墨容易得多,故组织转变将按照 Fe-Fe₃C 相图进行。

石墨化过程可分为二个阶段。第一阶段称为高温石墨化阶段,是由过共晶液态中直接结晶出一次石墨(G_I)和在1154℃时通过共晶反应而形成的共晶石墨,即 $L_{C'} \rightarrow \gamma_{E'} + G$。它还包括中间石墨化阶段,是从 1154~738℃ 的冷却过程中,自奥氏体中析出的二次石墨 G_{II};第二阶段称为低温石墨化阶段,是在 738℃ 通过共析转变形成的共析石墨,即 $\gamma_{S'} \rightarrow \alpha_{P'} + G$。

(2)影响石墨化的因素

铸铁中的组织决定于石墨化二阶段进行的程度,而石墨化程度又受许多因素的影响,实践表明铸铁的化学成分和凝固时的冷却速度是两个最主要的因素。

①化学成分的影响。铸铁中的 C 和 Si 是促进石墨化的元素,它们的含量愈高,石墨化过程愈易进行。这是因为随着 C 含量的增加,石墨的形核更加有利。Si 溶于铁中,可使 L→Fe+C(G) 的共晶转变和 L→Fe+Fe₃C 共晶转变的温度区间增大,从而更容易使碳以石墨的形式析出。所以,在生产中,调整 C、Si 的含量是控制铸铁组织的措施之一。

另外,铸铁中 Si 的质量分数每增加 1%,共晶点碳的质量分数相应降低 1/3。为了综合考虑 C 和 Si 的影响,通常把硅量折合成相当的碳量,并把这个碳的总量称为碳当量($w_C + \frac{1}{3} w_{Si}$)。此外,P、Al、Cu、Ni、Co 等元素也会促进石墨化,而 S、Mn、Cr、W、Mo、V 等元素则阻碍石墨化。

②冷却速度的影响。冷却速度愈慢,愈有利于按照 L→Fe+C(G) 的共晶转变的形式完成石墨化过程的进行。但是,随着冷却速度加快,在稳定共晶转变区间停留的时间减短,不利于石墨化过程的进行。

2. 铸铁的分类

(1)按石墨化程度分类

根据铸铁在凝固过程中石墨化程度不同,可分为二种不同的铸铁。

①灰口铸铁。是第一阶段石墨化过程充分进行而得到的铸铁,其中碳主要以石墨形式存在,断口呈灰暗色,由此得名,现称为灰铸铁。是工业上应用最多最广的铸铁。

②白口铸铁。是第一阶段石墨化过程全部被抑制,完全按照 Fe-Fe₃C 相图进行转变而得到的铸铁,其中碳几乎全部以 Fe₃C 形式存在,断口呈银白色,由此得名白口铸铁。性能硬而脆,不易加工,可作为耐磨零件和炼钢原料。

(2)按石墨形态分类

铸铁中的石墨具有不同的形态(片状、团絮状、球状、蠕虫状),根据石墨的形态,可分为四种不同的铸铁。

　　①灰铸铁　在显微组织中,石墨呈片状的铸铁。此类铸铁生产工艺简单、价格低廉,工业应用广。

　　②可锻铸铁。在显微组织中,石墨呈团絮状的铸铁。此类铸铁生产工艺时间很长,成本较高,故应用不如灰铸铁广。可锻铸铁并不能锻造。

　　③球墨铸铁。在显微组织中,石墨呈球状的铸铁。此类铸铁生产工艺比可锻铸铁简单,并且力学性能较好,工业应用较多。

　　④蠕墨铸铁。在显微组织中,石墨呈蠕虫状的铸铁,蠕虫状是介于片状与球状之间的一种结晶形态,此类铸铁是在前几类铸铁的基础上发展起来的一种新型铸铁,颇有应用前景。

3. 不同石墨形态铸铁的特性及用途

（1）灰铸铁

灰铸铁的成分大致为（质量分数 $w_t\%$）:$2.5\%\sim4.0\%$C,$1.0\%\sim2.5\%$Si,$0.5\%\sim1.4\%$Mn,$\leqslant0.10\%\sim0.15\%$S,$\leqslant0.12\%\sim0.125\%$P。由于碳、硅含量较高,所以具有较大的石墨化能力,铸态显微组织有三种,即铁素体＋片状石墨,铁素体＋珠光体＋片状石墨,珠光体＋片状石墨,如图 7-3 所示。

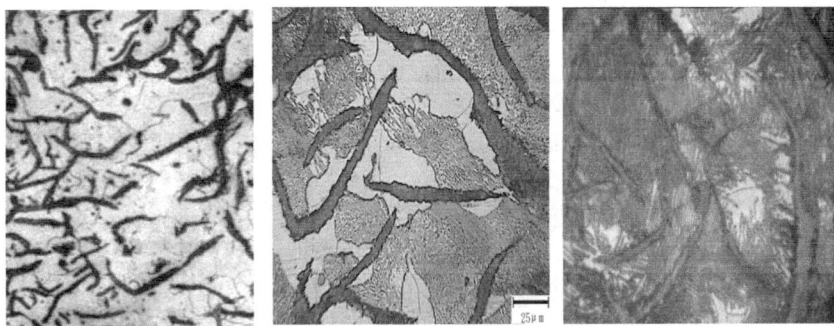

(a)铁素体基体 ×200　　(b)铁素体＋珠光体基体 ×400　　(c)珠光体基体 ×200

图 7-3　灰铸铁的显微组织

此类铸铁具有高的抗压强度、优良的耐磨性和消振性,低的缺口敏感性。由于石墨的强度和塑性几乎为零,因而灰铸铁的抗拉强度与塑性远比钢低,且石墨的量越大,石墨片的尺寸越大、越尖,分布越不均匀,铸铁的抗拉强度和塑性则越低。

若将液态灰铸铁进行孕育处理,即浇注前在铸铁液中加入少量孕育剂（如硅铁或硅钙铁合金）作为人工晶核,细化石墨片,这种铸铁称为孕育铸铁或变质铸铁,其显微组织为细珠光体＋细石墨片,强度、硬度都比变质前高,

灰铸铁的牌号、性能及应用见表 7-7。牌号中 HT 为"灰铁"二字的汉语拼音

字首,其后数字表示最低抗拉强度。

表 7 - 7　灰铸铁的牌号、性能及应用(GB9439—88)

牌号	抗拉强度 σ_b /MPa	硬度/HBS	显微组织		应用举例
			基体	石墨	
HT100	80～130	≤170	F+P(少)	粗片	
HT150	120～175	150～200	F+P	较粗片	汽轮泵体、轴承座、阀壳、机床底座、床身
HT200	160～220	170～200	P	中等片状	汽缸、齿轮、底架、机体、液压泵和阀的壳体等
HT250	200～270	190～240	细珠光体	较细片状	阀壳、油缸、连轴器、机体、齿轮、壳体、凸轮、轴承座
HT300	230～290	210～260	索式体	细小片状	齿轮、凸轮、车床卡盘、机身;导板、转塔、高压液压筒、液压泵和滑阀的壳体等
HT350	250～340	230～280			

(2)球墨铸铁

球墨铸铁的显微组织可分为铁素体+球状石墨,铁素体+珠光体+球状石墨,珠光体+球状石墨,如图 7 - 4 所示。生产上使用较多的为前两种组织的球墨铸铁。

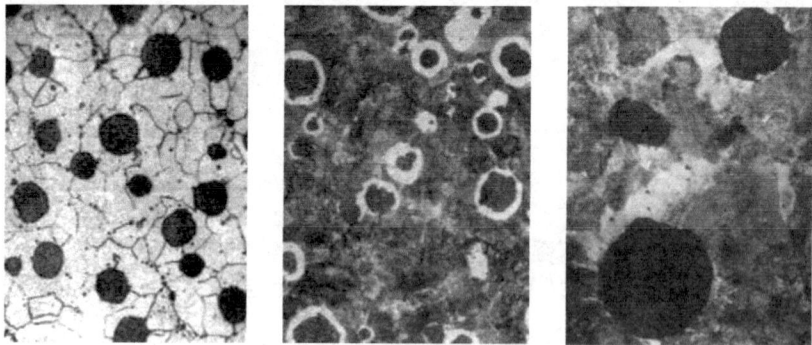

(a)铁素体基体 ×100　　(b)铁素体+珠光体基体×200　　(c)珠光体基体 ×400

图 7 - 4　球墨铸铁的显微组织

为了使石墨呈球形,浇注前需向液态铸铁中加入一定量的球化剂(如 Mg、Ce、RE)进行球化处理,同时在球化处理后还要加少量的硅铁或硅铁钙合金立即进行孕育处理,以促进石墨化,增强石墨球的数量,减小球的尺寸。

由于此类铸铁中的石墨呈球形,对基体的割裂作用小,应力集中也小,使基体的强度得到了充分的发挥。研究表明,球墨铸铁的基体强度利用率可达 70％～90％,而灰铸铁的基体强度利用率仅为 30％～50％。因此,球墨铸铁既具有灰铸铁的优点,如良好的铸造性、耐磨性、可切削加工性及低的缺口敏感性,又具有与中碳钢相媲美的抗拉强度、弯曲强度及良好的塑性与韧性。此外,还可以通过合金化及热处理来提高它的性能。所以,生产上已用球墨铸铁代替中碳钢及中碳合金钢(如 45 钢、42CrMo 钢等)制造发动机的曲轴、连杆、凸轮轴和机床的主轴等。

球墨铸铁的牌号、性能及应用见表 7 - 8,牌号中的"QT"为球铁二字的汉语拼音字首,其后面的两组数字分别代表最低抗拉强度和最低断后伸长率。

表 7 - 8　球墨铸铁的牌号、性能及应用(GB1348—88)

编　号	基体组织	力学性能			硬　度 /HBS	应用举例
		σ_b/MPa	$\sigma_{0.2}$/MPa	δ/％		
		最　小　值				
QT400-18	铁素体	400	250	18	130～180	汽车、拖拉机底盘零件 1600 ～ 6400 MPa 阀门的阀体和阀盖
QT400-15	铁素体	400	250	15	130～180	
QT450-10	铁素体	450	310	10	160～210	
QT500-7	铁素体＋珠光体	500	320	7	170～230	机油泵齿轮
QT600-3	珠光体＋铁素体	600	370	3	190～270	柴油机、汽车机曲轴;磨床的主轴;空压机、冷冻机缸体、缸套等
QT700-2	珠光体	700	420	2	225～305	
QT800-2	珠光体或回火组织	800	480	2	245～335	
QT900-2	贝氏体或回火马氏体	900	600	2	280～360	汽车、拖拉机传动齿轮

(3)可锻铸铁

可锻铸铁是将亚共晶成分的白口铸铁进行石墨化退火,使其中的 Fe_3C 在固态下分解形成团絮状的石墨而获得。根据石墨化退火工艺的不同,可以形成铁素体基体及珠光体基体两类可锻铸铁。

　　将白口铸铁加热到 900～980℃,在高温下经 15 h 左右的长时间保温,使其组织中的渗碳体发生分解,得到奥氏体与团絮状的石墨,随后在缓冷却过程中,奥氏体将沿着已形成团絮状石墨的表面再析出二次石墨,冷至共析转变温度范围(750～720℃)时,进行长时间保温,奥氏体分解为铁素体与石墨,结果得到铁素体＋团絮状石墨组织。因其断口心部存在大量石墨而呈灰黑色,表层因退火时脱碳,石墨数量少而呈灰白色,故称为黑心可锻铸铁。如图 7-5(a)所示。若通过共析转变区时的冷却速度较快,则奥氏体直接变为珠光体,获得珠光体可锻铸铁,如图 7-5(b)所示。如果将白口铸铁置于氧化性介质中退火,使深度为 1.5～2.0 mm 的表面层完全脱碳得到铁素体组织,其心部仍为珠光体＋团絮状石墨组织,其断口中心呈白亮色,表面呈灰暗色,故称为白心可锻铸铁,由于其生产工艺复杂,退火周期长,其性能又和黑心可锻铸铁相近,故应用较少。

　　由于可锻铸铁中的石墨呈团絮状,对基体的切割作用小,故其强度、塑性及韧性均比灰铸铁要高,尤其是珠光体可锻铸铁可与铸钢相媲美,但是不能锻造。通常可用于铸造复杂、要求承受冲击载荷的薄壁零件,如汽车、拖拉机的前后轮壳、减速器壳、转向节壳等。但由于其生产周期长,工艺复杂,成本高,不少可锻铸铁零件已逐渐被球墨铸铁所替代。

　　(4)蠕墨铸铁

　　蠕墨铸铁是将其石墨形状变质,形成像蠕虫状的形态而得名。其铸态显微组织有铁素体＋蠕虫状石墨、铁素体＋珠光体＋蠕虫状石墨、珠光体＋蠕虫状石墨等几种。

　　为了使石墨呈蠕虫状,浇注前向高于 1400℃ 的液态铁水中加入稀土镁钛合金(钛为反球化元素),或稀土硅钙合金进行蠕化处理,处理后加入少量孕育剂以促进石墨化。由于蠕化剂中含有球化元素 Mg、稀土等,故在大多数情况下,蠕虫状的石墨总是与球状石墨共存。

　　与片状石墨相比,蠕虫状石墨的长宽比明显减小,尖端变圆变钝,对基体的切割作用减小,应力集中减小,故蠕墨铸铁的抗拉强度、塑性、疲劳强度均优于灰铸铁,而接近铁素体的球墨铸铁。此外,这类铸铁的导热性、铸造性、可切削加工性均优于球墨铸铁,而与灰铸铁相近。

　　蠕墨铸铁常用于制造在热循环载荷条件下工作的零件,如钢锭模、玻璃模具、柴油机汽缸、汽缸盖、排气管、刹车件等,以及结构复杂、要求高强度的铸件,如液压阀体、耐压泵的泵体等。

　　(5)合金铸铁

　　为了发展铸铁的性能,有意识地向铸铁中加一些合金元素,形成合金铸铁,以满足工业应用对铸铁提出的高强度、耐热、耐蚀、耐磨等特殊的物理、化学要求。合金铸铁包括高强度合金铸铁、耐热合金铸铁、耐蚀合金铸铁、耐磨合金铸铁等几大类。

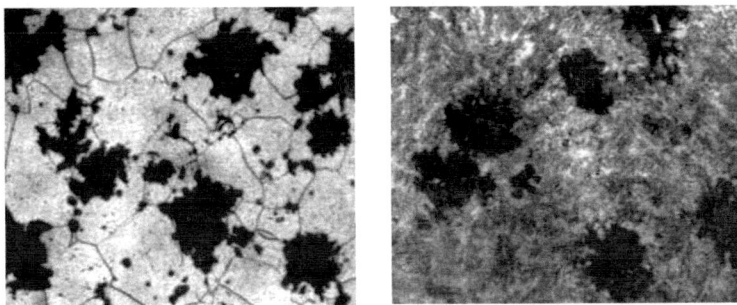

(a) 黑心可锻铸铁(α＋G 团絮) ×400　　　　(b) 珠光体可锻铸铁(P＋G 团絮) ×200

图 7-5　可锻铸铁的显微组织

7.2　非铁金属材料

非铁合金是指铁基金属以外的所有金属及合金,其产量和使用量虽不如钢铁材料多,然而由于其与钢铁材料相比具有许多优良的特性,如特殊的电、磁、热性能,耐腐蚀性能,高比强度等,已成为现代工业技术中重要的合金材料,尤其在航空航天、电子信息、能源、化工等部门更占据重要地位。由于冶炼难度大,成本较高,生产工艺复杂,故需要解决的问题也较多。下面仅就机械、仪表、航空工业中广泛使用的铝、铜、镁、钛及其合金作扼要介绍。

7.2.1　铝及铝合金

铝是非铁金属中常用的金属,铝的世界年产量比所有除铝以外非铁合金的总和还要多。纯铝具有优良的导电和导热性能,表面有一几乎透明而致密的氧化膜薄层保护,且有光泽,在大气、淡水及氧化性酸类介质中有良好的耐蚀性。纯铝是电工器材中的重要原材料。

以铝为基加入各种合金元素组成各种结构材料的铝合金,力学性能大幅度提高。由于铝合金密度小,比强度高于铜合金、球铁及碳素钢,因而在交通运输机械、飞行器、化工机械、建筑材料、体育器械及家用电器等方面获得了广泛的应用。

1. 工业纯铝

纯铝具有面心立方晶体结构,密度为 2.72 g/cm^3,仅为铁的 $1/3$。纯铝熔点为 660 为℃,沸点约为 $2275\sim2500℃$,具有良好的导电和导热性(仅次于银,铜,金),极好的塑性($\delta=30\%\sim50\%$,$\psi=80\%$),易于压力加工成型,并具有良好的低温韧性,甚至到 20 K 时其塑性和韧性也不是很低。由于能和氧作用生成致密的氧化铝薄膜,从而防止氧化深入内部,使其具有良好的抗大气腐蚀性能。但工业纯铝强度过低(σ_b 约为 $70\sim100 \text{ MPa}$),通过加工硬化虽可使纯铝的强度有所提高(σ_b 可达 $150\sim250 \text{ MPa}$),但同时塑性也降低($\psi=50\%\sim60\%$)。因此,只能用作电线、电缆、电容器,以及质轻、导热、耐大气腐蚀的器皿及包覆材料,而不能作为结构材料。

工业上广泛应用的纯铝一般均含有杂质,纯铝中的主要杂质为铁、硅、铜、锌等,杂质含量越多,其导电性、抗腐蚀性及塑性降低越多。纯铝的牌号记作 L1,L2,L3,…,L6,数字愈小,表示杂质含量愈少。

2. 铝合金及其分类

纯铝的硬度、强度低,不适于作受力的结构零件。工业上应用的铝合金,是在工业纯铝中加入适量的 Cu、Mg、Si、Zn、Mn 等合金元素进行固溶强化或第二相强化,可提高强度并保持纯铝的特性。一些铝合金还可通过冷变形和热处理的方法,进一步强化,有些铝合金的抗拉强度可达到 500 MPa 以上,相当于低合金钢的强度。由于铝合金的比强度与高强度钢相比要高得多,故已成为飞机及航天器的主要结构材料。

铝合金一般均能形成固态下局部互溶的共晶型相图(图 7-6)。根据铝合金的成分和生产工艺特点,铝合金分为形变铝合金和铸造铝合金二大类。凡成分位

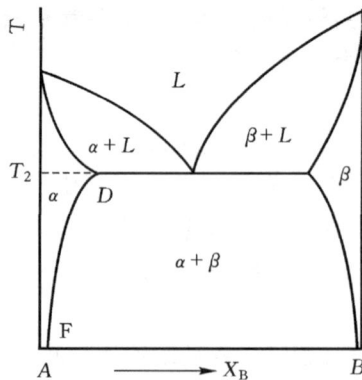

图 7-6　铝合金常见相图形式

于最大溶解度点 D 以左的合金,由于它们在室温或高温下处于以铝为溶剂的 α-Al 固溶体单相区内,因而具有良好的塑性,可承受各类压力加工,经轧制或挤压成型为板材、管材或棒材等型材可直接使用。该成分范围内的合金称之为形变铝合金。成分位于最大溶解度点 D 以右的合金,由于在凝固时发生共晶反应,合金塑性较差,不宜压力加工,但熔点低,浇注温度较低,熔化潜热大,流动性好,特别适用于金属型铸造、压铸、挤压铸造等,获得尺寸精度高、表面光洁、内在质量好的薄壁、复杂铸件,故称为铸造铝合金。

形变铝合金又分为可热处理强化的形变铝合金与不可热处理强化的形变铝合金。图 7-6 中成分位于 F 点以左的合金,在加热过程中,始终处于单相叫固溶体状态,故不能热处理强化,而只能形变强化,称为不能热处理强化的铝合金;对于成分位于 F~D 之间的合金材料,大多可以利用固溶体的固溶度变化进行热处理强化,称为能热处理强化的铝合金。由于铸造铝合金中也有 α-Al 固溶体,故也可用热处理强化。但距 D 点越远,合金中 α 相越少,强化效果越不明显。

(1)形变铝合金

形变铝合金根据其性能特点和用途可分为防锈铝合金、硬铝合金、超硬铝合金及锻铝合金四种,其代号分别为 LF、LY、LC、LD。是以汉语拼音的字首加序号表示,例如 LF5、LY11、LC4、LD7 等。主要牌号形变铝合金的化学成分与机械性能见表 7-9。

①防锈铝合金。这类合金的主要合金元素为锰、镁,它们均有固溶强化作用。锰的主要作用是提高铝合金的抗蚀能力,加镁还可使合金比重减小,并起到固溶强化作用。

防锈铝合金锻造退火后是单相 α-Al 固溶体,故具优良的抗蚀性与塑性。易于变形加工、焊接性能好,但切削性能较差。这类合金不能进行热处理强化,但可利用形变强化。常用的 Al-Mn 防锈铝 LF21 的抗蚀性和强度高于纯铝,用于制造需要弯曲、冲压加工的零件,如油罐、油箱、管道、铆钉等。Al-Mg 防锈铝合金,其密度比纯铝小,强度比 Al-Mn 合金高,有较高的疲劳强度和抗振动性,在航空工业中得到广泛的应用。

②硬铝合金。这类合金是以 Al-Cu-Mg 合金为主,并含有少量 Mn。合金中加入 Cu、Mg 是为了形成 $CuAl_2(\theta)$ 和 $CuMgAl_2$(S 相),起时效强化作用。含有少量的锰是为了提高抗蚀性能,而对时效强化不起作用。

Al-Cu-Mg 三元系相图见图 4-79。各种硬铝合金均属于可热处理强化的铝合金,其强化方式通常为自然时效,也可采用人工时效。硬铝具有相当高的强度和硬度。经自然时效 5 天后,其抗拉强度可达 380~490 MPa(原始态为 290~300 MPa),提高约 25%~30%。硬度亦明显提高(由 HB70~85 提高至 HB120),与此同时仍能保持足够的塑性。

③超硬铝合金。这类合金属于 Al-Cu-Mg-Zn 合金,还含有少量的 Cr、Mn 等

元素。这是合金量较高的一类硬铝。由于合金中还加入锌,因此强化相除了有 θ 及 S 相外,主要强化相还多了 $MgZn_2$(η 相)及 $Al_2Mg_3Zn_3$(T 相)。因此超硬铝在时效时会产生强烈的强化效果。例如,LC4 在淬火及人工时效后(淬火温度 $455\sim480℃$,人工时效温度 $120\sim120℃$),抗拉强度可达 600 MPa;LC6 在淬火及人工时效后,抗拉强度可达 680 MPa。该类合金具有良好的焊接性能,其缺点是抗蚀性差,一般需包覆一层纯铝。

该类超硬铝合金可用作受力较大,又要求结构较轻的零件,如飞机的大梁与起落架等。

表 7-9　常用形变铝合金代号、化学成分、力学性能及用途(GB/T3190—1996)

类别	牌号(旧代号)	化学成分 ω/%				力学性能**			用途
		Cu	Mg	Mn	其它	σ_b/MPa	δ/%	HBS	
防锈铝合金	5A05 (LF5)		4.0~5.5	0.3~0.6	M	280	20	70	焊接油箱、油管、焊条、铆钉以及中等载荷零件及制品
	3A21 (LF21)			1.0~1.6	M	130	20	30	焊接油箱、油管、焊条、铆钉以及轻载荷零件及制品
硬铝合金	2A01 (LY1)	2.2~3.0	0.2~0.5		线材 CZ	300	24	70	工作温度不超过100℃的结构用中等强度铆钉
	2A12 (LY12)	3.8~4.9	1.2~1.8	0.3~0.9	板材 CZ	470	17	105	高强度结构零件,如骨架、蒙皮、隔框、肋、梁、铆钉等 150℃ 以下工作的零件
超硬铝合金	7A04 (LC4)	1.4~2.0	1.8~2.8	0.2~0.6	5.0~7.0　Cr:0.1~0.25　CS	600	12	150	结构中主要受力件,如飞机大梁、桁架、加强框、蒙皮、接头及其起落架
	7A09 (LC9)	1.2~2.0	2.0~3.0	0.15	7.6~8.6　Cr:0.16~0.30　CS	680	7	190	结构中主要受力件,如飞机大梁、桁架、加强框、蒙皮、接头及其起落架

类别	牌号(旧代号)	化学成分 ω/%					力学性能**			用途
		Cu	Mg	Mn	其它		σ_b/MPa	δ/%	HBS	
锻铝合金	LD5	1.8~2.6	0.4~0.8	0.4~0.8	Si:0.7~1.2	CS	420	13	105	形状复杂中等强度的锻件及模锻件
	LD7	1.9~2.5	1.4~1.8		Ti:0.02-0.10 Ni:0.9-1.5 Fe:0.9-1.5	CS	415	13	120	内燃机活塞和在高温下工作的复杂锻件,板材可作高温下工作的结构件
	LD10	3.9~4.8	0.4~0.8	0.4~1.0	Si:0.5~1.2	CS	480	19	135	承受重载荷的锻件和模锻件

* M—包铝板材退火状态;CZ—包铝板材淬火自然时效状态;CS—包铝板材人工时效状态;

** 防锈铝合金为退火状态指标;硬铝合金为(淬火＋自然时效)状态指标;超硬铝合金为(淬火＋人工时效)状态指标;锻铝合金为(淬火＋人工时效)状态指标。

④锻铝合金。锻铝合金成分有两类,一类是 Al-Cu-Mg-Si 合金,其中 Mg 和 Si 的作用是形成强化相 Mg_2Si 相。这类合金热塑性好,适于进行锻造、挤压、轧制、冲压等工艺,故称为锻铝合金;另一类是 Al-Cu-Mg-Ni-Fe 合金。其中 Fe 和 Ni 形成耐热强化相 Al_9FeNi 相,故又称为耐热锻铝合金。如 LD7、LD8、LD9 合金在 300℃ 100 h 下的持久强度分别为 45 MPa、40 MPa、35 MPa。

常用的锻铝合金通常均采用淬火＋人工时效方法强化,其淬火与时效温度一般均高于硬铝和超硬铝合金,淬火加热温度为 500~530℃,人工时效温度为 150~190℃。

(2)铸造铝合金

铸铝的代号用 ZL,后面加三位数字表示。常用铸造铝合金的牌号(代号)、成分及性能见表 7 - 10 所示。按所含主要合金元素的不同,铸造铝合金可以分为 Al-Si、Al-Cu、Al-Mg、Al-Zn 等系列。在 Al-Cu、Al-Mg、Al-Mn 合金系中由于共晶体中存在着脆性的化合物相,故使用这些合金时,必须在控制共晶体所占比例的前提下选择合适的合金成分,因而它们兼得优良的铸造性能。

①Al-Si 铸造合金。二元 Al-Si 合金具有最简单的共晶形相图(图 7 - 7),室温组织只有 α(Al)与 β(Si)两相,α(Al)的性能与纯铝相似,具有很好的塑性和强度;β(Si)的性能与纯硅相似,硬而脆。由于 Si 在 α(Al)中的固溶量极少,故 Al-Si 合金的机械性能主要取决于 α(Al)量的多少。共晶 Al-Si 合金(ZL102)有极好的流动

性与小的收缩率,故具有优良的铸造性能。但是在一般情况下,ZL102 的共晶体中硅晶体呈粗大的针片状(见图 7-8),故强度、塑性均较差。为此,在实际生产中对它采用变质处理,即浇铸前在合金液中加入一定量的变质剂(钠盐或其它常效变质剂)。这样可使共晶体组织中 Si 从片状转变为细杆状,显著改善合金的塑性(由 3% 提高为 8%)和强度(由 140 MPa 提高为 180 MPa)。

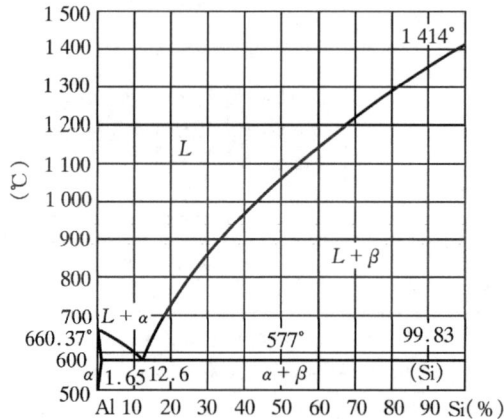

图 7-7　二元 Al-Si 相图

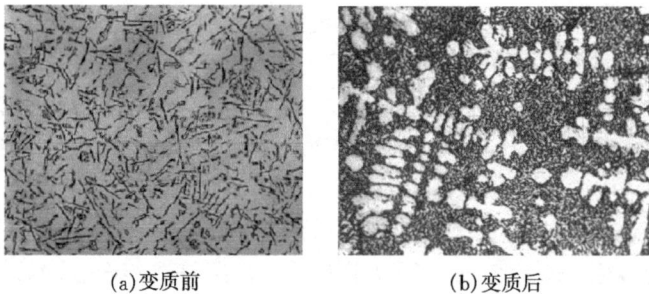

(a)变质前　　　　　　　　　(b)变质后

图 7-8　ZL102 合金变质前后的组织

　　二元 Al-Si 因不能固熔处理强化,故仅用作制造形状复杂,且受力不大的铸件或薄壁零件。如压铸成型的仪表壳体、机壳体等。

　　为了提高 Al-Si 合金的强度,在合金中加入一些 Cu 和 Mg 等合金元素,可形成 θ 相($CuAl_2$)、β 相(Mg_2Si)和 ε 相(Al_2CuMg)等强化相。这些所形成的强化相可以通过固溶处理加时效的方法有效强化合金。多元 Al-Si 合金种类很多,表 7-14 中仅列出部分常用的多元 Al-Si 合金。例如,ZL104、ZL105,在时效后均可获较高的机械性能,故可用于高负荷的发动机零件以及在较高温度下工作的铸件。ZL109、ZL110、ZL111 中由于 Mg、Cu 的同时加入出现三种强化相,合金时效强化的效果很好,且还使合金的高温强度有所提高。它们常用作发动机上的活塞,故亦称为活塞合金。用这类合全制作活塞,不仅结构轻便,铸造性能好,而且耐腐蚀。由于多元 Al-Si 合金中含有大量的共晶 Si 相(Si6～13%),所以依然需要进行变质处理。

　② Al-Cu 铸造合金。Al-Cu 合金的优点是室温、高温力学性能都高,加工性能好,表面光洁,耐热性好,但铸造性能不好,有热裂和疏松倾向,耐蚀性较差。

　二元合金 ZAlCu₄,代号为 ZL203,成分为 Cu4.0%～5.0%,余为 Al,铸态组织由 α(Al) 及少量 CuAl₂(θ) 组成,α(Al) 有严重的晶内偏析。该合金熔炼工艺简单,可进行热处理,固溶处理加入工时效后,力学性能大幅度提高,α(Al) 晶内偏析消除,但铸造性能差,用作形状简单的承受中等载荷在较高温度下工作的中、小型零件。

表 7 - 10　常用铸造铝合金牌号(代号)、成分、机械性能及用途(GB/T1173—1995)

类别	牌号	代号	化学成分 ω/%					处理状态		力学性能**			用　途
			Si	Cu	Mg	Mn	其它	铸*造	热**处理	σ_b/MPa	δ/%	HBS	
铝硅合金	ZAlSi12	ZL102	10.0～13.0					SB JB SB J	F F T2 T2	143 153 133 143	4 2 4 3	50 50 50 50	形状复杂的零件,如飞机、仪表零件,水泵壳体
	ZAlSi9Mg	ZL104	8.0～10.5		0.17～0.30	0.2～0.5		J J	T1 T6	192 231	1.5～2	70 70	工作温度220℃以下形状复杂的零件,如电动机壳体汽缸体
	ZAlSi7Cu4	ZL107	6.5～7.5	3.5～4.5				SB J	T6 T6	241 271	2.5～5	90 100	强度硬度较高的零件
	ZAlSi2Cu1Mg1Ni1	ZL109	11.0～13.0	0.5～1.5	0.8～1.3		Ni:0.8～1.5	J J	T1 T6	192 241	0.5～2	90 100	较高温度下工作的零件,如活塞
	ZAlSi9Cu2Mg	ZL111	8.0～10.0	1.3～1.8	0.4～0.8	0.1～0.35	Ti:0.1～0.35	SB J	T6 T6	251 310	1.5～2	90 100	活塞及高温度下工作的其它零件
铝铜合金	ZAlCu5Mn	ZL201		4.5～5.3		0.6～1.0		S S	T4 T5	290 330	3 4	70 90	工作温度为175～300℃工作的零件,如内燃机汽缸头、活塞
	ZAlCu4	ZL203		4.0～5.0				J J	T4 T6	202 222	6 3	60 70	中等载荷,形状比较简单的零件

类别	牌号	代号	化学成分 ω/%					处理状态		力学性能**			用　途
			Si	Cu	Mg	Mn	其它	铸*造	热**处理	σ_b/MPa	δ/%	HBS	
铝镁合金	ZAlMg10	ZL301			9.5~11.5			S	T4	280	9	20	大气或海水中工作的零件、承受冲击载荷、外型不太复杂的零件,如舰船配件、氨用泵体
	ZAlMg5Si1	ZL303	0.8~1.3		4.5~5.5	0.1~0.4		S J	F	143	1	55	
铝锌合金	ZAlZn11Si7	ZL401	6.0~8.0				Zn:9.0~13.0	J	T1	241	1.5	90	结构形状复杂的汽车、飞机、仪表零件,以及日用品
	ZAlZn6Mg	ZL402			0.3~0.65		Cr:0.4-0.6 Zn:5.0-6.5 Ti:0.15-2.5	J	T1	231	4	70	

*　J—金属型;S—砂型;B—变质处理;F—铸态;** T1—人工时效;T2—退火;T4—固溶处理后自然时效;T5—固溶处理＋不完全人工时效;T6—固溶处理＋完全人工时效;T7—固溶处理＋稳定化处理

在 ZL203 的基础上加入少量锰,即成为重要的耐热高强度铸铝 ZAlCu5Mn ,代号为 ZL201,成分为 Cu4.5%～5.3%,Mn0.6%～1.0%,Ti0.15～0.35%。Al-Cu-Mn 三元合金相图见图 7-9。ZL201 铸态组织(图 7-10)为 α(Al) 晶界上分布着二元共晶 α(Al)＋ $Cu_2Mn_3Al_{20}$ 及因非平衡结晶形成的三元共晶 α(Al)＋ $CuAl_2$＋$Cu_2Mn_3Al_{20}$。$Cu_2Mn_3Al_{20}$ 相常用(T_{Mn})代表,固溶处理(T4)时,非平衡的三元共晶体中的 $CuAl_2$ 和 T_{Mn} 溶入 α(Al)中。同时,过饱和态的锰在 α(Al)内生成二次 T_{Mn} 相呈弥散状析出,起到强化作用。随后时效(T6)过程中,$CuAl_2$ 沉淀硬化,进一步提高合金的强度。只有二元共晶中的 T_{Mn} 相在 T6 处理过程中形态不改变,仍以不连续的网状分布在 α(Al)晶界上。T_{Mn} 相的点阵很复杂,400℃以下在 α(Al)中的溶解度变化很小,不易凝聚长大,热硬性又很高,能改善合金的高温性能。

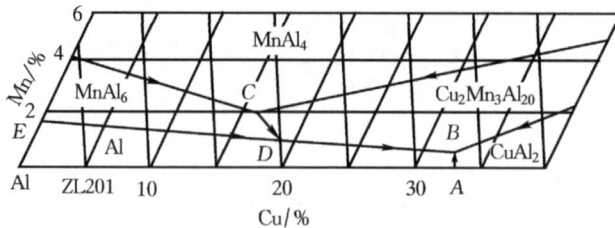

图 7 - 9　Al-Cu-Mg 相图富 Al 角的液相面投影图

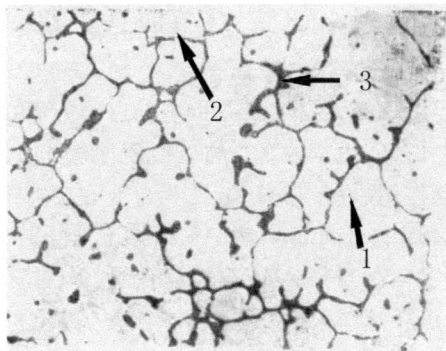

图 7-10　ZL201 铸态显微组织 100×
1—α(Al)；2— 一次 T_{Mn}；
3—α＋CuAl$_3$＋T_{Mn} 三元共晶体

加入 Ti0.15％～0.35％能细化 α(Al)，使非平衡态的三元共晶中的 CuAl$_2$ 和 T_{Mn} 相在固溶处理时充分溶入 α(Al)中，发挥它们阻碍晶界滑移的作用，提高强化效果。ZL201 的室温强度、塑性比较好，可制作在 300℃以下工作的零件，常用于铸造内燃机气缸头、活塞等零件。

③Al-Mg 铸造合金。Al-Mg 合金（ZL301、ZL302）强度高，比重小（为 2.55），有良好的耐蚀性，但铸造性能不好，耐热性低、这类合金可进行时效处理，通常采用自然时效，多用于制造承受冲击载荷、在腐蚀性介质中工作的、外形不大复杂的零件，例如舰船配件、氨用泵体等。

Mg 在 Al 中的溶解度高达 14.9％，但在铸造条件下非平衡结晶时，因冷却速度的不同，在镁量大于 9％时，组织中就会出现离异共晶 α(Al)＋β(Mg$_5$Al$_8$)。由于镁的原子半径比铝大 13％，固溶处理后，镁溶入 α(Al)中，使 α(Al)的点阵发生很大的扭曲，力学性能大大提高。

当含镁量为 12％左右时，Al-Mg 合金有强度的峰值，而伸长率的峰值则在 10％左右，故常用的铝镁二元合金镁含量不超过 11％。铝镁二元合金表面有一层高抗蚀性的尖晶石膜，因此固溶处理后的单相合金，在海水等酸性介质中有很高的抗蚀性。

铝镁二元合金的牌号为 ZAlMg10，代号 ZL301，成分 Mg9.5％～11％，铸态组织由 α(Al)＋离异共晶 Mg$_5$Al$_8$ 所组成，经固溶处理后，Mg$_5$Al$_8$ 溶入 α(Al)中成为单相合金。ZL301 合金密度小，比强度比其余铸铝高，抗蚀性高，铸造性能尚好。

④Al-Zn 铸造合金。Al-Zn 合金在温度 275～353℃下,Zn 含量在 31.6%～77.7%范围内会发生调幅分解:$\alpha \to \alpha_1 + \alpha_2$,其中 α_1、α_2 相分别是富铝相和富锌相。当温度降到 275℃以下时,将继续分解 $\alpha_1 + \alpha_2 \to \alpha(Al) + \beta(Zn)$。

Zn 在 Al 中的固溶量相当大,在 275℃可达 31.6%,而在室温时<3%,故其有很大的固溶强化潜力。但是,由于 $\beta(Zn)$ 的显微硬度低于 $\alpha(Al)$,这种第二相对合金的变形不能起到阻碍作用。所以 Al-Zn 二元合金在工业上没有实用价值。

工业上使用的 ZL401 和 ZL402 都为 Al-Zn 多元合金。ZL401 为 Al-Zn-Si-Mg 系合金,合金的牌号为 ZAlZn11Si7。铸造性能优良,经变质处理和时效处理后强度较高。但抗蚀性差,热裂倾向大,常用于制造汽车、拖拉机的发动机零件及形状复杂的仪器元件,也可用于制造日用品。ZL402 为 Al-Zn-Mg 系合金,牌号为 ZAlZn6Mg。ZL402 的切削性能较好,能获得光洁的工件表面,经人工时效后,尺寸稳定,具有较高的机械性能,可用作精密仪表零件,经阳极氧化处理后,可用于制作船用零件。

3. 铝合金的热处理

铝合金的热处理强化,主要形式是固溶处理并时效。固溶处理是把铝合金加热到 α 单相固溶体区内,经保温后再将其投入水中快速冷却,以获得单相过饱和 α 固溶体的热处理,它又称铝合金淬火。

从图 7-6 中可以看出,成分点愈靠近 D 点的合金,固溶处理后所获 α 固溶体的过饱和度愈大。共晶体中亦包含 α,故 D 以右的合金淬火后将根据 α 相所占比例的不同亦有不同的淬火效果.

时效处理是把淬火后的铝合金在室温下放置一段时间或加热到 100～200℃保温一段时间后再空冷。前者称为自然时效,后者称为人工时效。

以 Al-Cu 合金系为例,铜在 α 固溶体中的溶解量,室温下为 0.2%,共晶温度(548℃)时的最大溶解量为 5.7%,在此范围的合金,缓冷至室温将获得 $\alpha + Al_2Cu$ 组织。而 α 固溶体若在保温后采取迅速冷却,则可获得过饱和的单相 α 固溶体。固溶体组织,其硬度、强度虽有所提高,但变化不大,而经时效处理后,合金的强度较固溶处理态则有较大的提高。

图 7-11 为 Al-4%Cu 的时效硬化曲线图。合金的时效过程经历着以下四个阶段,仍以 Al-Cu 合金为例说明之,第一阶段(GP 区的形成)在过饱和 α 固溶体中,溶质原子(Cu)在局部处形成了富集区域 GP 区,造成 α 固溶体的晶格严重畸变,使位错运动受阻,从而提高了合金的强度。

第二阶段(过渡相 θ 形成)溶质原子铜继续向 GP 区富集,使富集区增大,并使溶质和溶剂原子呈规则排列,发生有序化。这种有序化的富铜区,常用 θ'' 表示。θ'' 与母相(α)有共格联系,故使 α 晶格畸变更严重,并有很大的弹性应变区,位错运动

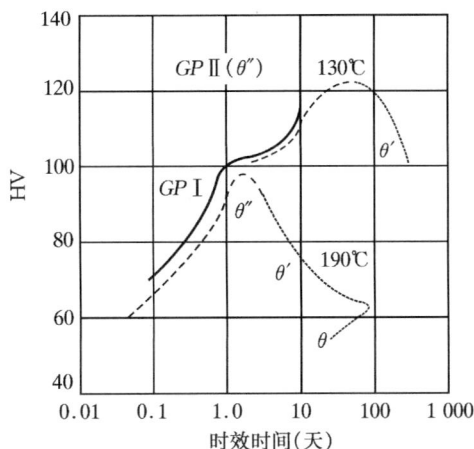

图 7-11　Al-4%Cu 合金的时效曲线

受阻更大,从而使合金的强度和硬度进一步提高。

第三阶段(过渡相 θ' 的形成)。随着溶质原子富集过程的不断进行,θ'' 相转变为 θ' 相,其化学成分和 $CuAl_2(\theta)$ 相近。θ' 相与基体保持局部共格联系,故在 θ' 相周围的晶格畸变程度减小,位错运动的阻力也随之减小,致使合金的强度、硬度有所下降。

第四阶段,(稳定的 θ 相形成与长大)。时效的最后阶段 θ' 与母相的共格关系消失,稳定的 θ 相生成,α 固溶体的畸变大大减小,硬度明显下降。强化效果消失。可见第三、四阶段会导致合金软化,称为过时效。

由时效硬化曲线图中可以看出,合金在发生时效硬化之前有一段孕育期,即淬火后合金尚有一阶段处于较软状态,生产上常常利用这个阶段完成对零件的加工成形。

7.2.2　铜及铜合金

铜及铜合金具有优异的物理、化学性能,导电性、导热性极佳,对大气和水的抗蚀能力很高;铜及其一些合金塑性很好,容易冷、热成形;铜合金具有优良的减摩性和耐磨性(如青铜及部分黄铜),高的弹性极限和疲劳极限(如铁青铜等)。

1. 纯铜

纯铜又名紫铜,工业用纯铜含有的杂质元素小于 0.5%,杂质会使铜变脆且使导电能力下降。纯铜的代号为 T1,T2,…,数字愈小表示含杂质量愈少,纯度愈高。除工业用纯铜外,还有一类无氧铜,其含氧量极低(<0.003%),牌号有 TU1,

TU2,主要应用于制作电真空器件及高导电导线。

　　纯铜具有良好的导电、导热性能。其导电性能仅次于银。纯铜具有面心立方晶格,因而具有良好的塑性可进行各种冷热加工。它可拉拔至直径为 10 μm 的细丝。纯铜在大气及淡水中或非氧化性酸液中,具有很高的化学稳定性和抗蚀性,但在海水中抗蚀性较差,在氧化性酸、盐中极易被腐蚀。纯铜的比重大(8.97 g/cm³),熔点较低(1083℃),强度亦较低,退火态为 σ_b 250～270 MPa,经强烈冷变形后,可提高至 σ_b 400～450MPa,但 δ 却由 45% 下降至 1%～3%。铜及铜合金在电气工业、仪表工业、造船工业及机械制造工业部门中获得了广泛的应用。但铜的储量较小,价格较贵,属于应节约使用的材料,只有在特殊需要的情况下,例如要求有特殊的抗磁性、耐蚀性、加工性能、机械性能以及特殊的外观等条件下,才考虑使用。

2. 铜合金

　　铜中加入合金元素后可获得较高的强度,同时保持纯铜的某些优良性能。一般铜合金分黄铜、青铜和白铜三大类。

　　(1)黄铜

　　以锌为主要合金元素的铜合金称为黄铜。按照化学成分,黄铜分为普通黄铜和特殊黄铜两种。

　　①普通黄铜。普通黄铜是铜锌二元合金,其相图见图 7-12。图中 α 相是锌溶于铜中的固溶体,溶解度随温度下降而增大,在 456℃时溶解度最大(约 39%Zn),

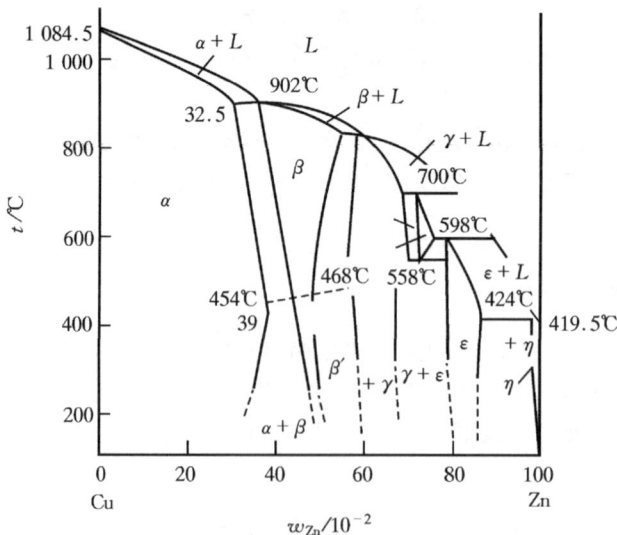

图 7-12　Cu-Zn 二元相图

456℃以下溶解度略有减小。α 相具有面心立方晶格,塑性好,可以进行冷、热加工并有优良的锻造、焊接和镀锡能力;β 相是以电子化合物 CuZn 为基的无序固溶体,具有体心立方晶格,塑性好,可进行热加工。当温度下降至 456~468℃时,β 相发生有序化转变,转变成为有序固溶体 β' 相,β' 相很脆,不易进行冷加工。γ 相是以电子化合物 CuZn₃ 为基的固溶体,具有六方晶格。由于 γ 相太脆,合金的强度和塑性很低,因此,锌含量超过 50%的铜锌合金无实际使用价值。工业黄铜的实际锌含量多不超过 47% ,其退火组织可以是单相 α 或双相 α ＋β(见图 7 - 13 和图 7 - 14),并分别称为 α 黄铜(或单相黄铜)和双相黄铜。

图 7 - 13　单相黄铜(H68)的显微组织 150×

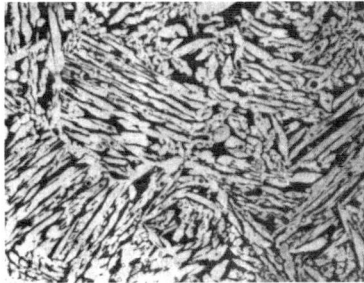

图 7 - 14　双相黄铜(H62)的显微组织 150×

黄铜的锌含量对机械性能有很大的影响。在 30%~32%以下,随锌含量的增加强度和延伸率上升,超过 32%后,组织中出现 β' 相,塑性开始下降,但少量 β' 相的存在对强度无不良影响,合金强度仍然很高。锌含量高于 45%以后。组织全部为 β' 相,强度急剧下降,塑性继续降低。

黄铜不仅有良好的变形加工性能,而且有优良的铸造性能。由于结晶温度间隔很小,它的流动性很好,易形成集中缩孔,铸件组织致密,偏析倾向较小。黄铜的耐蚀性比较好,与纯铜接近,超过铁、碳钢及许多合金钢,但锌含量大于 7%(特别是大于 20％后)的冷加工黄铜,由于有残余应力存在,在潮湿的大气或海水中,特别是在含有氨的环境中,容易产生应力腐蚀,使黄铜开裂。这种现象叫做应力腐蚀开裂或季裂。所以冷加工后的黄铜应进行低温退火(250～300℃加热,保温 1～3 小时)以消除内应力,或加入适量的锡、硅、铝、锰、镍等元素来显著降低对应力腐蚀开裂的敏感性。

②特殊黄铜。为了获得更高的强度、抗蚀性和良好的铸造性能,在铜锌合金中加入铝、铁、硅、锰、镍等元素形成各种特殊黄铜:铅黄铜、锡黄铜、铝黄铜、硅黄铜、锰黄铜、铁黄铜及镍黄铜等。其编号方法是 H ＋主加元素符号＋铜含量＋主加元素含量。例如 HPb60-1 ,表示平均成分为 60％Cu、1％Pb、其余为锌的铅黄铜。铸造黄铜则在前加'Z'字。

a. 铅黄铜。铅改善切削加工性能,提高耐磨性,对强度影响不大略微降低塑性。压力加工铅黄铜主要用于要求良好切削性能及耐磨性能的零件(如钟表零件等),铸造铅黄铜可制作轴瓦和衬套。

b. 锡黄铜。锡显著提高黄铜在海洋大气和海水中的抗蚀性并使强度有所提高。压力加工锡黄铜广泛用于制造海船零件。

c. 铝黄铜。铝提高黄铜的强度和硬度(但使塑性降低)改善在大气中的抗蚀性。铝黄铜可制作海船零件及其它机器的耐蚀零件。铝黄铜中加入适量的镍、锰、铁后,还可得到高强度。高耐蚀性的铝黄铜,用于制造大型蜗杆、海船用螺旋浆等重要零件。

d. 硅黄铜。硅显著提高黄铜的机械性能、耐磨性和耐蚀性。硅黄铜具有良好的铸造性能并能进行焊接和切削加工,主要用于制造船舶及化工机械零件。

e. 锰黄铜。锰提高黄铜的强度但不降低塑性,也能提高在海水及过热蒸气中的抗蚀性。锰黄铜常用于制造海船零件及轴承等耐磨件。

f. 铁黄铜。黄铜中加入铁,同时加入少量锰,可提高再结晶温度和细化晶粒,改善机械性能使其具有高的韧性和耐磨性并在大气和海水中有优良的抗蚀性,因而可制造受摩擦及海水腐蚀的零件。

g. 镍黄铜。镍提高黄铜的再结晶温度并细化晶粒,改善机械性能和抗蚀性,降低应力腐蚀开裂倾向。镍黄铜的热加工性能良好,在造船和电机制造工业中广泛应用。

(2)青铜

青铜原指铜锡合金,但工业上都习惯称含铝、硅、铅、铍、锰等元素、除 Cu-Zn 以外的铜基合金为青铜,所以青铜实际上包括有锡青铜、铝青铜、铍青铜等。青铜也可分为压力加工青铜和铸造青铜两类。青铜的编号方法是 Q＋主加元素符号＋主加元素含量＋其它元素含量,Q 为"青铜"的意思。例如,QSn4-3 表示含 4％Sn、

3%Zn、其余为 Cu 的锡青铜。铸造青铜是在编号前加 Z 字。

　　①锡青铜。以锡为主要合金元素的铜基合金称锡青铜。Cu-Sn 合金相图见图 7-15。α 相是锡溶于铜中的固溶体，具有面心立方晶格，塑性良好，容易冷、热变形。β 相是以电子化合物 Cu_5Sn 为基的固溶体，具有体心立方晶格，在高温下塑性很好可热变形。β 相在 586℃ 发生共析分解，形成（α＋γ）共析体。γ 相是以电子化合物 Cu_3Sn 为基的固溶体，在 520℃ 发生共析分解，形成（α＋δ）共析体。δ 相是以电子化合物 $Cu_{31}Sn_8$ 为基的固溶体，具有复杂立方晶格，在 350℃，δ 相发生共析反应，转变为（α＋ε）共析体。但在实际生产条件下，δ 相的分解极困难，一般得不到（α＋ε）共析体，只能得到（α＋δ）共析体。δ 相极硬和脆，不能塑性变形，因此含较多 δ 相的铜锡合金在室温下进行冷变形是非常困难的。

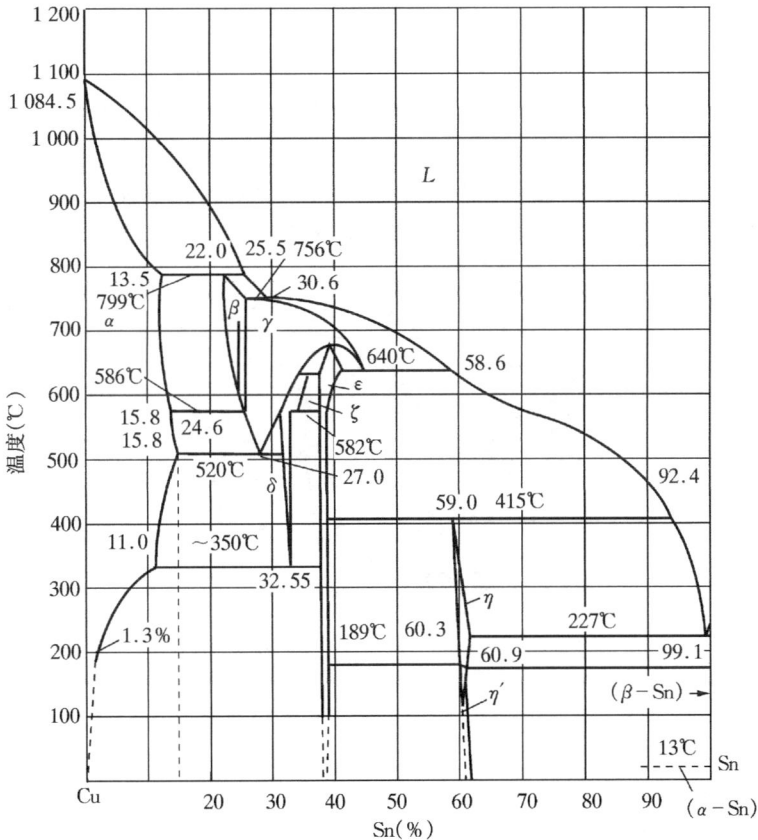

图 7-15　Cu-Sn 二元相图

　　锡原子在铜中的扩散比较困难,生产条件下的铜锡合金的组织,与平衡状态的相差很远。在一般铸造状态下,只有低于 5%～6%Sn 的锡青铜能获得 α 单相组织。大于 5%～6%Sn 时,组织中出现($\alpha+\delta$)共析体。铜锡合金的结晶温度范围较大,α 相常呈枝晶状,并发生枝晶偏析。图 7 - 16 为 ZQSn10-2 的显微组织,图中轮廓清晰的多角形状为($\alpha+\delta$)共析体。

　　当锡含量较少时,锡含量的增加可使强度和塑性增大。锡含量大于 6%～7%后,合金中出现硬脆的 δ 相,塑性急剧下降,但强度继续增高。当含量大于 20%后,大量的 δ 相使强度显著下降,合金变得很硬而脆,无使用价值。工业中使用的锡青铜,锡含量大多在 3%～14%之间。锡含量小于 5%的锡青铜适于冷加工使用;锡含量为 5%～7%的锡青铜适于热加工;锡含量大于 10%的锡青铜适于铸造。

　　锡青铜的铸造收缩率很小,可铸造形状复杂的零件、但铸件易产生缩松,使密度降低,在高压下容易渗漏。锡青铜在大气、海水、淡水以及蒸气中的抗蚀性比纯铜和黄铜好,但在盐酸、硫酸和氨水中的抗蚀性较差。锡青铜中加入少量铅,可提高耐磨性和切削加工性能;加入磷可提高弹性极限、疲劳极限及耐磨性。加入锌可缩小结晶温度范围,改善铸造性能。

　　锡青铜在造船、化工、机械、仪表等工业中广泛应用,主要制造轴承、轴套等耐磨零件和弹簧等弹性元件,以及抗蚀、抗磁零件等。

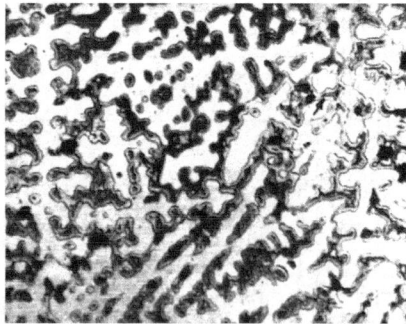

图 7 - 16　ZCuSn10Zn2 合金的显微组织 100×

　　②铝青铜。以铝为主要合金元素的铜合金称铝青铜。Cu - Al 合金相图见图 7 - 17。α 相是铝在铜中的固溶体,具有面心立方晶格,强度较高,塑性良好,可以进行冷、热变形。β 相是以电子化合物 Cu_3Al 为基的固溶体,为体心立方晶格,在 565℃时发生共析反应 $\beta\to(\alpha+\gamma_2)$。$\gamma_2$ 相是以电子化合物 Cu_9Al_4 为基的固溶体,为复杂立方晶格,极硬且脆。

　　在实际生产条件下,铝含量为 7%～8%的合金,由于冷却速度较快,$\beta\to\alpha$ 转变

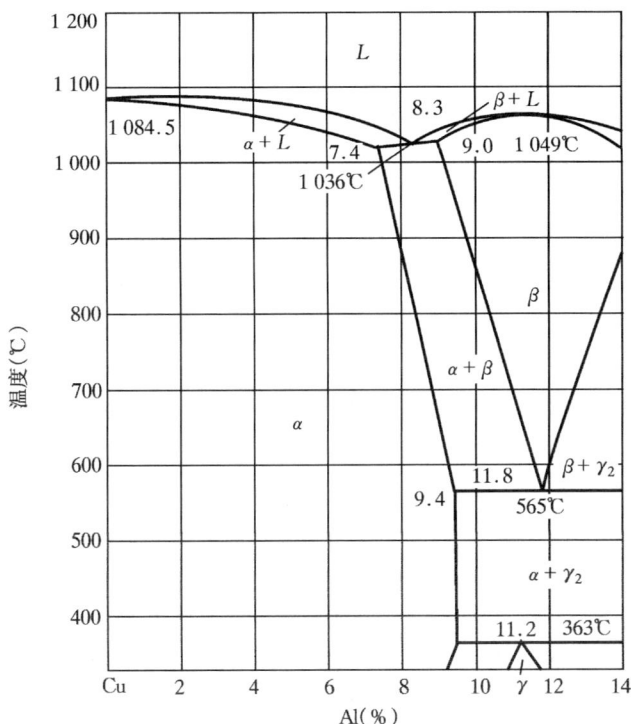

图 7 - 17　Cu-Al 二元相图铝侧

不完全,部分 β 相被保留,并随后发生共析反应,所以组织中常有部分($\alpha+\gamma_2$)共析体。大型铸件在冷却过程中,由于通过共析转变温度时冷却速度较慢,使 $\beta\rightarrow(\alpha+\gamma_2)$ 共析反应能够充分进行,在 α 晶界上出现粗大的共析体,使脆性大大增加,这就是"缓冷脆性"。在实际生产中往往采用提高冷速或加入 Mn、Fe、Ni 等合金元素来克服"缓冷脆性"。

　　铜铝合金有一个重要特点,即它在 β 相区的高温快速冷却(淬火)时,由于共析转变来不及进行,β 相将转变为马氏体型介稳组织 β' 相。如果 β' 相数量适当,分布均匀,则合金强度明显提高。铝青铜的机械性能比黄铜和锡青铜高。在铝含量小于 5% 时,铝青铜的强度很低,大于 5% 后强度上升较高,在 10% 左右时强度最高。含铝 5%～7% 的铝青铜塑性最好,适于冷加工。大于 7%～8% 后由于组织中出现($\alpha+\gamma_2$)共析体,塑性急剧降低,因此实际应用的铝青铜的铝含量一般在 5%～12% 之间。

　　铝青铜的耐磨性好,在大气、海水、碳酸及大多数有机酸中的耐蚀性优良。可制造齿轮、轴套、蜗轮等在复杂条件下工作的高强度抗磨零件，以及弹簧和其它高耐蚀性弹性元件。

③铍青铜。以铍为基本合金元素的铜合金（铍含量 17％～25％）称铍青铜。铍溶于铜中形成 α 固溶体。铍在铜中的溶解度随温度变化很大，在 866℃时最大溶解度为 2.7％而在室温下仅为 0.2％。因此铍青铜能发生时效硬化。铍青铜在淬火状态下塑性好，可进行冷变形和切削加工，制成零件经人工时效处理后获得很高的强度和硬度：σ_b1200～1500 MPa，HB350～400，超过了其它铜合金。铍青铜的机械性能随铍含量增加，强度和硬度急剧增高，而塑性下降不多。当铍含量大于2％后，强度和硬度少量增加，但塑性显著降低。

铍青铜的弹性极限、疲劳极限都很高，耐磨性和抗蚀性也很优异。它有良好的导电性和导热性，并有无磁性、耐寒、受冲击时不产生火花等一系列优点，但价格较贵。

铍青铜主要用于制作精密仪器的重要弹簧和其它弹性元件，钟表齿轮，高速高压下工作的轴承及衬套等耐磨零件，以及电焊机电极、防爆工具，航海罗盘等重要机件。

④硅青铜。以硅为主要合金元素的铜合金称为硅青铜。硅青铜的机械性能比锡青铜好，且价格稍低。它有很好的铸造性能和冷、热压力加工性能。在铜中的最大溶解度为 4.6％，室温时降为 3％。硅青铜中加入镍，形成金属间化合物 Ni_2Si，可进行淬火时效处理，获得较高的强度和硬度。含镍硅青铜的导电性、抗蚀性、耐热性都很高。广泛应用于航空工业。硅青铜可制作弹簧、齿轮、蜗轮、蜗杆等耐蚀、耐磨零件。

（3）白铜

以镍为主要合金元素的铜合金称为白铜。普通白铜仅含铜和镍，其编号为B＋镍的平均含量，"B"为"白铜"的意思。例如 B19 表示含 19％Ni 的普通白铜。普通白铜中加入锌、锰、铁等元素后分别叫做锌白铜、锰白铜、铁白铜。编号方法为B＋其它元素符号＋镍的平均含量＋其它元素平均含量。例如，BZn15-20 表示含15％Ni、20％Zn 的锌白铜。

在固态下，铜与镍无限固溶，因此工业白铜的组织为单相 α 固溶体。它有较好的强度和优良的塑性，能进行冷、热变形，冷变形后能提高强度和硬度。白铜的抗蚀性很好，电阻率较高。主要用于制造船舶仪器零件、化工机械零件及医疗器械等。锰含量高的锰白铜可制作热电阻丝。

7.2.3　镁合金

纯镁熔点为 651℃，比重 1.74，只相当于铝的 2/3。镁的电极电位低，且易在空气中形成多孔疏松的氧化膜,耐腐蚀性差。纯镁为密排六方晶格,强度塑性均不高,一般不直接用作结构材料。

镁的合金化与铝合金相似,在镁中加入合金元素 Al、Zn、Mn 等,主要利用固溶强化和沉淀硬化来提高合金的强度。Al 和 Zn 可起到固溶强化作用,析出细小的第二相,使强度提高,Mn 可改善耐热性和抗蚀性。

镁合金具有以下一些优点。

(1)比重小、比强度高、比刚度高　镁合金具有比铝合金更高的比强度(约为 $14\sim16$),这样就可以减轻飞行器、发动机以及其它机械零件的重量,提高工作效率。

(2)有较大的承受冲击载荷的能力　镁合金承受冲击载荷的能力比铝合金强,因此可用镁合金制造受猛烈碰撞的零件,如飞机的轮毂、起落架。

(3)具有优良的加工性能　易于铸造和热加工,机加工后零件表面光洁。

工业上常用镁合金来制造仪器仪表零件,照相机、望远镜零件,无线电、通讯、光学仪器零件,航空工业中的各种框架、起落架、轮毂以及各种发动机壳体等。镁合金作为结构材料,受到人们的重视。我国具有丰富的镁合金资源,所以在十五规划中,镁合金是重点发展项目之一。

镁合金的状态图与铝合金相似,也可分为变形镁合金(MB)和铸造镁合金(ZM)两大类。Mg-Al-Zn 系合金是最早用于铸件的合金,是目前牌号最多,应用最广的系列。Mg-Al-Zn 系合金含有 $7.5\sim10.2w_t\%$ Al,加少量的锌可进一步强化镁合金,并可改善其塑性,镁铝锌系合金具有较好的铸造性能和力学性能,流动性好,热裂倾向小,可焊接和热处理强化。但力学性能的壁厚效应较大,合金凝固时形成显微疏松的倾向较大,铸件的气密性较差,为提高铸件的气密性,可以采用浸渗处理。其中 ZM5 和 ZM10 合金适用于砂型和金属型铸造,也可以用压力铸造及其它特种铸造工艺生产铸件。固溶处理后具有较高的抗拉强度、塑性和中等屈服强度;固溶处理后再经时效处理则使塑性降低,屈服强度提高。Mg-Al-Zn 系合金可在铸态(F)、固溶处理(T4)以及固溶处理后接人工时效(T6)等状态下使用,可以制造受力构件和一般用途的铸件。

Mg-Zn-Zr 系合金包括国家标准中的 ZM1、ZM2、ZM7。该系合金含 Zn 量为 $3.5\sim9.0w_t\%$,加少量 Zr 可提高合金的力学性能和抗蚀性。Mg-Zn-Zr 系合金具有较高的屈服强度和组织致密性,ZM7 是现有镁合金中强度最高的。Mg-Zn-Zr 系合金力学性能壁厚效应小,耐蚀性较好。在规定成分范围内,低锌、高稀土的合金具有较好的铸造和焊接性能,但拉伸性能较低,反之,高锌、低稀土镁合金的拉伸性能较高,而铸造和焊接性能较差。

Mg-RE-Zr 系合金是以 RE 为主要合金元素的铸造镁合金,合金中稀土含量为

$2.0 \sim 4.0 w_t \%$,含少量的 Zr 和 Zn 可改善合金的室温力学性能。Mg-RE-Zr 系合金铸造性能好,热裂倾向小,无显微缩松,气密性好,可焊接,耐蚀性较好,耐热性高,在 $200 \sim 250℃$ 下有良好的抗蠕变性能和瞬时强度,可用作高温下工作和要求高气密性的零件。

7.2.4　锌合金

锌是一种具有金属光泽的银白色的金属。常温下锌呈密排六方晶型。锌的密度 $7.14 \ g/cm^3$($25℃$),熔点 $419.5℃$,沸点 $907℃$,纯锌的强度、塑性都较差。

锌的耐蚀性较好。在常温空气中锌的表面易生成致密的碱式碳酸锌 $[ZnCO_3 \cdot 3Zn(OH)_2]$ 薄膜,阻止继续氧化,因而锌在常温下不易被干燥的空气或干燥的氧气所氧化。在湿空气、各种酸类及海水等介质中则易被腐蚀。锌的化学活性比铬、铁高,因而纯锌、Zn-Al 合金可用作钢质船舶或钢铁大型设备的牺牲阳极,以保护船舶、大型设备。作构件时进行镀铬或磷化处理,以防腐蚀。

锌在室温下性脆,加热到 $100 \sim 150℃$ 变软,能压片抽丝;加热到 $200℃$ 以上又变脆,易碎为粉末。锌合金的溶点低、铸造性能好,故在工业中大量使用的是铸造锌合金。

铸造锌合金分为 Zn-Al 压力铸造锌合金、Zn-Al 重力铸造锌合金(包括砂型铸造锌合金和金属型铸造锌合金)。铸造锌合金有一定的强度,足够的硬度,熔点低,流动性好,广泛地用作压铸合金,压铸件的尺寸精度高,电镀性能好,在汽车、拖拉机制造和仪表制造中应用很广。锌合金的耐磨性好,也可用砂型铸造大中型轴承、轴套等耐磨件,锌合金还可用来铸造简易冲压模具。锌铝系合金内摩擦大,能吸收振动能量,具有与铸铁相当的减振性能和优良的力学性能。可制作汽车变速器、风机零件等,可降低噪声。此外,锌合金还可用凝壳铸造法制作灯具、美术品和装饰工艺品。锌合金的缺点主要是密度大,热膨胀系数大,高温强度、室温塑性和韧性均较低、易于"老化",因而限制了它的应用。

工业应用的铸造锌合金以 Zn-Al 系合金为主,可分为 Zn-Al 系压铸锌合金和 Zn-Al 系重力铸造锌合金(包括砂型铸造锌合金和金属型铸造锌合金),按用途又可分为仪表用合金、阻尼合金、模具耐磨合金及零件耐磨合金等。

铸造锌合金中主要合金元素是铝、铜、镁等,杂质元素包括铅、锡、镉、铁等。其中:

(1)铝是铸造锌合金的最主要的合金元素,它能减轻 Zn 的氧化倾向,有细化晶粒的作用,提高含 Al 量,合金的强度和韧性显著提高。

(2)Zn-Al 合金易发生晶间腐蚀,加入铜后锌合金抗晶间腐蚀的能力明显增强。铜含量低于 1.25% 时,Cu 还有细化晶粒的作用,可提高合金的抗拉强度、硬度和高温蠕变性能。

(3)镁在纯锌中的溶解度很小,室温下镁的固溶度仅为 $0.005w_t\%$ Mg。在含 Cu 的 Zn 合金中加入少量 Mg,能细化晶粒,并有固溶强化作用,显著提高强度、硬度和耐磨性。

(4)锌合金中加入少量钛能细化晶粒,提高塑性和强度,尤其可使合金的高温强度和抗蠕变能力显著改善。

7.2.5　钛合金

钛及钛合金具有重量轻、比强度高、耐高温、耐腐蚀以及良好的低温韧性等优点,同时资源丰富,所以有着广泛的应用前景。但目前钛及钛合金的加工条件复杂,成本较昂贵,在很大程度上限制了它们的应用。

纯钛熔点 1677℃,比重 4.507,热膨胀系数小,导热性差。纯钛塑性好、强度低,容易加工成形,可制成细丝和薄片,钛在大气和海水中有优良的耐蚀性,在硫酸、盐酸、硝酸、氢氧化钠等介质中都很稳定。钛的抗氧化能力优于大多数奥氏体不锈钢。

钛在固态有两种结构:882.5℃以下为密排六方晶格,称 a-Ti;882.5℃以上直到熔点为体心立方晶格,称 β-Ti。在 882.5℃时发生同素异构转变 a-Ti→β-Ti,它对强化有很重要的意义。

一些合金元素如 Al、C、O、N、B 可溶入 α-Ti 中,形成 α 固溶体,可使同素异构转变温度升高,称为 α 稳定化元素。另一些合金元素如 Fe、Mo、Mg、Cr、Mn、V 等元素可溶入 β-Ti 中,形成 β 固溶体,使同素异构转变温度下降,称为 β 稳定化元素。Sn、Zr 等元素也溶入 α-Ti 中,但对转变温度的影响不明显,称为中性元素。

根据使用状态的组织,钛合金可分为三类:α 钛合金、β 钛合金和($\alpha+\beta$)钛合金。牌号分别以 TA、TB、TC 加上编号来表示。

(1)α 钛合金　钛中加入铝、硼等 α 稳定化元素获得 α 钛合金。α 钛合金的室温强度低于 β 钛合金和($\alpha+\beta$)钛合金,但高温(500～600℃)强度比它们的高,并且组织稳定,抗氧化性和抗蠕变性好,焊接性能也很好。α 钛合金不能淬火强化,主要依靠固溶强化,热处理只进行退火(变形后的消除应力退火或消除加工硬化的再结晶退火)。

α 钛合金的典型的牌号是 TA7,成分为 Ti-5Al-2.5Sn。主要用于制造导弹的燃料罐、超音速飞机的涡轮机匣等。

(2)β 钛合金。钛中加入钼、铬、钒等 β 稳定化元素得到 β 钛合金。β 钛合金有较高的强度、优良的冲压性能,可通过淬火和时效进行强化。在时效状态下,合金的组织为 β 相和弥散分布的细小 α 相粒子。

β钛合金的典型牌号为 TB1,成分为 Ti-3Al-13V-11Cr,一般在 350℃ 以下使用,适于制造压气机叶片、轴、轮盘等重载的回转件,以及飞机构件等。

(3)(α+β)钛合金　钛中通常加入 β 稳定化元素,大多数还加入 α 稳定化元素所得到的(α+β)钛合金,塑性很好,容易锻造、压延和冲压,并可通过淬火和时效进行强化。热处理后强度可提高 50%~100%。

TC₄ 是典型的(α+β)钛合金,成分为 Ti-6Al-4V,经淬火及时效处理后,显微组织为块状 α+β+针状 α(见图 7-18)。其中针状 α 是时效过程中从 β 相中析出的。由于强度高,塑性好,在 400℃ 时组织稳定,蠕变强度较高,低温时有良好的韧性,并有良好的抗海水应力腐蚀及抗热盐应力腐蚀的能力,所以适于制造在 400℃ 以下长期工作的零件。

β钛合金和(α+β)钛合金可通过淬火加时效热处理来提高强度和硬度。β钛合金和含 β 稳定化元素较多的(α+β)钛合金淬火时,β 相转变成介稳定的 β' 相、加热时效后介稳定 β' 相析出弥散的 α 相,使合金的强度和硬度提高。

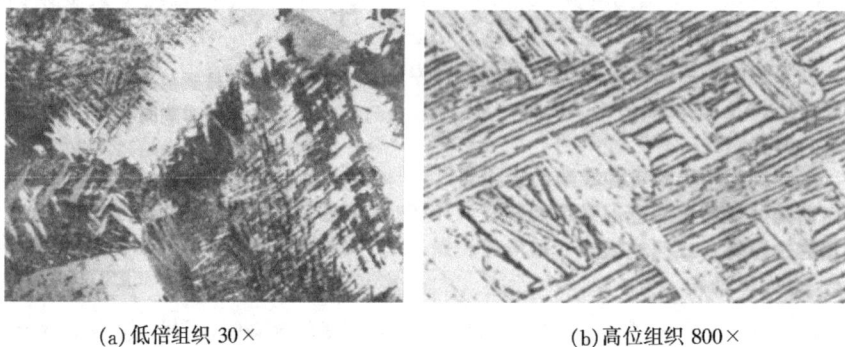

(a) 低倍组织 30×　　　　　　　　　(b) 高位组织 800×

图 7-18　Ti-6Al-4V 合金的显微组织

习题 7

1.指出下列钢的类别、主要特点及用途。

① Q215-A·F;② Q255-B;③ 10 钢;④ 45 钢;⑤ 65 钢;⑥ T12A。

2.合金元素对钢的 C 曲线和 Ms 点有何影响?为什么高速钢加热得到奥氏体后经空冷就能得到马氏体,而且其室温组织中含有大量残余奥氏体?

3.何谓回火稳定性、回火脆性、红硬性?合金元素对回火转变有哪些影响?

4.为什么高速切削刀具要用高速钢制造?为什么要求尺寸大、变形小、耐磨性高的冷成型模具要用 Cr12MoV 钢制造?它们的锻造有何特殊要求?为什么?其淬火、回火温度应如何选择?

5.比较合金渗碳钢、合金调质钢、合金弹簧钢、滚珠轴承钢的成分、热处理、性能的区别及应用范围。

6.比较不锈钢、耐热钢、低温钢的成分、热处理、性能的区别及应用范围。

7.比较低合金工具钢和高合金工具钢的成分、热处理、性能的区别及应用范围。

8.何谓石墨化? 铸铁石墨化过程分哪两个阶段? 对铸铁组织有何影响?

9.试述石墨形态对铸铁性能的影响?

10.灰铸铁中有哪几种基本相? 可以组成哪几种组织形态?

11.为什么铸铁的 σ_b、δ、α_k 比钢低? 为什么铸铁在工业上又被广泛应用? 为什么球墨铸铁有时可以代替中碳钢?

12.简述铸铁的使用性能及各类铸铁的主要应用。

13.可锻铸铁是如何获得的? 所谓黑心、白心可锻铸铁的含义是什么? 可锻铸铁可以锻造吗?

14.下列铸件宜选择何种铸铁制造:

①机床床身;②汽车、拖拉机曲轴;③1000~1100℃加热炉炉体;④硝酸盛贮器;⑤汽车、拖拉机转向壳;⑥球磨机衬板。

15.铝合金是如何分类的? 其性能有哪些特点?

16. 铝合金固溶—时效强化的过程和目的是什么? 铝合金可以像钢一样进行马氏体相变强化吗? 为什么?

17.铝硅合金变质处理的目的是什么? 在变质处理前后其组织与性能有何变化?

18.黄铜分为几类? 分析含 Zn 量对黄铜的组织和性能的影响。

19.青铜如何分类? 说明含 Sn 量对锡青铜组织与性能的影响。

20.钛合金分为几类? 钛合金的性能特点与应用是什么?

21.镁合金作为结构材料有什么特点? 镁合金是如何分类的?

22.指出下列合金的类别,代号意义及主要用途。

(1) ZL102、ZL109、ZL303、ZL401

(2) LFZI、LY12、LC4、LD7

(3) H70、ZH59、ZHSi80-3

(4) ZQSn6-6-3、ZQA19-4、ZQPb30、QBe2

(5) TA1、TB2、TC1、TC4

23.填空

(1)ZL102 是(　　　)合金,合金元素的含量为(　　　)。ZL202 是(　　　)合金,

合金元素的含量为（　　）。

　　(2)ZCuSn5Pb5Zn5 是（　　）铜，所含的合金元素及其含量分别是（　　）。QSn6.5-0.4 是（　　）铜，所含的合金元素是（　　）和（　　）。

　　(3) ZCuAl8Mn13Fe3Ni2 是（　　）铜，所含的合金元素及其含量分别是（　　）。ZCuZn26Al4-Fe3Mn3，所含的合金元素及其含量分别是（　　）。

　　(4) MB15、ZM5 分别是（　　）合金？用于（　　）场合？TA7、TB2、TC4 分别是（　　）组织的合金？

第 8 章

高分子材料

高分子材料是指分子量大于 5000 的高分子化合物为主要成分的材料的总称。高分子材料可分为有机高分子材料、无机高分子材料和杂化高分子材料。有机高分子材料由碳、氢元素为主的有机化合物组成。它可分为天然和合成高分子材料两类，天然高分子材料如松香、淀粉、蛋白质、天然橡胶等；用人工合成方法制成的高分子材料称为合成高分子材料，如塑料、合成纤维、合成橡胶、粘合剂、涂料等。无机高分子材料则是在其分子组成中无碳元素，以硅、硫、氧等元素为主，如硅酸盐、玻璃、陶瓷等。杂化高分子材料是既有碳、氢元素，又有硅、硫、氧等元素的混合高分子材料。第二章曾简单介绍了高分子——分子相的基本概念和特点，本章主要介绍有机高分子材料的成分、结构和性能之间的关系，以及在工程中的应用。

8.1　高分子材料的分类与结构特点

8.1.1　高分子材料的分类

高分子材料一般可分为生物高分子及非生物高分子两类。非生物高分子又有天然与人工合成高分子两类，这里仅讨论人工合成非生物高分子材料。非生物高分子材料按不同原则可分为不同类别。

1. 按化学组成分类

（1）碳链高分子　高分子主链全部由碳原子以共价键相连接，即—C—C—C— ，如聚乙烯、聚丙烯、聚苯乙烯、聚二烯烃等。

（2）杂链高分子　高分子主链除了有碳原子外，还有 O、N、S、P 等原子，它们以共价键连接，即 —C—O—C—C ， —C—C—N—N— ， —C—C—S—C—C— ，—C—C—P—C— ，如聚甲醛、聚碳酸酯、聚酰胺等。

（3）元素链高分子 高分子主链中不含碳原子，而是由 Si、O、B 、N、S、P 等元素组成，即 —Si—O— ， —Si—Si—Si— 等，如二甲基硅橡胶、氟橡胶等。

2. 按合成反应分类

将低分子化合物合成为高分子化合物的基本方法有两类：加成聚合（简称加聚）和缩合聚合（简称缩聚）。

(1)加聚反应　单体经多次相互加成生成高分子化合物的化学反应称为加聚反应，加聚的低分子化合物都是含"双键"的有机化合物，如烯烃、二烯烃等，在加热、光照、化学反应的引发作用下，产生游离基，打开双键，相互连接形成加成反应，最后连成一条大分子链。

加聚反应的特点是：一旦开始，就迅速连续进行，不停留在反应的中间阶段，直到形成最后产品；链节与单体的化学结构相同；没有低分子物质产生。

(2)缩聚反应　由含有两种或两种以上的单体相互缩合聚合成高分子化合物的反应称为缩聚反应。缩聚反应的特点是：在形成高聚物的同时，有水、氨、卤化物、醇等低分子物质析出；缩聚反应所得到的高聚物具有和单体不同的组成；缩聚可在中间阶段停留得到中间产物。

由一种单体合成的高聚物称为均聚物，如聚乙烯、聚氯乙烯等，由两种或两种以上的单体合成的高聚物称为共聚物，如丙烯腈-丁二烯-苯乙烯共聚物（ABC 塑料）、尼龙 66 等。

按分子链的几何形状分类，可分为线性高分子、支链高分子、体型网状高分子。其中线性高分子又有直链和卷曲链等。常见高分子的几何形状如图 8-1 所示。

3. 按高聚物的热行为及成型工艺特点分类

按高聚物的热行为可分为热塑性高聚物和热固性高聚物两类。

所谓热塑性高聚物是指那些加热软化或熔融和冷却固化的过程可以反复进行的高聚物。包括聚乙烯、聚氯乙烯、聚酰胺等。它们可以方便的进行加热软化或熔融和冷却固化的过程，不会引起严重的分子链断裂，性能也没有显著变化。

热固性高聚物是指那些经加热、加压成型后，不能再熔或再成型加工的高聚物，若再热熔融或再成型则将导致大分子链断裂，这类包括酚醛树脂、环氧树脂等。

8.1.2　大分子链的构象及柔性

聚合物高分子链和其它物质分子一样也在不停地热运动，这种运动是由单键内旋转引起的。以单键连接的原子，在热运动作用下，两个原子可以作相对旋转，即在保持键角和键长不变的情况下，每个单键可以绕临近单键作旋转，见图 8-1 所示。

图中 $C_1—C_2—C_3—C_4$ 为碳链中的一段。在保持键角和键长不变的情况下，当 b_1 键内旋转时，b_2 键将沿以 C_2 为顶点的圆锥面旋转。同样，b_2 键内旋转时，b_3

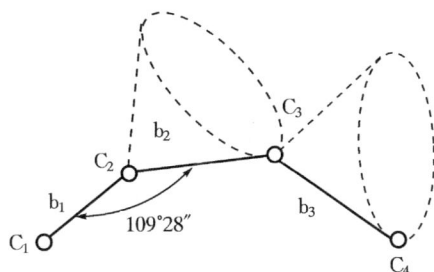

图 8 - 1　分子链的内旋示意图

键可以 C_3 为顶点的圆锥面旋转。这样组成的键段可形成许多空间形象,通常将分子链的空间形象称为高分子链的构想。也正是这种极高频率的单键内旋转可随时改变着大分子链的形态,使线性高分子链很容易成卷曲状或线团状。在拉力作用下,可将其伸展拉直,外力去除后,又回到原来的状态,高聚物的这种特性称为高分子链的柔性。

分子链的柔性决定于大分子的结构和其所处的条件(温度、压力、介质等),影响分子链柔性的结构因素主要分两个方面。

(1)主链结构　主链全由单键组成,分子链的柔性最好,按照内旋难易的程度,以 Si—O 键最好,C—O 键次之,C—C 键最差,故合成橡胶大多含 Si—O 键。

主链中含有芳杂环的时候,由于它不能内旋,故柔性差,但刚性较好。主链中含有孤立双键时,虽双键不能内旋,但因两碳原子各减少了一个侧基或氢原子,非键合基团或原子间距离增大,单键内旋阻力减小,所以柔性增大。

(2)取代基(侧基)的特性　极性的侧基使分子间作用力增大,内旋受阻,柔性降低;侧基体积大,对内旋不力,柔性低;侧基对称性分布,使主链间距离增大,故柔性增大。

8.1.3　高聚物的聚集态和物理状态

1. 高聚物的结合力

高聚物的大分子中的各原子是由共价键结合起来的,这种共价键力称为主价力。它对高聚物的强度、溶化温度等性能有着重要影响。

大量分子链通过分子间相互引力聚集在一起而组成高分子材料。高分子链间的引力主要有范特瓦尔力和氢键力,通称为次价力。虽然相邻两个高分子链间每对链节所产生的次价力很小,只有分子链内主价力的 $1/10 \sim 1/100$,但大量链节的次价力之和却比主价力大得多。因此,高聚物拉伸时常先发生分子链的断裂,而不是分子链间的断裂。

2. 高聚物的聚集态

高聚物中大分子排列和堆砌的方式称为高聚物的聚集态。分子链在空间有规则排列称为晶态；分子链在空间无规则排列称为非晶态，亦称无定形态或玻璃态；部分分子链在空间有规则排列称为部分晶态。

获得完全晶态的高聚物是相当困难的，大多数高聚物都是完全非晶态或部分晶态。在高聚物中结晶区域所占的百分比称为结晶度，亦表示高聚物的结晶程度。高聚物中结晶度的变化范围可从 $30\%\sim90\%$。

高聚物的化学结构越简单，越容易结晶；支链越短，越容易结晶；侧基小的分子链容易结晶。高聚物的结晶度对性能有较大的影响，晶态高聚物分子链规则而紧密，分子间引力大，分子量运动困难，故其熔化温度、密度、强度、刚性、耐热性和抗熔性高；而非晶态高聚物因分子链无规则排列，分子链的活动能力大，故其弹性、伸长率和韧性好。

3. 高聚物的物理状态

高聚物与低分子物质不同，在不同的温度范围具有不同的物理状态。线性非晶态高聚物在不同温度下，呈现出三种物理状态：玻璃态、高弹态和粘流态。在恒定载荷作用下，其变化曲线如图 8-2 所示。图中 T_s 为脆化温度、T_g 为玻璃化温度、T_f 为粘流温度、T_d 为分解温度。

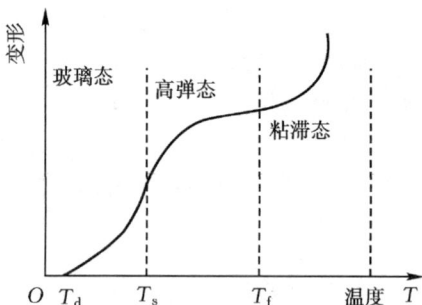

图 8-2　线性非晶态高聚物的变形-温度曲线

(1)玻璃态　当 $T < T_g$ 时，由于温度低，分子热运动能力很弱，高聚物整个分子链和链段都不能运动，处于"冻结"状态，高聚物表现为非晶态固体。此时，高聚物受力时，只有主键键长和键角可作微小变化，故只能产生微量瞬时变形，应力与应变成正比，有较好的力学强度。但温度处于 $T < T_s$ 时，高聚物处于脆性状态，已失去使用价值。

(2)高弹态　当 $T_g < T < T_f$ 时，高聚物在外力作用下就会产生较大的弹性变

形,这种状态称为高弹态。由于温度较高,可使高分子链段运动,但不能使整个分子链运动,分子链呈卷曲状态。受力时卷曲链沿外力方向伸展,产生很大的弹性变形,其变形量可达 100%～1000%。高分子链在外力去除后,回到原来的卷曲状态,弹性变形消除。

(3)粘流态　当 $T > T_f$ 时,高聚物处于粘流态,稍加外力就会产生明显的塑性变形。由于温度高,不仅链段可以运动,而且整个分子链也可运动,高聚物成为流动的粘液。

高聚物在室温下处于玻璃态的称为塑料,处于高弹态的称为橡胶,处于粘流态的是流动树脂。将高聚物加热到粘流态后,可通过喷丝、吹塑、注塑、挤压、模铸等方法,制备各种形状的零件。

对于体型非晶态高聚物,因具有网状分子链,其交联点的密度对高聚物的物理状态有重要的影响。若交联点密度较小,链段仍可以运动,具有高弹态,弹性好,如轻度硫化橡胶。若交联点密度很大,则链段不能运动,此时材料的 $T_g = T_f$,高弹态消失,高聚物与低分子非晶态固体一样,性能硬而脆,如酚醛树酯。

8.2　高分子材料的性能特点

8.2.1　高分子材料的力学性能特点

1. 低强度和较高的比强度

高分子材料的抗拉强度平均为 100 MPa 左右,比金属要低得多,即使是玻璃纤维增强的尼龙,其抗拉强度也只有 200 MPa,仅相当于普通灰铸铁的强度。但是高分子材料的密度小,只有钢的 $1/4 \sim 1/6$,所以其比强度并不低。

2. 高弹性和低的弹性模量

高弹性和低弹性模量是高分子材料的特有性能。例如,橡胶是典型的高弹性材料,其变形率达到 100%～1000%,但弹性模量仅为 1 MPa 左右。橡胶采用流化处理后,分子链交联成网状结构,弹性降低,弹性模量增大。

轻度交联的高聚物在 T_g 以上的温度具有典型的高弹性,且随温度升高而增大。使用状态为玻璃态的塑料,无高弹性,但弹性模量也仅为金属的 1/100。

3. 粘弹性

高聚物在外力作用下,同时发生高弹性变形和粘性流动,其变形量与时间有关,这种现象称为粘弹性。高聚物的粘弹性表现为:蠕变、应力松弛和内耗三种现象。

蠕变是在恒定载荷下,应变随时间延长而增加的现象,它反映了材料在一定外力作用下的形状稳定性。

应力松弛与蠕变的本质相同,它是在应变恒定的条件,舒展的分子链通过热运动发生构像改变,又回到稳定的卷曲状态,使应力随时间延长而逐渐衰减的现象。

内耗是在交变应力作用下,处于高弹态的高分子其变形速度跟不上应力变化速度,而出现应变滞后现象,使得有些能量消耗于材料中分子内摩擦并转换为热能放出。这种由于应变之后使得机械能转化为热能的现象称为内耗。

内耗促使橡胶制品的老化,减少其寿命,但内耗对减震有利,可利用内耗吸收振动能。

4. 高耐磨性

高聚物的硬度比金属低,但耐磨性一般比金属高,尤其是塑料更为突出。塑料的摩擦系数小,有些还具有自润滑性能,可在润滑不良的条件下使用。因此,塑料可制作轴承、轴套、凸轮等摩擦磨损零件。橡胶摩擦系数大,适宜制造要求大摩擦系数的零件,如轮胎、制动摩擦件。橡胶具有很好的抗液体冲刷磨损的性能。

8.2.2 高分子材料的物理与化学性能特点

1. 高绝缘性

高聚物是以共价键结合,不能电离,若无其它杂质存在,其内部没有离子和自由电子,故其导电能力低、介电常数小、介电损耗低、耐电弧性好,即绝缘性好。因而高分子材料是电机、电器、电力和电子工业中必不可少的绝缘材料。

2. 耐热性低

高聚物在受热时容易发生连段运动和整个分子链的运动,从而导致材料软化或熔化,使性能变坏。对不同的高分子材料,其耐热性的判据是不一样的,如塑料的耐热性是用热变形温度来衡量,即指塑料能长时间承受一定载荷而不变形的最高温度,塑料的 T_g 或 T_m 愈高,热变形温度也愈高,耐热性愈好。橡胶的耐热性是用保持高弹性的最高温度来评定。显然,橡胶的 T_f 愈高,使用温度愈高,耐热性愈好。

3. 低导热性

高分子材料内部无自由电子,而且分子链又相互缠绕在一起,受热不易运动,故导热性差,其导热性仅为金属的 $1/100 \sim 1/1000$。对于要求散热的摩擦零件,这也是缺点。如橡胶导热性差,汽车轮胎产生的热量不容易散发,易加速其老化。但在许多情况下,导热性差又是明显的优点,如手柄、方向盘、扶手、橡胶热水袋,以及在火箭、导弹中的塑料隔热层。

4. 高膨胀性

高分子材料的线膨胀系数大,为金属的 $3 \sim 10$ 倍。只是由于受热时,分子链间的缠绕程度降低,分子间结合力减小,分子链柔性增大,使高分子材料产生明显的体积和尺寸增大。

5. 化学稳定性好

高分子化合物以共价键结合,不易电离,没有自由电子,分子链又相互缠绕在一起,许多分子链的基团被包围在里面,使高分子材料的化学稳定性好,在酸、碱等溶液中表现出优异的耐腐蚀性能。例如,被称为"塑料王"的聚四氟乙烯的化学稳定性最好,在高温下与浓酸、浓碱、有机溶液、强氧化剂中都不起作用,甚至沸腾的"王水"中也不腐蚀。

但是必须指出,一些高聚物与某些特定的有机溶液相遇时,会发生溶解或分子间隙吸收溶剂的现象,从而产生"溶胀",使尺寸增大,性能变坏。如聚碳脂会被四氟化碳溶解;聚乙烯在有机溶液中"溶胀",天然橡胶在油中"溶胀"等。

8.2.3　高分子材料的老化及其预防

高分子材料在长期储存和使用过程中,由于受到氧、光、热、机械力和生物等长期作用,性能逐渐恶化,如失去弹性、出现龟裂、变硬、变脆、变软、变粘、变色等,使物理和化学性能都下降,最终失去使用价值,这种现象称为老化。

目前认为,大分子的交联和裂解是引起老化的根本原因。大分子间的交联反应使大分子链从线型结构转变为体型结构,表现为高分子材料变硬、变脆、出现龟裂。大分子链的裂解是发生分子链断裂,是相对分子质量下降的反应,如化学裂解、热裂解、机械裂解、光裂解等,裂解使高分子变为低分子物质,其表现为变软、变粘、失去刚性、出现蠕变等。

老化是影响高分子材料制品使用寿命的关键问题。对老化的防止措施有三种:一是对高分子化合物的结构改性,提高稳定度,如制得共聚物,可提高老化抗力;二是添加防老化剂,以抑制老化过程,如在共聚物中加入水杨酸脂、二甲苯酮类有机化合物和碳黑,可吸收紫外线防止老化;三是表面处理,在高分子材料表面镀金属(如银、铜、镍)和喷涂耐老化涂料(漆、石蜡)作为保护层,隔绝空气、光、水分及其它引起老化的介质,防止老化。

8.3　常见高分子材料

高分子材料主要包括合成树脂、合成橡胶、合成纤维三类。其中以合成树脂的产量最大,应用最广,用它制成的塑料,几乎占三类材料的68%。

8.3.1 塑料

塑料是指以有机合成树脂为主要组成的材料,通过加入添加剂可组成各式各样的品种。塑料的主要组成包括以下几种。

(1)合成树脂 由低分子化合物通过缩聚或聚合反应合成的高分子化合物,它是塑料的主要组成部分,起着粘结剂的作用,也决定了塑料的基本性能。

(2)填料或增强材料 填料主要起着增强的作用,如石墨、合成纤维等。它可改善塑料的力学性能,填料的用量可达20%~50%,是改性的最重要的材料。

(3)固化剂 它的作用是通过交联使树脂具有体型网状结构,成为较坚固和稳定的制品。

(4)增塑剂 是提高树脂可塑性和柔性的添加剂,常用于液态或低熔点固体有机化合物。

(5)稳定剂 防止树脂受热、光等作用使塑料过早老化,少量即能起稳定化作用的物质。

(6)润滑剂 为防止在成形过程中产生粘膜问题,加入少量起润滑作用的物质。

(7)着色剂 着色能力强,色泽鲜艳,耐温和耐光性好,用于有机染料和无机颜料。

(8)阻燃剂 作用是阻止燃烧或造成自熄。

除此之外,塑料中的添加剂还有抗静电剂、发泡剂、熔剂、稀释剂、导电剂和导磁剂等。

塑料在工业上分类有两种,一种是按热性能分类,为热塑性塑料和热固性塑料;另一种是按适用范围来分类,为通用塑料、工程塑料和耐热塑料。工程塑料还可分为结构用塑料、摩擦件用塑料、绝缘件用塑料、耐蚀件用塑料、高强度塑料等。

常用塑料及性能和用途见表8-1。

1. 聚烯烃

包括聚乙烯、聚丙烯、聚丁烯等,结构式相应为:

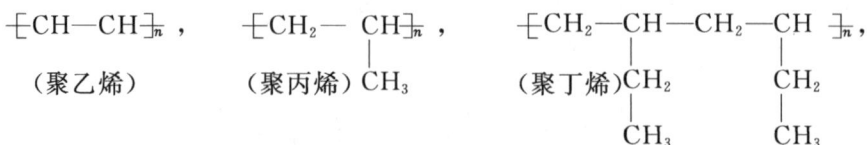

$$\left[CH-CH \right]_n , \qquad \left[CH_2-CH \right]_n , \qquad \left[CH_2-CH-CH_2-CH \right]_n$$

(聚乙烯)　　　（聚丙烯)CH_3　　　（聚丁烯)CH_2　　　CH_2

　　　　　　　　　　　　　　　　　　　　　　　　CH_3　　　CH_3

聚乙烯(PE)按合成方法不同,分低压、中压和高压三种。低压聚乙烯的分子支链较少,分子量较大、结晶度、密度较高,所以比较刚硬、耐磨、耐蚀、绝缘性好。常用来制造塑料管、塑料板、塑料绳以及承载不高的零件。高压聚乙烯较柔软,主要用于日用工业中,作塑料薄膜、软管和塑料瓶等,包装食品、药品、以及电缆和金属表面。

聚丙烯(PP)由于分子链上挂有侧基 CH_3,不利于规整度和柔性,故刚性增大,但其密度较小,重量轻,耐热性良好(可在 150℃ 工作不变形),强度、硬度、弹性模量等性能都高于低压聚乙烯,同时,其绝缘性能,特别是高频性能优越。可用来制作齿轮、风扇叶片、泵叶轮、化工容器、管道、泵壳、电扇、马达罩、电视机外壳等。

2. 聚氯乙烯 (PVC)

PVC 的结构式为

$$\left[CH_2 - \underset{\underset{Cl}{|}}{CH} \right]_n$$

由于分子链中存在极性氯原子,增大了分子间力,阻碍了单健的内旋,所以刚度和强度均比聚乙烯高。聚氯乙烯产品的性能与配料中的各种添加剂密切相关。如果加入增塑剂,即成为软聚氯乙烯,如果不添加,则成为硬聚氯乙烯。软聚氯乙烯塑料常制成薄膜,用于工业包装、农用薄膜、雨衣、台布等,但不能用于食品包装,因为添加剂和稳定剂有毒,可溶于油脂中,污染食品。硬聚氯乙烯抗拉强度好,有良好的耐水性、耐油性、耐化学药品浸蚀性。常用来制作化工、纺织等行业的废气排污排毒塔,以及常用的气体液体输送管。

表 8-1　常用塑料及性能和用途

名称 (代号)	密度 /g·cm⁻¹	拉伸强度 /MPa	弯曲强度 /MPa	冲击韧性 /kJ·m⁻²	使用温度 /℃	用途
聚乙烯 (PE)	0.94~0.96	8~36	20~45	>2	-70~100	一般构件,电线包覆,涂层等
聚丙烯 (PP)	0.9~0.91	40~49	30~50	5~10	-35~121	一般零件,高频绝缘,电缆包覆
聚氯乙烯 (PVC)	1.38	30~60	70~110	4~11	-15~55	化工耐蚀构件,绝缘薄膜、套管等
聚苯乙烯 (PS)	1.04~1.06	≥60	70~80	12~16	-30~75	一般构件,高频绝缘,耐蚀及装饰

名称 （代号）	密度 /g·cm⁻¹	拉伸强度 /MPa	弯曲强度 /MPa	冲击韧性 /kJ·m⁻²	使用温度 /℃	用途
共聚丙烯腈 —丁二烯— 苯乙烯 （ABC）	1.03～1.07	21～63	25～97	6～53	－40～90	一般构件，减摩、耐磨件、传动件，化工管道、容器
聚酰胺 （PA）	1.15	45～90	50～110	4～15	＜100	一般构件，减摩、耐磨件、传动件、高压油密封圈、金属防腐、耐磨涂层
聚甲醛 （POM）	1.41～1.43	60～75	～100	～6	－40～100	减摩、耐磨件、传动件、绝缘件、耐蚀、化工容器
聚碳酸酯 （PC）	1.18～1.2	55～70	～100	65～75	－100～130	耐磨、受力受冲击机械零件、绝缘件
聚四氟乙烯 （F－4）	2.11～2.19	21～28	11～14	～98	－180～260	耐蚀、耐磨件、密封件、高温绝缘件
聚砜 （PSF）	1.24	～70	～105	～5	－100～150	高强度耐热件、绝缘件、高频印刷电路板
聚甲基丙烯酸 甲脂 （PM－MA）	1.18	42～50	75～135	1～6	－60～100	透明件、装饰件、绝缘件
酚醛树脂 （PF）	1.24～2.0	21～56	56～84	0.05～0.82	～110	水润滑轴承、绝缘件、耐蚀衬里、复合材料
环氧树脂 （EF）	1.1	56～70	105～126	～5	－80～155	塑料模、精密模、仪表构件、金属涂敷、封装、修补材料

3. 聚苯乙烯 (PS)

结构式为：

$$-\left[CH_2-CH \right]_n-$$

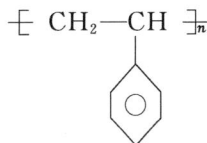

聚苯乙烯是典型的线性(带支链)无定型高聚物,由于含有苯环,位阻增大,结晶度降低,有较大的刚度。聚苯乙烯比重小,常温下较透明,不吸水,耐腐蚀性好,电阻高,是很好的隔热、防震、防潮和高频绝缘材料。缺点是耐冲击性差、不耐沸水、耐油性能有限。常制做纱管、纱锭、仪表零件、设备外壳、管道、弯头、小农具及日用小商品。用聚苯乙烯制做的泡沫塑料,比重只有 0.033,是隔音、包装、救生的好材料。

4. ABS 塑料

ABS 塑料是丙烯腈、丁二烯和苯乙烯的三元共聚物,结构式为：

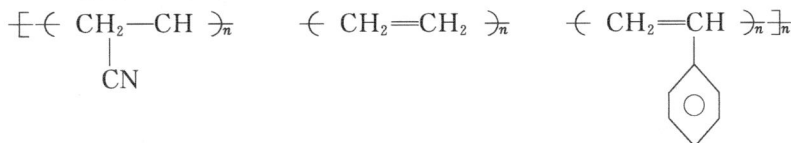

$$-\left[\left(CH_2-CH \right)_n \quad \left(CH_2=CH_2 \right)_n \quad \left(CH_2=CH \right)_n \right]-$$
$$\quad\quad CN$$

由于 ABS 塑料是三种单体的共聚物,所以具有"硬、韧、刚"的混合特性,其力学性能好、尺寸稳定、易成形和电镀、耐热耐蚀性好,ABS 塑料在 $-40℃$ 的低温下仍有一定的强度。此外,ABS 塑料还可以根据改变单体的含量来改变其性能,例如,增加丙烯腈,可提高塑料的耐热性、耐蚀性和表面硬度;提高丁二烯可改善材料的弹性和韧性;增加苯乙烯可改善电性能和成形能力。

如果将丙烯腈和苯乙烯接到氯化聚乙烯主链上,就可得到 ACS 塑料,由于没有丁二烯的双链可提高冲击韧性;如果用丙烯酸丁脂取代丁二烯,则成为 AAS 塑料。ABS 塑料是一种原料来源广泛、综合性能良好、价格便宜的工程塑料,在工业中的应用非常广泛。近年来,一些新型的 ABS 塑料,如耐寒、透明、耐气候、耐燃烧的品种正在迅速发展,并在军事、航天、航空工业中得到越来越多的应用。

5. 聚酰胺 (PA)

通称尼龙,结构可分为两类：

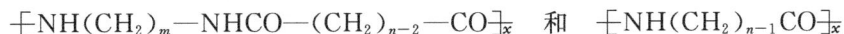

$$-\left[NH(CH_2)_m-NHCO-(CH_2)_{n-2}-CO \right]_x \quad 和 \quad -\left[NH(CH_2)_{n-1}CO \right]_x$$

这种热塑性塑料是由二元胺与二元酸缩合或由氨基酸脱水成内酰胺再聚合而成。根据链节中的碳原子数,可分别命名为尼龙 610、尼龙 66、尼龙 6、尼龙 1010 等。如尼龙 6 就是有 6 个碳原子的己内酰胺聚合而成;尼龙 610 是由 6 个碳原子的己二胺和 10 个碳原子的癸二酸缩合而成。

尼龙 1010 是我国研制的一种工程塑料,用蓖麻油为原料,提取癸二胺和癸二酸再缩合而成。其特点是润滑性和耐磨性极好,耐油性好,脆性转变温度低(约-60℃),且强度高,广泛应用于机械、电气和化工零件中。

6. 聚甲醛 (POM)

按聚合方法聚甲醛可分为均聚甲醛和共聚甲醛两类,

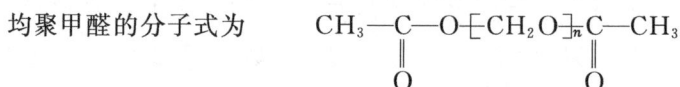

均聚甲醛的分子式为

$$CH_3-\underset{\underset{O}{\|}}{C}-O\!\!-\!\!\!\!\left[CH_2O\right]_n\!\!-\!\!\underset{\underset{O}{\|}}{C}-CH_3$$

共聚甲醛的分子式为:

$$\left[\left(CH_2O\right)_x\left(CH_2O-CH_2O-CH_2\right)_y\right]_n$$

这两类塑料一般都具有优异的综合性能,摩擦系数低而稳定,弹性模量和硬度较高,抗蠕变性好。由于大分子上有柔性的醚键 —R—O— 存在,韧性也好。耐疲劳性能为热塑性塑料中最高的。但耐热性较差,收缩率较大。

均聚甲醛的结晶度、机械强度、软化点都比共聚甲醛高,但耐热、耐酸碱性比后者差。加工温度范围前者仅 10℃,后者约 50℃,故工业上常用共聚甲醛,很少使用均聚甲醛。

7. 聚碳酸酯 (PC)

聚碳酸酯誉称"透明玻璃",其结构式为:

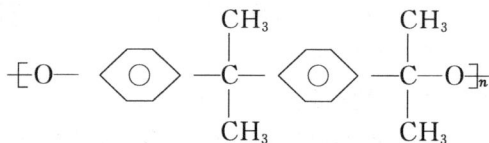

$$\left[O-\bigcirc-\underset{\underset{CH_3}{|}}{\overset{\overset{CH_3}{|}}{C}}-\bigcirc-\underset{\underset{CH_3}{|}}{\overset{\overset{CH_3}{|}}{C}}-O\right]_n$$

在聚碳酸酯的分子链上既有刚性的苯环,又有柔性的醚环,所以具有优良的综合性能。冲击韧性和延性突出,在热塑性塑料中是最高的;弹性模量较高,不受温度的影响;抗蠕变性好,尺寸稳定性高;绝缘性能好,在 10～130℃ 间介电常数和介质损耗几乎不变。可在 -60～120℃ 范围内长期工作。缺点是润滑性差,不耐碱、氯化烃、酮和芳香烃,有应力开裂倾向,疲劳抗力低。

8. 氟塑料

氟塑料是含氟塑料的总称,在工业中应用的主要品种见表 8-2。

表 8-2 工业中常用的氟塑料的名称、代号及分子式

名称	代号	分子式
聚四氟乙烯	F—4	$\left[CF_2-CF_2\right]_n$
聚三氟氯乙烯	F—3	$\left[CF_2-CFCl\right]_n$

名称	代号	分子式
聚偏氟乙烯	F—2	$\left[CH_2-CF_2\right]_n$
聚氟乙烯	F—1	$\left[CH_2-CHF\right]_n$
聚全氟丙乙烯	F—46	$\left[\left(CF_2-CF_2\right)_x\ \left(CF_2-\underset{\underset{CF_3}{\mid}}{CF}\right)_y\right]_n$

　　氟塑料与其它塑料相比,具有更优越的抗蚀性,耐高温、低温,适用温度范围宽,摩擦系数小,有自润滑性,不老化,是良好的耐辐射和耐低温材料。尤其以聚四氟乙烯最突出。

　　聚四氟乙烯是线性晶态高聚物,结晶度为 55～75%。理论溶点 327℃,具有极优秀的化学稳定性,热稳定性和良好的电性能。即使在高温下的"王水"中也不受腐蚀,故有"塑料王"之称。它可在 －195～250℃ 温度范围内长期使用。其摩擦系数仅 0.04,并有很好的自润滑性。由于聚四氟乙烯吸水性很小,能在潮湿条件下保持良好的绝缘性能,它的介电性能既与频率无关,也不随温度变化。

　　聚四氟乙烯的缺点是强度低,尤其是耐压强度不高,在温度高于 390℃ 时,会分解挥发出有毒气体,同时,其加工性能差,难以从高弹态转变为黏滞态,不能用于注射法成型。

9. 聚甲基丙烯酸甲脂（PMMA）

俗称有机玻璃,结构式为:

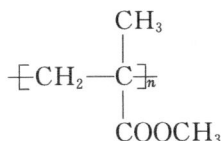

$$\left[CH_2-\underset{\underset{COOCH_3}{\mid}}{\overset{\overset{CH_3}{\mid}}{C}}\right]_n$$

它是典型的线性无定型结构,分子链上带有极性集团。

　　有机玻璃的透明度比无机玻璃还高,透光率可达 92%;比重只有无机玻璃的一半,力学性能比普通玻璃高得多,其拉伸强度可达 50～80 MPa,冲击韧性为 1.6～27 kJ/m²;耐紫外线和大气老化。但硬度不如普通玻璃,耐磨性差,易溶于极性有机溶剂,耐热性差（使用温度小于 80℃）,导热性差,膨胀系数大。

　　有机玻璃主要用于制作有一定透明度和强度要求的零件。如飞机座舱盖、窗玻璃、仪表外壳、光学镜片、汽车风挡,以及各种装饰品和生活用品。

10. 聚砜（PSF）

聚砜是指主链上带有砜基 $\left(\overset{O}{\underset{O}{S}}\right)$ 的高聚物。根据原料的不同，可分为双酚

A 型聚砜和非双酚 A 型聚芳砜（又名聚苯醚砜）两种，它们的结构分别为：

聚砜 $\left[\bigcirc - \overset{CH_3}{\underset{CH_3}{C}} - \bigcirc - O - \bigcirc - \overset{O}{\underset{O}{S}} - \bigcirc - O \right]_n$

聚芳砜
或 $\left[\overset{O}{\underset{O}{S}} - \bigcirc - \bigcirc - \overset{O}{\underset{O}{S}} - \bigcirc - O - \bigcirc \right]_n$

$\left[\bigcirc - O - \bigcirc - \overset{O}{\underset{O}{S}} \right]_n$

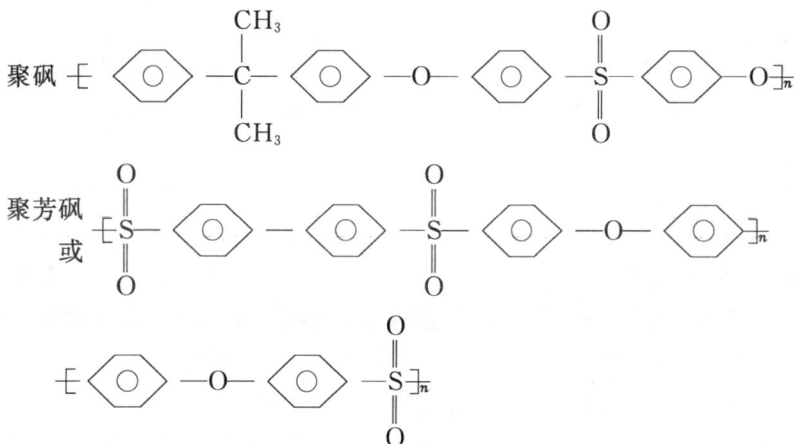

聚砜一般有具有优良的耐热性、耐寒性、耐候性、抗蠕变性和尺寸稳定性。它的力学强度高，冲击韧性好，可在 $-65\sim150℃$ 温度长期使用。具有较好的耐酸、碱和有机溶剂的性能，在水和潮湿空气中和高温下仍能保持高的介电性能，并具有自熄，耐辐射，抗老化性能。

聚砜可用于高强度、耐热、抗蠕变的构件和电绝缘件。聚芳砜经填充改性后，可用作高温轴承材料、自润滑材料、高温绝缘材料和超低温结构材料等。

11. 酚醛塑料（PF）

酚醛塑料是指由酚类和醛类在酸或碱催化剂作用下聚合合成的酚醛树脂，其中由苯酚和甲醛缩聚而成的树脂应用最广。再加入木粉、纸、玻璃布、石棉等填料将其固化处理而形成交联型热固性塑料。

热固性酚醛树脂的结构式为：

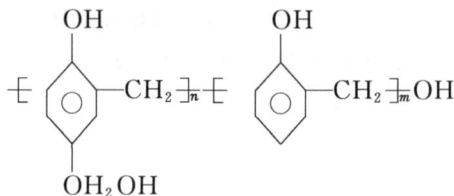

$$\left[\overset{OH}{\underset{OH_2OH}{\bigcirc}} - CH_2 \right]_n \left[\overset{OH}{\bigcirc} - CH_2 \right]_m OH$$

在酚醛树脂的分子链中的游离羟甲基(—CH$_2$OH)不稳定,加热、加压时官能团会发生反应,交联成体型结构,以后再加热时不再会软化或发生流动。

根据填料的不同,酚醛树脂又可分为粉状酚醛树脂,如胶木粉(或电木粉);纤维状酚醛树脂,如棉纤维、石棉纤维、玻璃纤维酚醛树脂;层压酚醛树脂,如玻璃布层酚醛树脂(玻璃钢)等。

酚醛树脂有一定的力学强度,如层压酚醛树脂的抗拉强度可达 140 MPa,刚度大,有良好的耐热性,可在 110～140 ℃下使用。具有较高的耐磨性、耐腐蚀性及良好的绝缘性。可作电器开关、插头、外壳及各种电器零件,以及机械工业中的齿轮、凸轮、皮带轮、手柄等。

12. 环氧塑料

环氧塑料是以非晶态环氧树脂为基,再加入增塑剂、填料及固化剂等添加剂制作的热固性塑料,具有比强度高,耐热性、耐腐蚀性、绝缘性好的特点。缺点是成本高、所用固化剂有毒。

环氧塑料主要应用于制造塑料玩具、精密量具和各种绝缘器件,也可以制作层压塑料、浇注塑料。

8.3.2　橡胶

1. 橡胶的组成、种类及性能

橡胶是一种具有高弹性的有机高分子材料。橡胶制品是由生胶、各种配合剂和增强材料三部分组成。生胶为未加配合剂的橡胶,是橡胶制品的主要组分,使用不同的生胶,可以制备不同性能的橡胶制品。

配合剂的加入,可以提高橡胶制品的使用性能和改善加工性能。主要配合剂有硫化剂、硫化促进剂、增塑剂、补强剂、防老化剂、着色剂、增容剂等。每种配合剂都有其特有的作用,如硫化剂使橡胶分子之间产生交联,形成三维网状结构,变为具有高弹性的硫化胶。增塑剂增加橡胶的塑性,使橡胶易于加工,等等。

增强材料主要有各种纤维制品、帘布及钢丝等,其主要作用是增加橡胶制品的强度并限制其变形。如轮胎中的帘布。

橡胶按原料来源,分为天然橡胶和合成橡胶两大类;按应用范围,又可分为通用橡胶和特种橡胶两大类,通用橡胶是指用于轮胎、工业和日常用品等的量大面广的橡胶;特种橡胶是指在特殊条件下(高温、低温、酸、碱、油、辐射等)使用的橡胶制品。

高弹性是橡胶的突出特性,这与其分子结构有关。橡胶只有经过硫化处理才能使用,因为硫化将橡胶由线性高分子结构交联成为网状结构,使橡胶塑性降低、弹性增加、强度提高、耐溶剂性增强,扩大了高弹温度范围。橡胶具有良好的绝缘性、耐磨性、阻尼性和隔音性。在橡胶中还可以添加其它的配合剂或者经化学处理，使其改型，以满足某些性能的要求，如耐辐射、导电、导磁等特性。

2. 天然橡胶

天然橡胶是由橡树流出的胶乳，经凝固、干燥、加压制成的片状生胶，再经流化处理可制成橡胶制品。天然橡胶有较好的弹性，抗拉强度可达 25～35 MPa，有较好的耐碱性能和绝缘性能。但其耐油和溶剂性能差、耐臭氧和老化性较差，不耐高温，使用温度仅在 70～110℃范围内。天然橡胶被广泛用于制造轮胎、胶带、胶管、胶鞋等。

3. 通用合成橡胶

通用橡胶的品种有以下几种。

（1）丁苯橡胶　是由丁二烯和苯乙烯共聚而成，是通用橡胶中用量最大的一类合成橡胶。丁苯橡胶的品种很多，主要有丁苯－10、丁苯－30、丁苯－50 等，后面的数字表示苯乙烯的含量，苯乙烯含量越高，橡胶的硬度、耐磨性、耐腐蚀性越好，但弹性、耐寒性越差。

丁苯橡胶的强度和弹性均不如天然橡胶，但它的价格便宜，并能以任何比例与天然橡胶混合，所以它主要是与其它橡胶混合使用，代替天然橡胶。

（2）顺丁橡胶　它是由丁二烯单体聚合而成，顺丁橡胶的弹性、耐热性、耐寒性，均优于天然橡胶，是制造轮胎的优良材料，其缺点是强度低、加工性能和抗撕裂性能较差。

（3）氯丁橡胶　是由氯丁二烯聚合而成。它不仅具有与天然橡胶相比拟的高弹性、高绝缘性、高强度和高耐碱性，还具有天然橡胶和一般通用橡胶所没有的优良性能，如耐油、耐溶剂、耐氧化、耐老化、耐酸、耐热、耐燃烧、耐绕曲等性能，故有"万能橡胶"之称。缺点是耐寒性较差、密度大、生胶稳定性差。

（4）乙丙橡胶　是由乙烯和丙烯共聚而成，乙丙橡胶原料丰富、价廉、易得。又由于其分子链中不含有双键，故结构稳定，具有优异的抗老化、抗臭氧能力。绝缘性、耐热性、耐寒性好，使用温度范围宽（－60～150℃），化学稳定性好，对各种极性化学药品和酸、碱有较大的抗腐蚀性，但对碳氢化合物的油类稳定性差。

4. 特种合成橡胶

特种合成橡胶的品种也是非常之多，下面仅介绍几种常用的特种橡胶。

（1）丁腈橡胶　是由丁二烯和丙烯腈共聚而成，是特种橡胶中产量最大的品种。丁腈橡胶主要有丁腈-18、丁腈-26、丁腈-40 等，后面的数字代表丙烯腈的含量。丙烯腈含量越高，则耐油性、耐溶剂和化学稳定性越好，强度、硬度和耐磨性越高，但耐寒性和弹性越低。丁腈橡胶的最突出的优点是耐油性好，有较高的耐热性、耐磨性、耐老化、耐水、耐碱、耐有机溶剂。缺点是耐寒性较差(脆化温度−10～−20℃),耐酸和绝缘性较差。

(2)硅橡胶　是由二甲基硅氧烷与其它有机硅单体共聚而成。由于其分子主链是由硅原子和氧原子以单键连接而成,具有高柔性和高稳定性。

硅橡胶最大的特点就在于它不仅耐高温,而且耐低温,使用温度在−100～350℃范围内仍能保持良好的弹性。还有优异的抗老化性能,对臭氧、氧、光和气候的抗老化力大。缺点是强度和耐磨性低、耐酸碱性也差,且价格较贵。主要用于飞机和宇航中的密封件,医用人造心脏、人造血管等。

(3)氟橡胶　是以碳原子为主链、含有氟原子的高聚物。由于具有键能很高的碳氟键,故氟橡胶有很高的化学稳定性。

氟橡胶的突出优点是高的耐腐蚀性,它在酸、碱、强氧化剂中的耐腐蚀性居各类橡胶之首,耐热性很好,使用温度可高达 300℃,且强度和硬度较高,抗老化性好。缺点是耐寒性差、加工性不好、价格高。主要用于国防和高科技的设备中,如高真空设备、火箭、导弹、航天飞行器的高级密封件、垫圈、胶管、减震元件等。

8.3.3　合成纤维

合成纤维是一类可进行纺丝和后加工的高分子化合物,品种很多,主要介绍以下几种。

1. 聚酰胺纤维

聚酰胺纤维是指分子主链中含有酰胺键的一类合成纤维。它是世界上最早投入工业应用的合成纤维,也是合成纤维中的主要品种。我国的商品名为锦纶,国外商品名为尼龙、卡普隆等。

聚酰胺纤维的性能优良,其性能特点主要有:耐磨性好,比棉花高 10 倍,比羊毛高 20 倍;强度高、耐冲击性好,是强度最高的合成纤维之一;弹性高、耐疲劳性好,可经受数万次双曲绕,比棉花高 7～8 倍;密度小,除聚丙烯和聚乙烯纤维外,是合成纤维中最轻的;耐腐蚀、不发霉、染色性好。缺点是弹性模量小、使用中易变形,耐热及耐光性较差。

聚酰胺纤维可以制作纯纺和混纺的各种衣料及针织品,弹力丝袜、渔网、绳索、降落伞、运输带、轮胎帘子线、宇宙飞船服等。

2. 聚酯纤维

聚酯纤维是由聚酯树脂经熔融纺丝加工处理制成的一类合成纤维。目前主要品种是聚对苯二甲脂乙二脂纤维,是由对苯二甲酸或对苯二甲酸二甲脂和乙二醇经缩聚而成。我国的商品名为涤纶。

聚酯纤维于 1953 年工业化生产,由于性能优良,用途广泛,已成为合成纤维中产量第一位的产品。聚酯纤维的性能具有以下一些特点:弹性好,其弹性接近羊毛,耐皱性超过其它纤维,弹性模量比强度大,其冲击强度比聚酰胺纤维高 4 倍,比粘胶纤维高 20 倍;吸水性小,电绝缘性好;耐热性比聚酰胺纤维好;织物有易洗易干、保形性好、免熨烫等优点。缺点是染色性差、吸水性低、织物易起球等。

聚脂纤维可以制作纯纺和混纺的各种衣料及针织品,电绝缘材料、渔网、绳索、运输带、轮胎帘子线、人造血管等。

3. 聚丙烯腈纤维

聚丙烯腈纤维是以丙烯腈为原料合成聚丙烯腈纤维,然后纺织成合成纤维。我国的商品名为腈纶。聚丙烯腈纤维自 1950 年投入生产以来,发展速度一直很快,目前已仅次于聚酯纤维和聚酰胺纤维,位于合成纤维产量的第三位。

当前大量生产的聚丙烯腈纤维是由 85% 以上的丙烯腈和少量其它单体的共聚物纺织而成的。因为丙烯腈均聚物纤维硬而脆,难以染色,常加入 5%～10% 的丙烯酸甲脂、醋酸乙脂等第二单体共聚,以改善纤维硬和脆的缺点;加入 1%～2% 的甲叉丁二酸、丙烯磺酸钠等第三单体共聚,以改善染色性差的缺点。

聚丙烯腈纤维无论在外观上还是在手感上都很像羊毛,因此有"合成羊毛"之称。其某些性能甚至超过羊毛,如纤维强度比羊毛高 1～1.25 倍,密度比羊毛小,保暖性和弹性均较好。

聚丙烯腈纤维的弹性模量仅次于聚酯纤维,故保型好。聚丙烯腈纤维的耐光性和耐气候性是除了含氟纤维外,在天然纤维和合成纤维中最好的。

聚丙烯腈纤维广泛地用来代替羊毛,或与羊毛混纺,制成毛织品、棉织品,还适于制作军用帆布、窗帘、帐篷等。

习题 8

1. 简述高分子链的结构特点,它们对高聚物的性能有何影响?
2. 什么是单体、链节和聚合度?
3. 简述高聚物的分类。
4. 比较聚乙烯、聚氯乙烯、聚苯乙烯的柔性及性能。
5. 导致高聚物产生高弹性的原因是什么? 高弹性有哪些特点?
6. 高聚物的力学性能受到哪些主要因素的影响?
7. 简述高聚物的绝缘性、耐热性、耐腐蚀性与结构的关系。
8. 什么是高聚物的老化,如何防止?
9. 试分析出现以下情况的原因。

(1) 橡胶的弹性特别好;

(2) 尼龙具有优良的抗冲击韧性和力学性能;

(3) 聚四氟乙烯具有突出的耐化学腐蚀性;

(4) 聚苯乙烯的脆性大。

10. 试述常用工程塑料的种类、性能特点和应用。

第 9 章

陶瓷材料

陶瓷是无机非金属材料,是用天然的或人工合成的粉末化合物、通过成型和高温烧结而制成的多晶固体材料。陶瓷在传统上是指陶器和瓷器,但也包括玻璃、搪瓷、耐火材料、水泥、石灰、石膏等人造无机非金属材料。由于这些材料都是用硅酸盐矿物,如粘土、石灰石、长石、石英等原料生产的,所以陶瓷材料也包括硅酸盐材料,但是陶瓷的范围远远超过硅酸盐的成分。许多新兴的氧化物、碳化物、氮化物等都属于陶瓷材料。现在,陶瓷材料已成为各种无机非金属材料的通称,成为现代工业的支柱,并与金属材料、高分子材料并称为现代工程材料的三大支柱。

9.1　陶瓷的结构与组织

9.1.1　陶瓷材料的分类

陶瓷材料的分类方法很多,按原料来源可分为普通陶瓷(传统陶瓷)和特种陶瓷(先进陶瓷),普通陶瓷是以天然的硅酸盐矿物为原料,用于建筑、日常生活、装饰艺术等方面,传统陶瓷工业又称硅酸盐工业,包括陶瓷、玻璃、水泥等工业。这一类陶瓷的制备工艺稳定,侧重效率和质量控制,对产品的显微结构一般没有特殊要求。特种陶瓷是采用纯度较高的人工合成化合物,如 Al_2O_3、ZrO_2、SiC、Si_3N_4、BN等为原料。它是随着现代科学技术与现代工业的发展,对陶瓷材料的性能和应用范围的要求而产生的。例如,电气工业中大量使用的强度高、绝缘性好的陶瓷绝缘子;电子通信技术中发展的介电性能优良的陶瓷介质。为了与传统陶瓷相区别,特种陶瓷也称为先进陶瓷,高技术陶瓷或精细陶瓷。先进陶瓷,无论是从材料的性能,还是从材料的制备工艺技术,都与传统陶瓷有着根本区别。先进陶瓷强调化学组成与晶体结构,对合成用的化学原料、粉体制备、成型、烧结等方面都有特殊措施,甚至需要现代先进技术,并且非常重视陶瓷的显微结构。先进陶瓷用于现代工业技术,特别是高新技术领域。

先进陶瓷又分为先进结构陶瓷和先进功能陶瓷两大类。先进结构陶瓷主要是利用材料自身所具有的优异力学性质和耐高温、耐腐蚀、耐磨等特点,用于制备各种机械结构的零部件、切削刀具等。

先进功能陶瓷主要是指利用材料的电、磁、声、光、热、弹等方面的直接的或偶合的效应以实现某种使用功能的陶瓷。先进功能陶瓷与电子技术有着很密切的关系,所谓"功能"在许多情况下都与电子技术有着某种联系。功能陶瓷的特点是品种繁多,如介电陶瓷、磁性陶瓷、压电陶瓷、电致伸缩陶瓷、热释电陶瓷、铁电陶瓷、半导体陶瓷、导电陶瓷、高温超导陶瓷、光学陶瓷,等等。先进功能陶瓷的使用范围非常广泛,市场需求量大,产业化前景广阔,在信息的检测、转换、处理、存储和微机械加工等技术领域得到非常广泛的应用,是电子、信息、计算机、通信、激光、医疗、机械、汽车、自动化以及核技术等高技术产业的关键材料。在先进陶瓷市场中,功能陶瓷占的份额达到 70% 以上。

另外,还可按晶体结构分为晶体陶瓷和非晶体陶瓷。按化学组成可分为氧化物陶瓷、氮化物陶瓷、碳化物陶瓷、金属陶瓷等。

9.1.2　陶瓷的组织特点

陶瓷的组织比较复杂,在一般烧结温度情况下,陶瓷内部各种物理化学转变和扩散不能充分进行到底。所以陶瓷和金属不一样,总是保持着许多未达到平衡的组织,组织不均匀且复杂,故难以从相图上精确分析。但对于特种陶瓷来说,原料都很纯,杂质极少,烧结时没有液相参加,故组织相对单一。

陶瓷材料是多相多晶材料,结构中同时存在着晶体相、玻璃相和气相(气孔)。各组成相的结构、数量、形态、大小和分布均对陶瓷性能有显著的影响。

1. 晶体相

晶相是陶瓷材料的主要组成相,对陶瓷的性能起着决定性作用。晶相一般是由离子和共价键结合而成,常常是两种键的混合键。有些晶相如 CaO、MgO、Al_2O_3、ZrO_2 是以离子键为主,属于离子晶体;有些晶相如 Si_3N_4、SiC、BN 等是以共价键为主,属于共价晶体。在陶瓷中最常见的还是氧化物和硅酸盐结构。

硅酸盐是传统陶瓷的主要原料,也是传统陶瓷组织中的重要组成相,如高岭土($Al_2O_3 \cdot 2SiO_2$)、莫来石($3Al_2O_3 \cdot 2SiO_2$)、长石(莫来石与少量的石英晶体)等。虽然硅酸盐的化学组成比较复杂,但构成这些硅酸盐的基本结构单元都是硅氧四面体,其中四个氧离子构成四面体,硅离子位于四面体的间隙中。硅氧四面体的结构在陶瓷中硅酸盐的结构往往遵循下面几条规律。

(1) 构成硅酸盐的基本单元是 $[SiO_4]$ 四面体;

(2) 硅氧四面体只能通过共用顶角而相互连接,否则结构不稳定;

（3）Si^{4+} 离子间不直接成键，它们之间的结合通过 O^{2-} 离子来实现，Si—O—Si 的结合键在氧上的键角接近 $145°$；

（4）在稳定的硅酸盐结构中，硅氧四面体采用最高空间维数互相结合，单个四面体的维数为 0，链状、层状和立体状的维数相应为 1、2 和 3；

（5）硅氧四面体相互联结时优先采用比较紧密的结构；

（6）同一结构中的硅氧四面体最多只相差 1 个氧原子，以保证各四面体尽可能处于相近的能量状态。

按照这些规律，硅氧四面体可以构成岛状（包括环状）、链状、层状和骨架状等结构，并以此来分类。部分硅酸盐结构的示意图见图 9-1 所示。

在本质上，陶瓷是金属和非金属元素的化合物构成的非均匀固体物质，但氧化物是大多数典型陶瓷特别是特种陶瓷的主要组成和晶体相。氧化物主要有离子键结合，也有一定成分的共价键。它们的结构决定于结合键的类型、各种离子的大小以及在空间保持电中性的要求。陶瓷中最重要的氧化物都是几种简单类型的氧化物，如 AO、AO_2、A_2O_3、ABO_3、AB_2O_4B 等（A、B 表示阳离子）。它们结构的共同特点是，氧离子（一般比阳离子大）进行紧密排列，金属阳离子位于四面体、八面体间隙之间。

大多数氧化物结构是氧离子排列成简单立方、面心立方和密排六方的晶体结构，常见几种典型氧化物的结构见图 2-3 所示。

非氧化物是指不含氧的金属化合物、氮化物、硼化物和硅化物。它们是特种陶瓷特别是金属陶瓷的主要组成和晶化相，主要由共价键结合，但也有一定成分的金属键和离子键。

金属碳化物大多数是以共价键和金属键之间的过渡键结合，以共价键为主；氮化物的结合键与碳化物相似，但金属性更弱一些，并有一定程度的离子键；硼化物和硅化物结构比较相近，硼原子间、硅原子间都是较强的共价键结合，能连接成链（形成无机大分子链）、网和骨架，构成独立的结构单元，而金属原子位于单元之间。图 9-2 是一些典型的非氧化物的结构示意图。

和有些金属一样，陶瓷晶相中有些化合物也存在同素异构转变，例如 SiO_2 的同素异构转变如下。

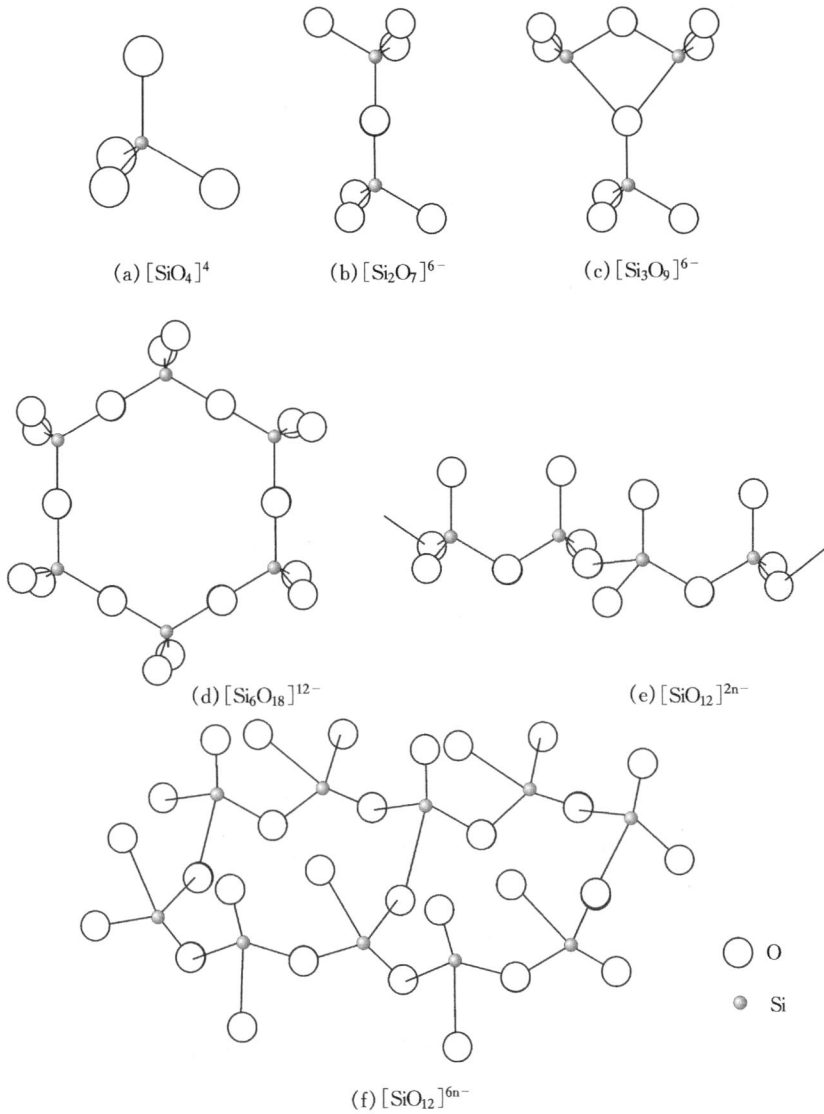

(a) $[SiO_4]^{4}$　　　　　(b) $[Si_2O_7]^{6-}$　　　　　(c) $[Si_3O_9]^{6-}$

(d) $[Si_6O_{18}]^{12-}$　　　　　　(e) $[SiO_{12}]^{2n-}$

(f) $[SiO_{12}]^{6n-}$

$\bigcirc$ O

$\bullet$ Si

图 9 - 1　部分硅酸盐结构示意图

岛状结构:(a)单四面体;(b)成对四面体;(c)三节单环;(d)六节单环

链状结构:(e)单链;(f)双链

(a)TiC 结构　　　　　　　(b)六方 BN 结构 Fe B

(c)Fe₂B 的结构　　　　　　(d)MoSi₂ 的结构

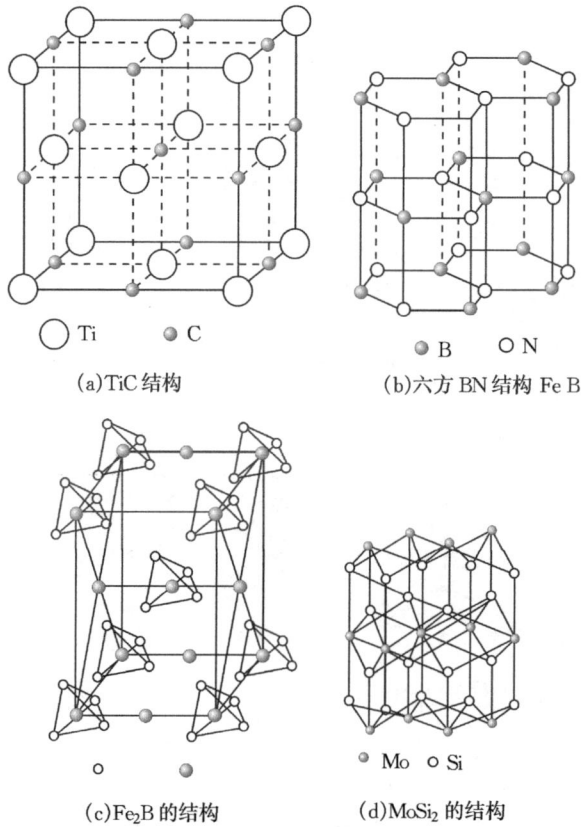

图 9-2　一些典型的非氧化物的结构

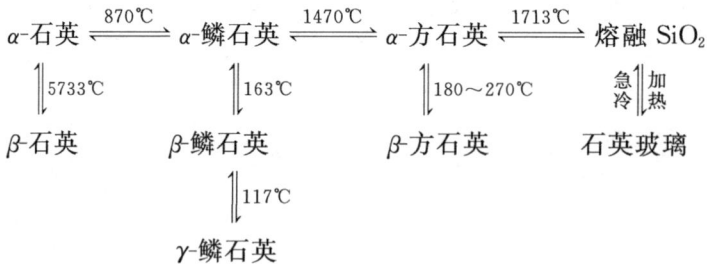

α-石英 $\underset{}{\overset{870℃}{\rightleftharpoons}}$ α-鳞石英 $\underset{}{\overset{1470℃}{\rightleftharpoons}}$ α-方石英 $\underset{}{\overset{1713℃}{\rightleftharpoons}}$ 熔融 SiO₂

$\updownarrow$5733℃　　　$\updownarrow$163℃　　　$\updownarrow$180～270℃　　急冷$\updownarrow$加热

β-石英　　　β-鳞石英　　　β-方石英　　　石英玻璃

$\updownarrow$117℃

γ-鳞石英

2. 玻璃相

陶瓷坯体在烧结过程中,由于复杂的物理化学反应,产生不均匀(不平衡)的酸性和碱性氧化物的熔融液相。这些液相的粘度在冷却过程中很快增大,当这些液相的粘度增大到一定程度(约 10^{13} Pa·S)还未有结晶时,熔体就会转变为非晶态玻璃。

陶瓷中玻璃相有如下作用:将晶体粘接起来,填充晶体相之间的空隙,提高致密度;降低烧结温度,加快烧结过程;阻止晶体转变,抑制晶体长大;获得一定程度的玻璃特性,如透光等。但是,由于玻璃相熔点低,热稳定性差,在较低的温度下即开始软化,导致陶瓷在高温下发生蠕变,而且由于常存在一些金属离子而降低陶瓷的绝缘性。因此,工业陶瓷要控制玻璃相的数量,一般不超过 20%～40%。

玻璃相的成分为氧化硅和其它氧化物。氧化物按作用可分为三类:第一类是玻璃形成物,如硅、硼、磷、锗、砷的氧化物等,它们构成玻璃的结构网络,决定玻璃的基本性能;第二类是调节剂,有钠、钾、钙、镁、钡的氧化物等,它们的阳离子填入结构网络的空隙,使玻璃的软化点下降,改变了其物理、化学性能;第三类是中间体,主要有铝、铁、铅、钛、铍的氧化物等,它们不能独立地形成结构网络,但能部分取代玻璃形成物,或充当调节剂,使玻璃相具有所要求的特性。

3. 气相

气相是指陶瓷空隙中的气体及气孔,它是在陶瓷生产过程中不可避免地形成并保留下来的。陶瓷中的气孔率通常约有 5%～10%,并力求气孔细小呈球形、均匀分布。气孔对陶瓷性能有显著影响,它使陶瓷强度降低、介电损耗增大、电击穿强度下降,绝缘性降低,这是不利的影响;但它也可使陶瓷密度减小,并能吸收振动。因此,在工业陶瓷的生产中应控制气孔的数量、形状、大小和分布,尽量降低气孔率。只有在某些特殊情况下,如作保温陶瓷和过滤多孔陶瓷等,才需要增加气孔率,有时甚至气孔率可达 60%～90%。

9.2　陶瓷的性能

陶瓷的性能受到许多因素影响,拨动范围较大,但还是存在一些共同的特性。

9.2.1　陶瓷的力学性能

(1)刚度　刚度由弹性模量衡量,而弹性模量则反映了结合键的强度,所以具有强大化学键的陶瓷都有很高的弹性模量,是各类材料中最高的(见表 9-1)。弹性模量对组织(包括晶粒大小和晶体形态)不敏感,但受气孔率的影响很大,气孔增加则材料的弹性模量降低。

(2)硬度　与刚度一样,硬度也决定于键的强度,所以陶瓷也是各类材料中硬度最高的,这是陶瓷的最大特点(见表 9-1)。

(3)强度　按理论计算,陶瓷的强度应该很高,约为 $E/10～E/5$,但实际上只有 $E/1000～E/100$,甚至更低。陶瓷实际强度比理论强度低得多的原因,是陶瓷组织中存在晶界,而陶瓷中晶界对强度的破坏作用远远大于金属,这是因为在陶瓷中,晶界生存在局部分离或空隙的区域,且晶界上原子间的键强度被大幅度的削弱,同时晶界上常存在裂纹。所以,消除晶界的不良作用,是提高陶瓷材料强度的基本途径。

表 9-1　常见材料的弹性模量和硬度

材料	弹性模量 /MPa	硬度 /HV
橡胶	6.9	很低
塑料	1 380	~17
镁合金	41 300	30~40
铝合金	72 300	~170
碳钢	207 000	300~800
氧化铝	400 000	~1 500
碳化钛	390 000	~3 000
金刚石	1 171 000	6 000~10 000

表 9-2　陶瓷纤维和晶须的强度

陶瓷材料	抗拉强度 /MPa		
	陶瓷块	纤维	晶须
Al_2O_3	280	2 100	21 000
BeO	140		133 000
ZrO_2	140	2 100	
Si_3N_4	120~140		14 400

表 9-3　刚玉晶粒尺寸与力学性能的关系

晶粒平均尺寸/ μm	抗弯强度/MPa	晶粒平均尺寸/ μm	抗弯强度/MPa
193.7	75	8.7	484
90.5	140	6.7	485
54.3	209	3.2	552
25.1	311	2.1	579
11.5	431	1.8	581

　　陶瓷的实际强度受到致密度、杂质和各种缺陷的影响。例如,热压氮化硅陶瓷,当致密度增大、气孔率接近于零时,强度可接近于理论值;刚玉陶瓷纤维,因为减少了缺陷,强度提高1~2个数量级(表 9-2);微晶刚玉由于组织细化,强度比一般刚玉高出许多倍(表 9-3)。

（4）塑性　陶瓷在室温下几乎没有塑性。陶瓷晶体的滑移系极少,位错运动所需的切应力很大,加之共价键有明显的方向性和饱和性,离子键同性离子接近时斥力很大,故由共价键和离子键构成的陶瓷的塑性极差。不过在高温慢速加载的条件下,由于滑移系的增多和玻璃相的软化,陶瓷也能表现出一定的塑性。

（5）韧性　在载荷下,陶瓷不发生变形在较低的应力下就发生断裂,因此韧性极低,断裂韧性值也很低,是典型的脆性材料。脆性是陶瓷最大的缺点,是阻碍其作为结构材料广泛应用的主要问题,也是当前研究的重要方向,目前在这一领域已取得重大突破。

9.2.2　陶瓷的物理和化学性能

（1）热膨胀　热膨胀系数的大小与晶体结构和结合键强度密切相关。键强度高的材料热膨胀系数低,结构紧密的材料热膨胀系数高,故陶瓷的热膨胀系数比金属低得多。

（2）导热性　陶瓷的热传导主要依靠原子的热振动,由于没有自由电子的传热作用,所以陶瓷的导热性比金属小得多。

（3）热稳定性　热稳定性是由急冷到水中不破裂所能承受的最高温度来衡量,它与材料线膨胀系数、导热性、韧性等因素有关。陶瓷的热稳定性很低,是其另一主要缺点。

（4）化学稳定性　陶瓷的结构非常稳定,金属原子被共价键结合,或被氧原子屏蔽在其紧密排列的间隙中（离子键）,很难再与介质中的氧发生作用,在上千度的高温下也是如此。所以陶瓷材料具有很好的耐火性、耐腐蚀性和化学稳定性。

（5）绝缘性　大多数陶瓷都具有高电阻率,是良好的绝缘体。少数陶瓷材料具有半导体性质,如 $BaTiO_3$ 是近年发展的半导体陶瓷和铁电陶瓷。

（6）其它特性　一些陶瓷具有特殊的光学性能,如红宝石（掺铬离子 α-Al_2O_3 晶体）、钇铝石榴石、钕玻璃、光导纤维等。铁氧体是由 Fe_2O_3 和 Mn、Zn 等氧化物组成的陶瓷材料,是很好的铁磁性材料。

9.3　常用特种陶瓷材料

工业陶瓷包括工程结构陶瓷和功能陶瓷,而工程结构陶瓷又可分为普通陶瓷和特种陶瓷两类。普通陶瓷是指粘土类陶瓷,包含普通工业陶瓷和化工陶瓷等。这类陶瓷历史悠久,应用广泛,在工业中主要用于电瓷绝缘子,耐酸、碱的容器,以及工作温度在 200℃ 以下的结构零件。

特种陶瓷是用于各种特殊场合的工业陶瓷,不仅品种多,适用范围广,而且在生产中要求也严格得多。在这一节中重点介绍一些常用的特种工程陶瓷和功能陶瓷的种类、性能和应用。

9.3.1　特种工程结构陶瓷

(1)氧化铝陶瓷　是以 Al_2O_3 为主要成分，同时含有少量的 SiO_2 的陶瓷，Al_2O_3 为主要晶化相。根据 Al_2O_3 的含量，可分为 75 瓷（Al_2O_3 含量 75%）、95 瓷和 99 瓷，后两者称为刚玉瓷。陶瓷中 Al_2O_3 含量愈高，玻璃相愈少，气孔愈少，其性能愈好，但工艺复杂，成本愈高。

氧化铝陶瓷的强度比普通陶瓷高 3～5 倍，抗拉强度可达到 250 MPa。它的硬度高，有很好的耐磨性，耐高温性能好，刚玉陶瓷可在 1600℃高温下长期使用。缺点是脆性大、抗热振性差。

氧化铝陶瓷主要用于制作内燃机的火花塞，火箭、导弹的导流罩，化工泵的密封环，轴承，纺纱机上的导纱器，合成纤维的喷嘴等，亦可作为熔炼金属的坩埚。

(2)氮化硅陶瓷　是以 Si_3N_4 为主要成分的陶瓷，共价键化合物 Si_3N_4 为主要晶化相。按生产工艺可分为热压烧结氮化硅陶瓷和反应烧结氮化硅陶瓷。热压烧结是以 Si_3N_4 为原料，加入少量添加剂，装入石墨模具中，在 1600～1700℃高温和 20～30 MPa 高压下成型烧结，得到组织致密，气孔率接近为零的氮化硅陶瓷。反应烧结使用 Si 粉或 Si_3N_4 与 Si 粉的混合料，压制成型后，在渗氮炉中进行渗氮处理，直到所有的硅都形成氮化硅。但这种方法得到的制品中，有 20%～30%的气孔，故强度不及热压烧结氮化硅陶瓷。

氮化硅陶瓷的硬度高，摩擦系数小(0.1～0.2)，并有自润滑性，是极好的耐磨材料，且蠕变抗力高，热膨胀系数小，抗热振性能在陶瓷中是最好的。氮化硅陶瓷的化学稳定性好，除氢氟酸外，可耐各种酸、碱、王水的腐蚀，能抗熔融金属的浸蚀。由于氮化硅是共价键晶体，无自由电子也无离子，因此，具有优异的电绝缘性能。

反应烧结氮化硅陶瓷易于加工，性能优异。主要用于耐磨、耐高温、耐腐蚀、形状复杂且尺寸精度高的制品，如化工泵的密封环、高温轴承、热电偶陶罐、燃气轮机转子叶片等。热压烧结氮化硅陶瓷用于制造形状简单的耐磨、耐高温零件和工具。如切削刀具、转子发动机刮片、高温轴承等。

(3)碳化硅陶瓷　是以 SiC 为陶瓷中的主要晶相，也是共价键晶体，与氮化硅陶瓷一样，有反应烧结和热压烧结碳化硅陶瓷两种。

碳化硅陶瓷的最大优点是高温强度高，在 1400℃时，抗弯强度仍能保持 500～600 MPa，工作温度可达 1600～1700℃，导热性好、热稳定性高、抗蠕变能力、耐磨性、耐蚀性都很好；而且耐放射性辐射。

碳化硅是良好的高温结构材料，主要用于制作火箭尾喷管，热电偶陶罐、炉管、燃气轮机叶片、高温轴承、热交换器及核燃料包封材料等。

（4）氮化硼陶瓷　是以 BN 为陶瓷中的主要晶相，是共价键晶体，晶体结构与石墨相似，为六方结构，故有白石墨之称。

氮化硼陶瓷有良好的物理、化学特性。耐热性和导热性好，导热率与不锈钢相当，膨胀系数比金属和其它陶瓷低得多，故其抗热振性和热稳定性好。高温绝缘性好，在 2000℃仍是绝缘体，是理想的高温绝缘材料和散热材料。化学稳定性好，可抗铁、铝、镍等熔融金属的侵蚀。硬度比其它陶瓷低，可进行切削加工，有自润滑性，耐磨性好。

氮化硼陶瓷常用于制作热电偶套管，熔炼半导体和金属的坩埚，冶金中的高温容器和管道，高温轴承，玻璃制品模具，高温绝缘材料等。

除以上几种陶瓷外，还有氧化镁陶瓷、氧化锆陶瓷、氧化铍陶瓷等。特种结构陶瓷在工程结构中的应用日益增多，但作为主体结构材料，陶瓷的最大弱点是塑性、韧性差，强度也低，因此需要扬长避短，选择使用场合。

9.3.2　金属陶瓷

金属陶瓷是由金属与陶瓷组成的非均质、具有某些金属性质的陶瓷复合材料。金属的热稳定性和韧性好，但易氧化、高温强度不高；陶瓷硬度高、高温强度高、但热稳定性差、脆性大。如果将它们结合起来，就有可能获得高强度、高韧性、高的高温强度的材料。由此便产生了金属陶瓷材料。

在金属陶瓷中，陶瓷相是氧化物（Al_2O_3、ZrO_2、MgO、BeO 等）、碳化物（TiC、WC、SiC 等）、硼化物（TiB、ZrB_2、CrB_2 等）和氮化物（TiN、BN、Si_3N_4 等），金属项主要是 Ti、Cr、Ni、Co 等和它们的合金。目前已应用最多的是氧化物金属陶瓷和碳化物金属陶瓷。

（1）氧化物金属陶瓷　应用较多的是 Al_2O_3 基金属陶瓷，粘结剂为 Cr，Cr 含量一般不超过 10%。Cr 的高温性能好，表面氧化形成的 Cr_2O_3 能与 Al_2O_3 形成固溶体，将氧化铝的颗粒牢固地粘结在一起。还可加入一些 Ni 和 Fe，使其在高温下形成尖晶石类型的复杂的氧化物 $FeO·Al_2O_3$、$NiO·Al_2O_3$，以改善陶瓷的高温性能。

氧化铝基金属陶瓷主要作为工具材料，其特点是热硬性高（1200℃），抗氧化性好，高温强度高，与被加工的材料的粘着倾向小，适合于高速切削。但氧化物陶瓷的主要问题，仍是脆性和热稳定性较低。

（2）碳化物陶瓷　是应用最广的金属陶瓷，主要作为工具材料，常被称为硬质合金。它是以金属碳化物为基体，以适量金属粉末（Co、Ni、Mo 等）为粘结剂制成的金属陶瓷。

硬质合金的性能特点具有高硬度、高热硬性、高耐磨性,在常温下,硬度可达 86～93 HRA(69～81 HRC),热硬性可达 900～1000℃;其次是抗压强度(可达 6000 MPa)和弹性模量高(为高速钢的 2～3 倍),但抗弯强度和韧性较低。故通常是通过粘结、钎焊、或机械装夹的方法,固定在钢制刀体或模具上使用。

硬质合金按成分和性能特点可分为三类,第一类为钨钴类硬质合金,是由碳化钨和钴组成,常用代号有 YG3、YG6、YG8 等。代号中"YG"为"硬"、"钴"两字的汉语拼音字首,后面数字表示钴的含量。

第二类为钨钴钛类硬质合金,是由碳化钨、碳化钛和钴组成,常用代号有 YT5、YT15、YT30 等。代号中"T"为"钛"字的汉语拼音字首,后面数字表示碳化钛的含量。硬质合金中,随着钴含量的降低,硬质合金的硬度、热硬性和耐磨性升高,但抗弯强度和韧性降低。钨钴钛硬质合金中含有碳化钛,其硬度、热硬性、耐磨性和抗粘刀性均比钨钴类硬质合金高,但强度和韧性比钨钴类硬质合金低。

第三类为通用硬质合金,是在钨钴钛类硬质合金的成分中添加部分碳化钽(TaC)或碳化铌(NbC)取代部分 TiC。其代号用"硬"和"万"两字的汉语拼音字首"YW"加顺序号表示,也称为万能硬质合金。特点是热硬性高,其它性能介于钨钴类硬质合金和钨钴钛类硬质合金之间。

在机械制造中,硬质合金主要用于制造切削工具、冷作模具、量具和耐磨零件。钨钴类合金主要用于切削能产生断续切屑的脆性材料,如铸铁;钨钴钛类合金主要用于切削韧性材料,如钢。通用硬质合金既可以切削脆性材料,也可切削韧性材料,特别是不锈钢、耐热钢、高锰钢等难加工的钢材。

硬质合金也可用于冷拔模、冷冲模、冷挤压模及冷镦模。在量具的易磨损工作面上镶嵌硬质合金,可提高使用寿命和可靠性,许多耐磨零件,如机床顶尖、磨床导杆和导板等也可应用硬质合金。

9.3.3　功能陶瓷

功能陶瓷主要是指利用材料的电、磁、声、光、热、弹等方面的直接的或偶合的效应以实现某种使用功能的陶瓷。功能陶瓷的特点是品种繁多,如介电陶瓷、半导体陶瓷、压电陶瓷、电致伸缩陶瓷、热释电陶瓷、铁电陶瓷、磁性陶瓷、导电陶瓷、高温超导陶瓷、光学陶瓷等等。功能陶瓷的使用范围非常广泛,市场需求量大,产业化前景广阔,在信息的检测、转换、处理、存储和微机械加工等技术领域得到非常广泛的应用,是电子、信息、计算机、通信、激光、医疗、机械、汽车、自动化以及核技术等高技术产业的关键材料。

1. 介电陶瓷

介电陶瓷是指在电路中作为电介质使用的陶瓷,主要有装置陶瓷、电容器陶瓷和微波陶瓷。在功能陶瓷的市场中,介电陶瓷占的份额最大,约占 50%。

装置陶瓷在电子技术中主要用作绝缘装置器件、陶瓷基片和陶瓷包封等。对装置陶瓷的性能要求是:低介电常数、低介质损耗、高绝缘电阻率、高抗电强度、高机械强度、高热传导率等。已经用作装置陶瓷的化合物有:氧化铝、氧化铍、氧化镁、氧化锆等。

优良的热传导性能是衡量装置陶瓷的一个重要指标。作为电路的载体,陶瓷基片要能够将安装在其上各种元器件所产生的热量迅速地散发出去,以保证系统能正常工作。

氧化铝瓷具有良好的热传导性能,室温下 99 瓷的热导率和钢铁的热导率相近,是一般陶瓷热导率的 13 倍以上。可以用来制造大功率集成电路的基片。

金刚石和六方氮化硼的热导率比金属还高,但却很难制备,因而价格昂贵,无法大量使用。氧化铍瓷是已知氧化物中热传导性能最好的材料,它的热传导特性与金属铝相近。BeO 含量在 95% 到 99% 陶瓷的热导率是刚玉瓷的 9 倍。它具有重量轻、介电常数和介质损耗低、热导率高的特点,可用来制作大功率晶体管的管壳、管座、散热片,大功率集成电路和微波集成电路的基片,微波输出窗,雷达防护罩等。

氮化铝瓷是一种非氧化物陶瓷。因它具有高的热导率,与硅材料相接近的热膨胀系数,低的介电常数和介质损耗,高的绝缘性能和机械强度,可在常压下烧结,可采用和氧化铝相似的基片工艺制造等的优点,已成为最有发展前途的高热导性陶瓷基片,适合于制作超高速、超大规模集成电路基片。

陶瓷电容器是以陶瓷材料作为介质的电容器。在世界电容器市场中,陶瓷电容器居主导地位。陶瓷电介质的介电常数的范围在 $10^0 \sim 10^4$。根据介电常数温度系数,将陶瓷电容器介质分为两大类,I 型电容器瓷和 II 型电容器瓷。

I 型瓷料要求介电常数具有相对稳定的温度特性,其温度系数 α_K 变化范围在 $+120 \sim -5600 \times 10^{-6}/{}^\circ\!C$。这一类介质材料的介电常数大都低于 100,最高不超过 600。I 型瓷介电容器主要用于高频(1 M~30 MHz),故又称这类瓷料为高频电容器瓷。

II 型瓷料是以铁电材料为主的高介电常数陶瓷。其介电常数从数千到数万,但受温度、频率、电场的影响较大。II 型瓷介电容器基本用于低频电路,因而又称低频电容器瓷。

可以作为高频电容器的介质材料体系主要有:TiO_2 基(金红石结构)、$CaTiO_3$ 基和 $CaSnO_3$ 基(钙钛矿结构)、TiO_2-MgO 系、TiO_2-MgO-La_2O_3 系、TiO_2-ZrO_2 系等。

铁电基电容器陶瓷的基本特点是具有很高的介电常数,但介电常数随温度的变化和介质损耗比 I 型瓷料大得多,并且介电性能的稳定性也不及 I 型瓷料。这一类陶瓷电容器的主要应用领域是在低频线路中的旁路、偶合、滤波等。II 型瓷料是以钙钛矿晶体结构为主的陶瓷。钛酸钡($BaTiO_3$)基铁电材料是其中一个最重要的组成类型。$BaTiO_3$ 是第一个人工合成的铁电陶瓷。

习惯上将频率在 300 MHz~300 GHz 范围(波长在 1 m~1 mm 范围)的无线电波称为微波。工作在这个波段的各类介电陶瓷及其制作的微波器件称为微波陶瓷,包括微波电容器、谐振器、介质波导、天线、基片等。

微波电介质陶瓷具有介电常数高、介质损耗低、频率和温度稳定性好等特性,作为微波电路元器件对介电陶瓷提出的性能要求是:具有适当大小的介电常数,而且其值稳定;高的品质因数 Q(介质损耗小);有适当的介电常数温度系数 α_K;热膨胀系数 τ 小。

介质损耗小、介电常数大、谐振频率的温度系数 α_K 小的电介质适合作电介质谐振器材料。$BaO\text{-}TiO_2$ 系列是原料价格比较便宜的材料。上世纪 90 年代中期以来,$BaO\text{-}TiO_2$ 系材料通过 $BaTi_4O_9$ / $Ba_2Ti_9O_{20}$ 比例的调整和优化,使其具有了很好的微波介电性能,该系统在整个微波波段范围内都可应用。表 9-4 给出了一些典型的微波介质陶瓷材料的介电性能。

表 9-4　典型微波介质陶瓷材料的介电性能

材　料	f/GHz	K	Q	α_f(10^{-6}/℃)
$BaTi_2O_5$	10	42	5 700	47
$BaTi_4O_9$	4	38	10 000	14
$Ba_2Ti_9O_{20}$	4	39	10 000	4
$8BaO\text{-}27Nd_2O_3\text{-}58TiO_2-7PbO$	1	88	5 000	0
$8BaO\text{-}27Nd_2O_3\text{-}58TiO_2\text{-}7PbO$	3	88	2 000	0
$BaO\text{-}Sm_2O_3\text{-}TiO_2\text{-}SrO$	3	78~99	4 000~3 000	-7~18
$Ba(Zn_{1/3}Ta_{2/3})O_3$	12	30	14 000	0
$Ba(Mn_{1/3}Ta_{2/3})O_3$	11	22	5 100	34
$Ba(Ni_{1/3}Ta_{2/3})O_3$	7	23	7000	-18

2. 半导体陶瓷

绝大多数先进功能陶瓷的化学组成都是金属氧化物,有较宽的带隙,一般情况下都呈现很高的绝缘电阻。然而,通过采取一些特殊的方法,如引入异价离子或控制烧结气氛等均可以使原来为电绝缘的材料变成半导体材料。

根据电阻对不同外界条件的感应特征,通常将半导体陶瓷分为压敏变阻器、热敏电阻器、湿敏电阻器、气敏电阻器等。

压敏陶瓷的电阻对外加电压的变化非常敏感,也就是说,材料的电阻是随电压而变的。当电压低于某一临界值时,材料是绝缘体,电路中的电流很小。当电压超过临界值后,电阻会迅速变小,相应的让很大的电流从其中通过。

可以制造压敏变阻器的半导体陶瓷材料有 SiC、ZnO、$SrTiO_3$、$BaTiO_3$、TiO_2、SnO_2、Fe_2O_3 等。其中 $BaTiO_3$ 和 Fe_2O_3 利用的是电极和烧结体界面的非欧姆特性,SiC、ZnO、$SrTiO_3$、TiO_2、SnO_2 则利用的是晶界间的非欧姆特性。目前,应用最广、性能最好的是 ZnO 压敏变阻器。

凡是具有热敏感特性的陶瓷都属于热敏陶瓷。例如,利用阻－温敏感特性的半导体热敏电阻陶瓷,利用介电常数－温度敏感特性的介质陶瓷和利用磁感应强度－温度敏感特性的磁性陶瓷等。其中以热敏电阻瓷的应用最为普遍,因为其阻温敏感特性极易被检测。

热敏电阻器是用电阻对温度敏感的陶瓷材料制成。一般电阻器的电阻值随温度的变化很小,而且希望温度系数越小越好。但对热敏电阻来说,则是希望它的电阻温度系数尽可能大。电阻率随热敏电阻种类的不同而异,一般在 $1 \sim 10^6 \ \Omega \cdot cm$ 范围内按温度系数的符号和大小将热敏电阻进行分类,电阻随温度升高而显著减小的为负温度系数热敏电阻,电阻随温度升高而显著增大的为正温度系数热敏电阻,临界温度热敏电阻和 V 型 PTC。

气敏陶瓷元件是利用它表面吸附气体前后电阻值的变化检测气体的。这个过程涉及固体表面与气体的相互作用。由于固体表面结构不同、吸附气体的种类不同、温度条件不同,可发生化学吸附或物理吸附。

半导体陶瓷气敏元件大部分是 n 型半导体,如 SnO_2,ZnO,$\gamma\text{-}Fe_2O_3$,$\alpha\text{-}Fe_2O_3$ 等,也有 p 型半导体,如 $MgCr_2O_4\text{-}TiO_2$。SnO_2 气敏元件是目前世界上生产量最大、应用面最广的气敏元件,可以用来检测氢、甲烷、一氧化碳、酒精等还原性气体。

敏感陶瓷靠其表面与气体接触来实现特定的功能,表面积的大小直接影响敏感参数,如电阻值与待测气体浓度的关系。增加陶瓷表面积的一个有效方法就是增加陶瓷材料的开孔孔隙率,或者说制备多孔陶瓷。电极也必须多孔而且稳定,和多孔半导体陶瓷之间必须是欧姆接触。电极－氧化物半导体陶瓷界面的非欧姆效应会遮盖敏感元件正常的灵敏度。

湿敏陶瓷是指对空气或其它气体和固体物质中水分含量敏感的陶瓷材料,即空气中湿度的变化,或物质中水分含量的变化,能引起陶瓷材料某些物理或化学性质的剧烈变化,如电阻率、介电常数等非常明显的变化,而且这种变化遵循某种规律,如线性、指数函数等,这种变化规律应该是稳定的和可逆的。因而人们可以利用这种变化规律精确地测量和控制空气中的湿度或物质中的水分含量等。

为了增加和水分子接触的活性表面,湿敏陶瓷大都是多孔结构。平均气孔直径在 $150\sim300$ nm。开孔气孔率一般为 $30\%\sim40\%$。利用这些开孔气孔来实现水气的吸附,并使其凝聚。

半导型湿敏陶瓷的材料系列有 $MgCr_2O_4$-TiO_2,TiO_2-V_2O_5,$ZnCr_2O_4$-SnO_2,$ZnCr_2O_4$-$LiZnVO_4$,$MgAl_2O_4$-Fe_3O_4,羟基磷灰石 $[Ca_{10}(PO_4)_6OH_2]$ 等。以尖晶石结构为主。

3. 铁电陶瓷

在没有外电场或外加应力的情况下,沿着单一对称轴方向存在自发极化,自发极化方向可以被外加电场所改变的晶体称为铁电体。铁电体的特点就是具有许多电畴和电滞回线,所谓电畴就是在一个电畴范围内永久偶极矩的取向都是一致的,而分隔相邻不同自发极化方向电畴的晶胞小区称为畴壁。因此,凡具有电畴和电滞回线的介电陶瓷材料就称为铁电陶瓷。

图 9-3 是一个铁电体的电滞回线。从电滞回线上能得到三个参数:矫顽场强 E_c;由水平轴截距求得,剩余极化强度 P_r;由垂直轴截距求得,饱和极化强度 P_s,由回线的线性末端处外推到极化轴上的截距来确定。

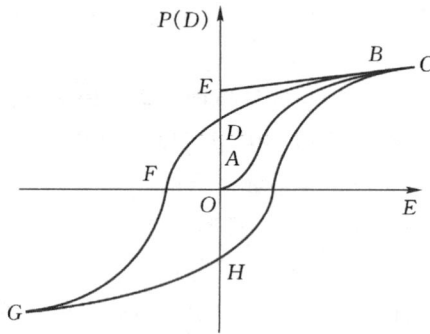

图 9-3　铁电体的电滞回线

铁电晶体只有当温度降低至某一特定值,晶体的结构发生改变时,才能成为铁电相,晶体才具有铁电性。将铁电相和非铁电相转变温度称为居里温度 T_c。

铁电体的介电系数与非铁电体不同,由于极化的非线性,铁电体的介电系数不是一个常数,而是依赖于外电场,所以通常以 OA 曲线在原点的斜率来代表介电常数。

4. 压电陶瓷

当在晶体的一些特定方向上施加应力时,除了会使晶体发生弹性形变外,还会使晶体的一些特定方向出现电极化现象。反之,对这些晶体施加电场,不但会导致晶体产生电极化,也会使晶体产生弹性形变。将晶体的这种物理效应称为压电效应。具有压电效应的陶瓷材料就叫做压电陶瓷。所以,压电陶瓷首先应是铁电陶瓷。

压电效应是晶体的机-电耦合现象,它包括正压电效应和逆压电效应。由应力导致的电极化现象称为正压电效应,由电场导致的形变称为逆压电效应。

在铁电和压电陶瓷中,钙钛矿结构的材料被研究的最多,并且得到广泛的应用。例如,$BaTiO_3$、$PbTiO_3$、$SrTiO_3$、$KNbO_3$、$Pb(Mg_{1/3}Nb_{2/3})O$、$Pb(Zn_{1/3}Nb_{2/3})O_3$ 等。钙钛矿得名于天然矿物钛酸钙 $CaTiO_3$,其化学通式为 ABO_3,A 代表半径较大、电价较低的正离子,如 Ca^{2+}、Sr^{2+}、Ba^{2+}、Pb^{2+}、Na^+、K^+、Bi^{3+}、La^{3+} 等;而 B 代表半径较小、电价较低的正离子,如 Ti^{4+}、Zr^{4+}、Nb^{5+}、Ta^{5+}、W^{6+} 等。A 离子和 B 离子的电价和应该等于+6。图 9-4 是立方钙钛矿晶体单胞的示意图。在立方对称的条件下,可以看成氧离子和半径较大的 A 位正离子以立方密堆积方式排列,半径较小的 B 位正离子处于由氧八面体构成的空隙中。钙钛矿结构中的氧八面体之间构成以顶角相互连接的网络。A 位正离子的配位数是 12,B 位正离子的配位数是 6,氧离子的近邻是 4 个 A 离子和 2 个 B 离子。

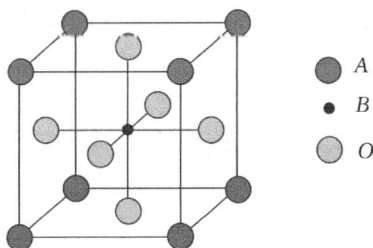

图 9-4　钙钛矿型晶体 ABO_3 单胞结构示意图

钛酸钡是最早发展的铁电和压电陶瓷,至今它仍被广泛地应用。$BaTiO_3$ 的居里温度 T_c 是 120℃。在 120℃以上,$BaTiO_3$ 晶体为立方晶系,空间群 Pm3m,不具有铁电性。如果烧结温度达到 1460℃,$BaTiO_3$ 由立方晶系转变为六方晶系,这种晶型会以亚稳态形式在室温下存在,使 $BaTiO_3$ 仍不具有铁电性。

钛酸铅 $PbTiO_3$ 的居里温度较高(490℃),在发生顺电—铁电相变时,其晶胞尺寸发生显著的变化,致使经高温烧结后的 $PbTiO_3$ 陶瓷在冷却经过居里温度时,有时会由于内应力作用而出现破裂甚至粉碎现象。用 Zr^{+4} 部分替代 Ti^{+4} 得到 $(1-x)PbTiO_3\text{-}xPbZrO_3(0<x<1)$ 固溶体陶瓷,习惯上称为 PZT 陶瓷。

许多铁电固溶体和复杂化合物的介电常数与温度关系中的介电常数峰呈现出明显的介电弛豫现象,即介电常数的峰值温度随着测量频率的升高朝高温方向移动。这类材料又被称为弛豫型铁电体。

$Pb(Mg_{1/3}Nb_{2/3})O_3$ 和 $Pb(Zn_{1/3}Nb_{2/3})O_3$ 是两个在应用上非常重要的弛豫型铁电体。$Pb(Zn_{1/3}Nb_{2/3})O_3$ 单晶体具有非常强的压电效应,压电常数 d_{33} 高达 1500×10^{-12} C/N 以上,机电耦合系数 K_{33} 高达 90% 以上。然而,由于复杂的化学组成,这两种单晶体生长很困难,长期以来,很难获得线度大于 1 厘米的单晶体,因而没有实际应用价值。直到上个世纪 90 年代中期,$Pb(Mg_{1/3}Nb_{2/3})O_3$ 和 $Pb(Zn_{1/3}Nb_{2/3})O_3$ 基的单晶生长研究获得了突破性进展,生长出尺寸接近 2 英寸的 $91Pb(Zn_{1/3}Nb_{2/3})O_3\text{-}9PbTiO_3$ 的单晶体。它的压电常数 d_{33} 达到 $1500\sim2500\times10^{-12}$ C/N,机电耦合系数 K_{33} 达到了 92%~95%,电致应变 x_{33} 高达 1.7%([001]方向),贮能密度为 130 J/Kg。紧接着,$Pb(Mg_{1/3}Nb_{2/3})O_3\text{-}PbTiO_3$ 单晶体的生长也获得了成功,测得的压电常数 d_{33} 甚至比 $Pb(Zn_{1/3}Nb_{2/3})O_3\text{-}PbTiO_3$ 还要高。这些数值比目前广泛应用的 PZT 压电陶瓷成倍地、甚至成数量级地增加。

习题 9

1. 何谓陶瓷?陶瓷的组织由哪些相组成?对陶瓷性能有何影响?
2. 陶瓷材料的主要结合键是什么?请从结合键的角度分析陶瓷材料的性能。
3. 简述陶瓷材料的力学性能、物理性能和化学性能。
4. 为什么一般陶瓷材料的硬度和刚度很高,但塑性和韧性很差?
5. 简述工程结构陶瓷的种类、性能特点和应用。
6. 何谓金属陶瓷?硬质合金的成分特点是什么,最突出的性能是什么?
7. 陶瓷的实际性能为什么低于理论强度?
8. 何谓功能陶瓷?功能陶瓷可分为哪些大类?
9. 介电陶瓷包括哪些?对装置陶瓷、电容器陶瓷的性能有哪些要求?
10. 何谓铁电陶瓷和压电陶瓷?它们之间有何联系?

第 10 章

功能材料

现代生活中,与电、磁、声、光有关的材料数不胜数。在物理意义上,承担电能、磁能、光能等与其它能量形式间的转化、输运、储存等有关的材料统称为功能材料。现代科技特别是纳米材料的发展,使得功能材料得到迅速的发展。一般意义上,没有电、磁、光和与其有关现象的发现,就没有现代科技与现代生活。如果没有各类功能材料,也不可能有现代科技。

10.1 导体与导电材料

材料的电阻增加了导电电子运动的阻力,增加了电能传输过程中的无效消耗。减小材料的电阻是电力传输中的重要课题,也因此使人们投入大量的人力和金钱研究超导体。但事物往往都具有两重性,具有一定阻值的导电材料也成为有巨大使用价值的功能材料。这里主要包括精密电阻合金、电热材料和热电材料。

10.1.1 精密电阻合金

精密电阻合金是在仪器、仪表和电子行业中广泛使用的一种电阻合金。它要求具有高的电阻率并具有好的加工性能;其次是要求其电阻温度系数低以使之可以在较宽的温度范围内保持电阻最小的变化;第三是组织稳定性好,避免由于长期使用和温度波动引起结构或组织变化引起电阻率的改变。同时,精密电阻合金还要求具有高的抗氧化性能,增加使用寿命。

添加过渡族金属元素调整合金的电阻率是有效的手段。因此,电阻合金中绝大多数都含有过渡族元素。在精密电阻合金中,大部分都以面心立方结构的材料为主,以保持其结构的稳定性和可加工性。常用的精密电阻合金的成分和性能见表 10-1。

表 10 - 1   几种常用的精密电阻合金

名　　称	化学成分 $w_t/\%$	室温电阻率/$\mu\Omega\cdot$ cm	电阻温度系数/$\times 10^6$
康铜	$Cu_{82.5}Mn_{12}Al_4Fe_{1.5}$	45	2.59
	$Cu_{88.7}Mn_{11}Sn_{0.3}$	68.5	0
Ni-Cr 合金	$Ni_{73}Cr_{20}Al_3Fe_3Mn_1$	133	$\pm5\sim\pm20$
Fe-Cr-Al	$Fe_{71.52}Cr_{24}Al_{4.4}Ti_{0.08}$	146.8	11.3

10.1.2 电热材料

　　电能转换成热能是电力的主要用途之一。用于制作如电炉丝、电热器、白炽灯丝等发热元件的电热材料也成为一种重要的电功能材料。除了需要高的电阻率外,电热材料必须具有良好的高温抗氧化性和时间稳定性以使其具有足够的寿命。同时电热材料还应该具有良好的可加工性以便能制备成各种形状。例如,金属系电热材料应可以拔成丝并可以绕成各种复杂形状,金属陶瓷电热材料至少可以烧结成为简单形状并且不能太脆。

　　除了金属和合金以外,SiC(硅碳棒)、MoC(碳钼棒)和 $MoSi_2$(硅钼棒)等化合物材料也经常作为电热材料使用。应指出,这类化合物属于金属化合物,依然靠自由电子(而非离子)导电。因此这类化合物又称金属性陶瓷。表 10 - 2 给出了常用电热材料的成分及特性。

表 10 - 2   几种常用的电热材料

名　　称		化学成分 $w_t/\%$		室温电阻率 /$\mu\Omega\cdot$ cm	使用温度 /℃	使用条件
		牌号				
单质	W	W	100%W	5.2	<1650	真空、气氛保护
	Mo	Mo	100%Mo	5.65	<2500	真空、气氛保护
	石墨	C	100%C	~1000	<3000	真空、气氛保护
合金系	镍铬	$Ni_{80}Cr_{20}$	78～80Ni,20～22Cr,<1.5Fe,0～2Mn	110	<1150	空气
		$Ni_{70}Cr_{20}Fe_8$	70Ni,20Cr,8Fe,2Mn	110	<1100	
		$Ni_{50}Cr_{30}Fe_{25}$	50～52Ni,30～33Cr,11～15Fe,2～3Mn	110	<1250	
	铁铬铝	Fe-Cr-Al	16～18Cr,4.5～6.5Al,余 Fe	140～150	<1000	空气
			23～27Cr,4.5～7.0Al,余 Fe		<1250	
			40～45Cr,7.5～12Al,余 Fe		<1350	
化合物	C-Si	SiC	94.4SiC,3.6SiO_2,0.3C,0.3Si,2Al,0.6Fe,0.6(CaO+MgO)	$1\sim2\times10^5$	<1450	空气
	Si-Mo	$MoSi_2$	63Mo,37Si	300～450	<1680	

10.1.3　热电材料

将两种不同成分的材料两端相联,两个接触点处于不同的温度 T_1 和 T_2 之中,回路中就会产生电流。如果将回路断开,则在断开点的两端会产生一个电势,这个电势就叫做热电势。金属的热电势可以用于温度的测量,而利用这一原理制作的测温元件称为热电偶,它广泛应用于电炉或燃料炉的温度测量和控制场合。表 10 - 3 给出了常用热电偶材料的成分和测温范围。

表 10 - 3　常用热电偶材料的成分和测温范围

型号	正极材料 $w_t / \%$	负极材料 $w_t / \%$	温度测量范围/K
B	$Pt_{70}Rh_{30}$	$Pt_{94}Rh_6$	$273 \sim 2093$
S	$Pt_{90}Rh_{10}$	Pt_{100}	$223 \sim 2040$
N	$Ni_{84}Cr_{14.5}Si_{1.5}$	$Ni_{54.9}Si_{45}Mg_{0.1}$	$3 \sim 1645$
K	$Ni_{90}Cr_{10}$	$Ni_{95}Al_{12}Mn_2Si_1$	$3 \sim 1645$
J	Fe_{100}	$Ni_{45}Cu_{55}$	$63 \sim 1473$
E	$Ni_{90}Cr_{10}$	$Ni_{45}Cu_{55}$	$3 \sim 1273$
T	Cu_{100}	$Ni_{45}Cu_{55}$	$3 \sim 673$

10.1.4　超导体

1. 常规超导体

相对于高温超导体而言,纯元素、合金和化合物超导体的超导转变温度较低。这类超导体称为常规超导体。图 10 - 1 给出了元素周期表中的超导元素。一些元素在常压下具有超导特性,一些元素在高压下表现出超导特性,而一些元素在特殊处理后才有超导特性。

超导合金和化合物有重要的使用价值。它们大多数属第二类超导体,具有较高的转变温度、高的临界磁场和大的临界电流密度。合金超导体可加工性好,成本低廉。

Nb-Ti 合金是用于制造线材超导体的主要材料。价格低廉,可加工性、机械性能好。Nb-Zr 合金具有好的延展性,强度高,易于制作线圈。三元合金的超导特性明显优于二元系,目前有实用价值的有 Nb-Zr-Ti 系、Nb-Ti-Ta 系、Nb-Ti-Hf 系等。超导化合物的超导性能良好,但质脆,可加工性差。常见的超导金属化合物有 Nb_3Zn、V_3Ga、$Nb_3(Al,Ge)$ 等。

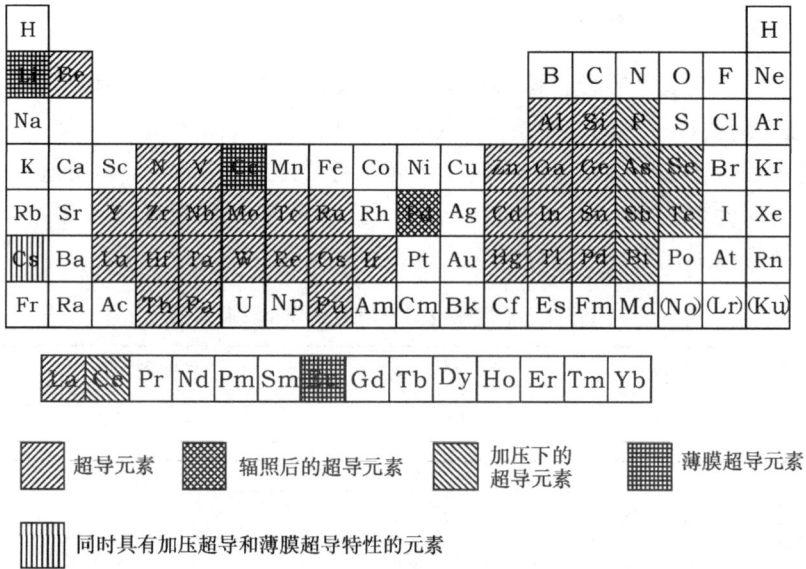

图 10-1　超导元素

2. 高温超导体

　　一些复杂的氧化物陶瓷具有高的临界转变温度,T_c 超过了液氮温度。这些超导体称为高温超导体。有代表性的高温超导体有钇系的氧化物、铋系氧化物和铊系氧化物。

　　除了上述超导体外,具有超导特性的材料还有非晶超导体、重费米子超导体、金属间化合物超导体、有机超导体和碱金属掺杂的 C_{60} 超导体以及复合超导体等。

10.2　磁性材料

　　目前,磁性材料研究领域十分广泛,形成强磁材料所含元素已从 3d 族发展到 4f 族;从金属材料发展到各种合金和化合物,包括金属、半导体和绝缘体、有机和无机化合物等;从晶体材料发展到非晶和纳米晶材料。近 20 年,各种磁记录材料、磁光记录材料、磁致冷材料等得到迅猛发展,并广泛地应用于电工、电子和计算机等领域,成为当代社会不可缺少的关键材料。

10.2.1　软磁材料

　　软磁材料是指具有高磁导率和低矫顽力的材料。该类磁性材料容易磁化也容易退磁,在交变场作用下磁滞回线面积小且磁损耗低,是电工和电子技术的基础材料,广泛地用于电机、变压器、继电器、电感、互感以及电磁铁的磁芯等方面。

良好的软磁性能要求材料有尽可能低的磁各向异性和磁致伸缩,低的内应力,高的电阻率(降低交变场下的涡流损耗)。

常用的软磁材料有纯铁、硅钢、镍铁合金(玻莫合金)、钴铁合金、铁基和钴基非晶态材料、软磁铁氧体、纳米晶铁基合金等。

1. 晶态软磁材料

(1)纯铁　纯铁是典型的软磁材料,它具有非常高的饱和磁通密度 $B_s=2.2\mathrm{T}$,体心立方结构使它具有较小的磁晶各向异性 $K_1=4.8\times10^4\ \mathrm{J/m^3}$ 和磁滞伸缩常数 $\lambda_{100}=21\times10^{-6}$,$\lambda_{111}=-20\times10^{-6}$。一般要求杂质含量非常低,即使为工艺和软磁性的要求所必须加的元素添加量也应尽量低。纯铁的饱和磁化强度是由纯铁的纯度决定的,除了添加 Co 以外,所有掺杂都使饱和磁化强度降低。纯铁的矫顽力主要取决于 C 的含量、非磁性脱溶物的体积和含量等。

(2)硅钢　早在 1890 年就发现硅钢比纯铁的软磁性能更好,可大大改进电机和变压器的性能,至今硅钢仍是世界软磁材料生产量最大的一种。

硅钢是碳的质量分数 w_C 在 0.02% 以下,硅的质量分数 w_{Si} 为 1.5%~4.5% 的铁合金。常温下 Si 在 Fe 中的固溶度大约为 15%,但铁硅合金随 Si 含量的增加,其加工性变差,因此硅 w_{Si} 约为 5% 是一般硅钢制品的上限。

硅的加入可以使磁滞损耗下降,μ 值升高。这是由于硅的加入可使磁晶各向异性和磁致伸缩系数下降的缘故。当 Si 含量为 6.5% 时,铁损最小,但硅钢片变脆,加工工艺困难。同时硅的加入可使电阻率升高,涡流损耗下降,因此硅钢是交流电器理想的材料。但由于硅的加入,硅钢的饱和磁通密度和居里点下降。

大量生产的硅钢片就是通过对变形再结晶组织轧板,使其产生板织构,大多数晶粒的{110}面平行于轧面,⟨100⟩方向平行于轧向。其磁导率等磁学特性和铁损等得到明显改善。

(3)铁镍合金(玻莫合金)　软磁 Fe-Ni 合金是面心立方结构,Ni 含量在 30%~80% 之间。磁晶各向异性小和磁致伸缩小是决定其具有优异的软磁性能的原因,当含镍量不同时,具有不同的软磁特性。

当 Fe-Ni 合金含有 72%~83% Ni 时,具有最高的磁导率和最低的矫顽力,最佳矫顽力和磁导率值分别为 $H_c\approx0.5\ \mathrm{A/m}$,$\mu_i\approx200\ 000$;含有 54%~68% Ni 的 Fe-Ni 合金具有更高的饱和磁极化强度和高的磁导率;对于含有 45%~50% Ni 的 Fe-Ni 合金,可获得近于 1.6 T 的最大的饱和磁极化强度,以及得到立方织构和矩形磁滞回线,即使对于相当厚的材料也能得到低矫顽力($H_c\approx3\ \mathrm{A/m}$);35%~

40%Ni 的 Fe-Ni 合金,磁导率的范围处于 2000～8000,相对较低,但保持恒定,因此在电子通讯变压器迭片铁芯材料中起重要作用;近于 30%Ni 的 Fe-Ni 合金的居里温度在室温附近,可通过 Ni 含量的微调达到从 30℃变化到 120℃,因此这类材料基本上是用作温度补偿,比如在永磁系统中,电路中等。

(4)铁钴合金　　重要的 FeCo 合金的 Co 含量在 27%～50%之间,在所有软磁材料中,它们具有最高的饱和磁极化强度 $J_s = 2.4$ T,最高的居里温度,接近 950℃。但 FeCo 合金高的磁晶各向异性值和高的磁致伸缩值使它的软磁性能比 FeNi 合金要差一些。

2. 非晶态软磁合金

非晶态合金不存在磁晶各向异性。非晶态保留了一些短程有序,与液体状态的有序度可比较。基于过渡金属的非晶态金属合金非常容易磁化。非晶态合金的电阻率(120～150 $\mu\Omega \cdot$ cm)相对较高,这使它们能应用在高频场合。

基于过渡金属-类金属的非晶态材料可分为三类:Fe 基非晶、Co 基非晶和 NiFe 基非晶。

(1)铁基非晶合金　　在所有非晶态合金中,一般组分为 $T_x M_{100-x}$($70 \leqslant x \leqslant 80$)的 Fe(Si,B)基富铁合金具有最高的饱和磁极化强度值,为 1.5～1.8T,但是软磁性能因其相当高的饱和磁致伸缩值(约 30×10^{-6})而受到限制。与性能相当的晶态含 3%Si 的硅钢相比,富铁非晶态合金具有特别低的矫顽力和总损耗。

(2)钴基非晶合金　　在富 Co 系非晶态合金中,磁致伸缩可以为零,如忽略磁弹性或应力各向异性,非晶态富 Co 合金具有较高磁导率和低矫顽力,其值可以和高磁导率($\mu_i \approx 100000$)玻莫合金相比拟。

(3)镍-铁基合金　　这类非晶态合金基本上具有等量的 Fe 和 Ni,组分为 $Fe_{40}Ni_{40}$(Si,B)$_{20}$。其饱和磁极化强度约为 0.8 T,饱和磁致伸缩系数 λ_s 约为 10×10^{-6}。因为这类材料有很好的弹性,很小的应力变化会引起很大的磁导率和磁滞回线形状的可逆变化,所以可用于磁弹性传感器。

3. 纳米晶软磁合金

在一般的晶态软磁合金中,随着晶粒尺寸的减小,材料的矫顽力线性增大,磁导率降低,材料的软磁性能下降。但当晶粒大小减小到纳米数量尺寸时,磁体矫顽力迅速减小,与晶粒尺寸六次方成正比关系。当晶粒尺寸在 10 nm 左右时,材料由于纳米尺寸效应而表现出优异的软磁性能。

现在已经大量生产的纳米晶软磁合金是 Finement 合金,其典型成分为 $Fe_{73.5}Cu_1Nb_3Si_{3.5}B_9$,纳米晶软磁合金的各项性能都优于非晶软磁材料。Finement 合金的成分与过渡金属-类金属非晶态合金的成分类似,含有 70%(原子)以上的 Fe、

Co、Ni 和 20％左右的类金属（Si、B、C、P 等）元素。该成分保证了合金具有高饱和磁感应强度和低饱和磁致伸缩系数 λ_s。与非晶态合金不同的则是添加了 Nb（或 Zr、Mo、W、Cr、V 等元素）和 Cu。Nb 等元素的加入阻碍合金中 α-Fe 晶粒在晶化退火的过程中长大。

4. 软磁铁氧体

随着要求能在更高频率，更高电阻率，更低涡流损耗条件下工作的软磁材料，以 Fe_2O_3 为主要成分的软磁铁氧体材料应运而生，并到达实用化。

目前广泛使用的软磁铁氧体材料是属于尖晶石结构的锰-锌铁氧体和镍-锌铁氧体，由于其晶体对称性高，磁晶各向异性小，因此其磁特性最软，做为铁芯材料用途广泛。其次石榴石型铁氧体也常用于微波频带磁芯材料。

尖晶石结构的软磁铁氧体的晶体与天然矿物尖晶石（$MgAl_2O_4$）相同。在数兆赫以下，用得最多的是饱和磁通密度和磁导率均较高的 Mn-Zn 铁氧体，在此系统中，存在磁晶各向异性及磁致伸缩均为零的成分范围，而且通过增加晶粒尺寸等可使磁畴壁容易运动。在这种尖晶石型铁氧体中，既能获得最高的磁导率，又能获得最高的饱和磁通密度。但是，这种成分的 Mn-Zn 铁氧体由于电阻率很低，在高周波段损失急剧增加而不能使用。

在数百千赫以上到数百兆赫以下的所谓无线电周波数带域内，主要使用 Ni-Zn 及 Ni-Cu-Zn 铁氧体，在这一周波数带域内，对磁性材料的要求是低损耗，上述软磁铁氧体可满足这一要求。

在从数百兆赫到数吉赫的所谓微波带域内，在尖晶石型铁氧体中可采用 Mg 系、Ni 系和 Li 系铁氧体，但用得最多的还是石榴石型铁氧体。

10.2.2 永磁材料

永磁材料又称硬磁材料，是一类经过外加强磁场磁化再去掉外磁场以后能长时期保留其较高剩余磁性，并能经受不太强的外加磁场和其它环境因素（如温度和振动等）的干扰的强磁材料。因这类强磁材料能长期保留其剩磁，故称永磁材料，又因其具有高的矫顽力，能经受外加不太强的磁场干扰，故又称硬磁材料。永磁材料是历史上发现最早，应用也最早的强磁材料，也是当代种类很多和应用很广的一大类强磁材料。

永磁材料一般具有以下几点基本要求：高的最大磁能积 $(BH)_{max}$，强磁材料 B-H 磁滞回线的第二和第四象限部分称为退磁曲线，退磁曲线上每一点的磁通密度 B 和磁场强度 H 的乘积 BH 称为磁能积，其中 (BH) 最大者称为最大磁能积，它是永磁材料单位体积存储和可利用的最大磁能密度的量度；高的矫顽力 $_BH_c$ 和高的内禀矫顽力$_iH_c$,矫顽力$_BH_c$是指强磁材料 B-H 退磁曲线 B＝0 处的磁场强度,内禀矫顽力$_iH_c$则是指强磁材料 M-H 退磁曲线上 M＝0 处的磁场强度;高的剩余磁通密度 B_r 和高的剩余磁化强度 M_r,B_r 和 M_r 是永磁材料闭合磁路在经过外加磁场磁化后磁场为零时的磁通密度和磁化强度,它们是开磁路的气隙中能得到的磁场磁通密度的度量;高的稳定性,即对外加干扰磁场和温度、震动等非磁性环境因素变化的稳定性。

目前根据永磁材料其成分和磁性等特点,可分为金属永磁材料、铁氧体永磁材料、稀土永磁材料,其最大磁能积$(BH)_{max}$随历史的发展如图 10-2 所示。

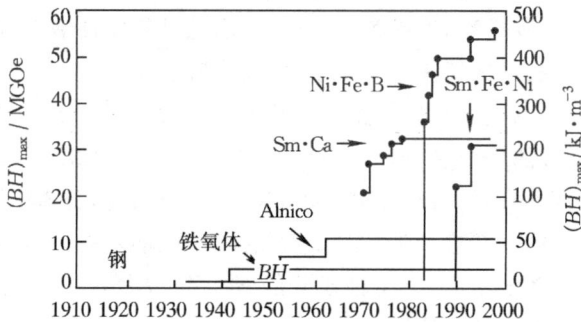

图 10-2　永磁材料最大磁能积$(BH)_{max}$随历史的发展示意图

1. 金属永磁材料

(1)铁合金　当纯铁中溶解一部分碳可使纯铁在磁性上变硬,首次应用于 20 世纪 40 年代。质量分数为 7%～8% 的钨钢的矫顽力大约在 7 kA/m(90Oe)。Co-Mo 和 Co-Cr 钢的矫顽力是钨钢的 2 倍,其磁能积达到 8 kJ/m³(1MGOe)。

(2)Alnico 合金　Alnico 系永磁合金的主要成分为 Fe、Ni 和 Al,再加入 Co、Cu、Mo 和 Ti 等元素,经适当的热处理得到各向同性的永磁合金,经磁场热处理或定向结晶处理得到各向异性的永磁合金。

Alnico 系合金最早出现于 20 世纪 30 年代,大量研究发展出十余个品种,成为 20 世纪 70 年代以前性能最好的永磁材料,它属于单磁畴型永磁体。Alnico 系永磁合金很难加工,故多以铸造磁钢制品的形式出现。在 20 世纪 70 年代初发展出的 Fe-Cr-Co 永磁合金,可以进行轧制、拔丝等塑性加工,因而受到广泛地重视。但目前 Alnico5 的主角地位已逐渐被稀土永磁及铁氧体永磁所代替。

2. 铁氧体永磁合金

永磁铁氧体一般可表示为 MO·xFe$_2$O$_3$,其中 M 为 Ba、Sr 等,且不含有 Ni、Co 等高价战略性金属元素。永磁铁氧体价格较低,并且,由于晶体对称性低造成的磁各向异性大,化学稳定性好,相对质量较轻,从市场角度看占有很大优势。

在永磁铁氧体中,已经达到实用化的主要有六角对称的磁铅矿铁氧体 BaO·$6Fe_2O_3$ 和 SrO·$6Fe_2O_3$。这种永磁铁氧体是由离子半径大的 Ba^{2+}(0.143 nm)、Sr^{2+}(0.127 nm)等氧化物与 Fe_2O_3 混合烧结而成。

为提高各向异性永磁体中的取向性,一般采用粉末与水混合的浆状原料,称这样制取的永磁铁氧体为湿法各向异性永磁体。而不加水制取的永磁铁氧体称为干法各向异性永磁体。在永磁铁氧体的制造过程中,原料的选择和管理、磁场的施加、粉碎颗粒的大小及烧结成颗粒的大小等因素对特性有很大的影响,因此必须严加控制。

3. 稀土永磁材料

稀土金属和 3d 过渡族金属能组成多种比例的金属间化合物。研究表明,从 RT_2 到 RT_5 之间存在的金属间化合物有 $(5n+4)(n+2)$ 的关系式。其中,只有 3d 过渡族金属是 Mn、Fe、Co、Ni 的 R-T 金属间化合物具有磁矩。轻稀土金属间化合物为铁磁性耦合,能获得高饱和磁化强度;而重稀土金属间化合物呈亚铁磁性耦合,饱和磁化强度低。

R-Co 系化合物的居里温度高,而 R_2Fe_{17} 的居里温度低,仅在 200℃以下。R-T 金属间化合物的特性是磁晶各向异性(K)非常大,RCo_5 和 R_2Co_{17} 的 K 值达到 $10^6 \sim 10^7$ J/m³,而 Fe 的 K 值仅为 4.2×10^4 J/m³。

(1)第一代稀土永磁体　是以 RCo_5 为主的永磁材料,其中 $PrCo_5$ 和 $SmCo_5$ 显示出优良的单轴各向异性,其中 $SmCo_5$ 已经市场化,其最大磁能积可达 $(BH)_{max} = 120 \sim 200$ kJ/m³。

(2)第二代稀土永磁体　是以 Sm_2Co_{17} 为主的永磁材料。往 Sm_2Co_{17} 中加入 Cu、Fe、Ti、Zr、Hf 能使矫顽力大大提高。于是,开发了比 $SmCo_5$ 性能更高的第二代 $Sm_2(Co,Cu,Fe,M)_{17}$(M = Ti,Zr,Hf)型稀土永磁合金。这类合金的主相是尺寸约为 50 nm 的 $Sm_2(Co,Cu,Fe,M)_{17}$,并被 $Sm(Co,Cu)_5$ 边界相包围组成胞状结构 Sm_2Co_{17} 型永磁合金的磁能积达到 240 kJ/m³,它的居里温度高达 850℃,并且在磁温度稳定性上可与 Alnico 合金相媲美。

(3)第三代稀土永磁体　是具有高饱和磁化强度和高磁晶各向异性的 $Nd_2Fe_{14}B$ 三元金属间化合物的 NdFeB 合金系。

$Nd_2Fe_{14}B$ 化合物的结构属于空间群为 P42/m nm 的四方相,晶格常数为 $a = 0.882$ nm,$c = 1.224$ nm,具有单轴各向异性。$Nd_2Fe_{14}B$ 硬磁相的内禀磁性参数为:居里温度 $T_c = 585$ K;室温各向异性常数 $K_1 = 4.2$ MJ/m³,$K_2 = 0.7$ MJ/m³,各向异性场 $\mu_0 H_A = 6.7$ T;室温饱和磁极化强度 $J_s = 1.6$ T;最大磁能积的理论值为

509 kJ/m^3。

NdFeB 永磁体主要有烧结磁体和粘结磁体两类。烧结磁体的成分为 Nd$_{15}$Fe$_{77}$B$_8$，处在 Nd$_2$Fe$_{14}$B 化学计量成分富 Nd 一侧，而且在较宽的成分范围内都可获得永磁性。磁体具有以平均粒度为 10 μm 的 Nd$_2$Fe$_{14}$B 为主相，还包括富 Nd 相、富 B 相的多相组织，现在工业上可生产磁能积为 430 kJ/m^3 的 NdFeB 永磁体。快淬磁体的成分为 Nd$_{13.5}$Fe$_{81.7}$B$_{4.8}$，硼和钕的含量比烧结磁体要少，其成分更接近 Nd$_2$Fe$_{14}$B 的化学计量成分。快淬 NdFeB 薄带的显微结构和磁性强烈地依赖于冷却速度，只有适当地冷却速度才能获得具有高矫顽力的显微结构。

10.3　功能高分子材料

10.3.1　导电高分子材料

导电高聚物是由具有共轭 π 键的高分子经化学或电化学"掺杂"，使其由绝缘体转变为导体的一类高分子材料。其完全不同于由金属或碳粉末与高分子共混而成的导电塑料。因此，导电高分子的结构特征除了具有高分子结构外，还含有由"掺杂"而引入的一价对阴离子（p 型掺杂）或对阳离子（n 型掺杂）。所以，通常导电高分子的结构特征是由有高分子链结构和与链非键合的一价阴离子或阳离子共同组成。

1. 导电高分子的分类与导电机理

导电聚合物可以分为结构型和复合型两大类。结构型导电聚合物是指聚合物本身具有导电性或经掺杂处理后才具有导电功能的聚合物材料。

结构型导电聚合物的导电过程是载流子在电场作用下定向移动的过程。高分子聚合物导电必须具备两个条件：(1)要能产生足够数量的载流子（电子、空穴或离子等）；(2)在大分子链内及链间能够形成导电通道。

复合型导电高聚物的导电机理比较复杂，一般可分为导电回路如何形成以及回路形成后如何导电两个方面。大量的实验研究结果表明，复合体系中导电填料的含量增加到某一临界含量时，体系的电阻率急剧降低，在电阻率—导电填料含量曲线上出现一个狭窄的突变区域。在此区域中，导电填料含量的任何细微变化均会导致电阻率的显著改变，这种现象通常称为"渗滤"现象，在突变区域之后，体系电阻率随导电填料含量的变化又恢复平缓。

2. 导电高聚物的分子设计与掺杂

一般地，只要有电荷注入共轭聚合物主链，都可以称为掺杂。导电聚合物的掺杂可通过给体或受体的电荷转移、电化学氧化还原、界面电荷注入等手段来实现。

(1)化学掺杂　最初发现导电聚乙炔就是通过化学掺杂实现的。化学掺杂包括 p 型掺杂和 n 型掺杂两种。聚苯胺的质子酸掺杂就是化学掺杂的一种。碱式聚苯胺共轭链上的 N 原子与质子酸中的质子相结合,并使质子上的正电荷离域到聚苯胺的共轭链上形成 p 型掺杂的聚苯胺链,同时质子酸中的阴离子成为对阴离子。聚苯胺的这种质子酸掺杂特性为制备导电聚苯胺以及可溶性导电聚苯胺提供了方便。

(2)电化学掺杂　电化学掺杂是通过电化学反应实现导电聚合物的掺杂。许多共轭聚合物在高电位区可发生电化学 p 型掺杂/脱掺杂(氧化/再还原)过程;在低电位区又可发生电化学 n 型掺杂/脱掺杂(还原/再氧化)过程。发生电化学 p 型掺杂反应时,共轭链被氧化,价带失去电子并伴随对阴离子的掺杂;发生电化学 n 型掺杂反应时,共轭链被还原,导带得到电子并伴随对阳离子的掺杂。

(3)界面电荷注入掺杂　聚合物半导体器件,如聚合物发光二极管(LED)和聚合物场效应管(FET),在电场的作用下电荷可以直接由金属电极通过接触界面注入共轭聚合物,形成共轭聚合物的电荷"掺杂",空穴注入共轭聚合物的价带形成 p 型掺杂,电子注入共轭聚合物的导带形成 n 型掺杂。这种掺杂与前面提到的化学掺杂和电化学掺杂有所不同,该过程中没有对离子。Bell 实验室利用聚合物 FET 技术,通过这种电荷注入掺杂观察到了导电聚合物的超导现象,表明这种电荷注入掺杂具有重要意义。

3. 常见导电高分子材料

(1)电子导电聚合物　属于结构性导电高聚物材料,其中包括采用直接法合成具有线性共轭导电聚乙炔型和聚芳香烃或芳香杂环类的聚合物。对于聚乙炔型结构的制备常采用乙炔及其衍生物为原料进行气相聚合。对于目前研究最广泛的聚芳香族和杂环导电聚合物的制备,早期多采用氧化偶联聚合法,现也常采用电化学聚合法。

(2)离子型导电聚合物　按照聚合物的化学结构分,离子导电聚合物主要有以下三类:聚醚、聚酯和聚亚胺,它们包括聚环氧乙烷、聚环氧丙烷、聚丁二酸乙二醇酯、聚癸二酸乙二醇、聚乙二醇亚胺等。

(3)复合型导电聚合物　主要为填充型导电聚合物复合材料,通常是将不同性能的无机导电填料掺到基体聚合物中,经过分散复合或层积复合等成型加工方法而制得。目前研究和应用较多的是由炭黑颗粒和金属纤维填充制备导电聚合物复合材料。

10.3.2　电致发光高分子材料

从上世纪 60 年代发现非晶态的有机材料也具有电致发光性质,有机电致发光材料的开发开始引起人们的注意。90 年代初 Burroughes 发现了导电聚合物的电致发光现象。至此,有机薄膜,特别是聚合物薄膜型电致发光器件成为研究的主流。

聚合物型电致发光材料具有良好的机械加工性,并可用简单方式成膜,很容易实现大面积显示。聚合物种类繁多,并可以通过改变共轭链长度、替换取代基、调整主、侧链结构及组成等分子设计方法改变其结构,能得到不同禁带宽度的发光材料,从而获得包括红、绿、蓝三基色的全谱带发光,为开发第四代全彩色电致发光显示器创造了基本条件。与有机小分子电致发光材料相比,聚合物的玻璃化温度高、不易结晶、材料具有挠曲性,机械强度好。因此,在很大程度上克服了以有机小分子为主要成分的电致发光材料易结晶、界面分离和寿命短等问题。

1. 电致发光基本概念

电致发光现象是指当施加电压参量时,受电物质能够将电能直接转换成光的形式发出,是一种电—光能量转换特性,具有这种功能的材料被称为电致发光材料。这种发光现象不同于常规的电热发光机理,它属于电激发发光过程,发光材料本身发热并不明显,属于冷光源,如常见的发光二极管。

目前,具备电致发光特性的聚合物应至少满足以下四个条件:①具有高量子效率的荧光特性,并且荧光光谱主要分布在 $400\sim700$ nm 的可见光区域内;②具有良好的半导体特性,即具有较高的电导率,或能传导电子,或传导空穴,或两者皆可;③具有良好的成膜特性,可以通过一定的方式制成厚度在几百甚至几十纳米的薄膜,且无针孔;④材料稳定,具有良好的机械加工等性能。

2. 聚合物电致发光材料

目前常用的聚合物电致发光材料主要有三类。第一类是主链共轭的聚合物,特点是电导率高,电荷沿着聚合物主链传播;第二类是共轭基团作为侧链连接到柔性聚合物主链上的侧链共轭型聚合物,该类材料多具有光导电性质,电荷主要通过侧基的重叠跳转作用完成;第三类是将光敏感小分子与聚合物共混得到的复合型电致发光材料。

在聚合物电致发光器件中,聚合物所起的作用包括四个方面:① 作发光材料;②用作空穴输入材料;③用作电子传输材料;④本身是光电惰性的,由低分子量的发光材料分散在其中形成的共混材料,即聚合物作为载流子传输层或发光层的基质材料。

　　(1)高电子亲和力的聚合物发光材料 1993 年,剑桥研究小组报道了含—CN基的 PPV(聚对苯乙炔)类聚合物。这种聚合物电子亲和力较高,用它作为发光层的电致发光器件,其电子注入阴极分别用 Ca 和 Al 时所得到的量子效率是相似的,无明显差别。受到在 PPV 的次乙烯基上引入—CN 基的启发,许多不同的研究小组投入到在 PPV 的次苯基或在—C＝C—键上引入其它的吸电子基团的研究。

　　(2)蓝光聚合物　蓝光器件在无机半导体材料中较难得到。在 Burroughes 等人发现 PPV 聚合物具有电致发光性质后,人们采用了聚对苯撑(PPP)、聚烷基芴(PAF)作为发蓝光的材料。但这两种材料的发光效率低、成膜性差。1993 年 Yang 在 PPV 的主链中嵌入了柔软链段,实现了 PPV 类聚合物的蓝色发光。

　　PPP、PAF 以及随后开发的 PQ 同属聚芳香型电致发光材料,该类材料的化学性质稳定,禁带宽度较大,能够发出其它材料不易制作的蓝光发光器件,是人们最早使用的蓝光材料。

10.3.3　液晶高分子材料

　　液晶高分子的研究工作始于 20 世纪 50 年代,1950 年 Elliott 和 Ambrose 在聚氨基甲酸酯的氯仿溶液制膜过程中发现溶液为胆甾型液晶,液晶的概念才被引入高分子领域。

　　高分子液晶具有高强度、高模量、耐高温、低膨胀系数、低成型收缩率、低密度、良好的介电性、阻燃性和耐化学腐蚀性等一系列优异的综合性能,作为液晶自增强塑料、高性能纤维、板材、薄膜及光导纤维包覆层,被广泛应用于电子电器、航天航空、国防军工、光通讯等高新技术领域以及汽车、机械、化工等国民经济各工业部门。正是由于其优异的性能和广阔的应用前景,使得高分子液晶成为当前高分子科学中颇有吸引力的一个研究领域。

　　1. 液晶高分子材料的基本概念

　　液晶是介于液态和晶态之间的一种中间态,主要特征是在一定程度上既类似于晶体,分子呈有序排列,又类似于各向同性的液体,有一定的流动性。

　　将液晶基元分子连接成大分子,或者将它们连接到一个聚合物的骨架上,并且仍设法保持其液晶特性,所得到的物质就叫做液晶高分子(LCP)或聚合物液晶。这些液晶基元可以是棒状的、盘状的,可以是复杂的二维乃至三维形状或二者兼有之,也可以是双亲分子。

　　2. 高分子液晶的分类

　　高分子液晶的分类根据聚合物液晶分子的结构特征不同,可以分为主链型高分子液晶和侧链型高分子液晶;根据形成的液晶形态差异可以分为向列型晶相液晶、近晶型晶相液晶和胆甾醇型液晶;根据高分子液晶的形成过程不同又可分为熔融型液晶和溶液型液晶两类。

(1)根据聚合物液晶分子特征　液晶高分子的分子结构一般呈刚棒状,且大多数液晶高分子的分子中含有苯环或其它环状结构,由刚性基元和桥键组成的液晶基元是液晶高分子分子结构的重要特征。根据刚性液晶基元在高分子链中的位置不同,液晶高分子可分为主链型高分子液晶和侧链型高分子液晶,分别表示分子的刚性基元处于主链上和侧链上,后者也称为梳状液晶。

(2)根据液晶的形态　也称为液晶相态结构,是指液晶分子在形成液晶时的空间取向和晶体结构。与液晶密切相关的物理化学性质一般都与液晶的晶相结构有关。液晶的晶相主要有以下三类。

①向列型晶相液晶。液晶分子刚性部分之间相互平行排列,但其重心排列无序,只保持一维有序性。液晶分子沿其长轴方向可移动但不影响晶相结构,因而在外力作用下可以非常容易地沿此方向流动,是三种晶相中流动性最好的一种液晶。

②近晶型液晶。在所有液晶中最接近固体晶体结构,并因此而得名。近晶型液晶中,分子刚性部分互相平行排列,构成垂直于分子长轴方向的层状结构。在层内分子可以沿着层面相对运动,保持其流动性;这类液晶具有二维以上有序性。由于层与层之间允许有滑动发生,因此这种液晶在其黏度性质上仍存在着各向异性。

③胆甾醇型液晶。这类液晶的物质中,许多是胆甾醇的衍生物,因此称此类液晶为胆甾醇液晶。构成胆甾醇型液晶的分子基本是层状结构,与近晶型液晶不同,它们的长轴与层面平行,而不是垂直。在相邻两层之间,由于伸出平面外的化学基团的作用,分子长轴取向依次规则地旋转一定角度,层层旋转,构成一个螺旋面结构;分子的长轴取向在旋转360°以后复原,两个取向度相同的最近层面间距离称为胆甾醇型液晶的螺距。由于这种螺旋结构具有光学活性,此类液晶可使其反射的白光发生色散,透射光发生偏转,因此胆甾醇型液晶具有彩虹般的颜色和很高的旋光性能。

(3)根据高分子液晶的形成过程　由于液晶是介于固相和液相之间的一种中间状态,因此形成这种相态可以从固态出发,也可以从液态出发。当从固态出发形成液态时,可以通过两种方法完成,一种是通过加热熔融液化,另一种是通过加入适当的溶剂溶解形成液体。根据这种形成过程的不同,高分子液晶分为热融型液晶(热致液晶)和溶液型液晶(溶致液晶)。

热致液晶是三维各向异性的晶体在加热熔融过程中,不完全失去晶体特征,保持一定有序性构成的液晶;溶致液晶是液晶分子在溶解过程中在溶液中达到一定的浓度时形成的有序排列,产生各向异性特征构成的液晶。

3. 液晶高分子的特性

(1)取向方向的高拉伸强度和高模量　液晶高分子最突出的特点是在外力场中容易发生分子取向。研究表明,液晶高分子处于液晶态时,无论是熔体还是溶液,都具有一定的取向度。液晶高分子液体流经喷丝孔、模口、流道时,即使在很低剪切速率下获得的取向,在大多数情况下,不再进行后拉伸,也能达到一般柔性链高分子经过后拉伸的分子取向度。因而即使不添加增强材料也能达到甚至超过普通工程材料用百分之十几玻璃纤维增强后的机械强度,表现出高强度高模量的特性。

(2)耐热性突出　液晶高分子的刚性结构大多由芳环构成,其耐热性相对比较突出。如 Xydar 的熔点为 421℃,空气中的分解温度达到 560℃,热变形温度也可达 350℃,明显高于绝大多数塑料。此外液晶高分子还有很高的锡焊耐热性,如 Ekonol 的锡焊耐热性为 $300 \sim 340℃/60s$。

(3)热膨胀因数低　由于取向度高,液晶高分子在其流动方向的膨胀因数要比普通工程塑料低一个数量级,达到一般金属的水平,甚至出现负值,因此液晶高分子在加工成型过程中不收缩或收缩很低,保证了制品尺寸的精确和稳定。

(4)阻燃性优异　液晶高分子的分子链由大量芳香环所构成,除了含有酰肼键的纤维外,都特别难以燃烧或者燃烧后炭化,表示聚合物耐燃烧性能的指标——极限氧指数(LOI)相当高。

(5)电性能和成型加工性优异　液晶高分子绝缘强度高、介电常数低,而且两者都很少随温度的变化而变化,并且导热和导电性能低,其体积电阻一般可高达 1013 Ω·m,抗电弧性也较高。另外液晶高分子的熔体粘度随剪切速率的增加而下降,流动性能好,成型压力低,因此可用普通的塑料加工设备来注射或挤出成型,所得成品的尺寸很精确。

4. 液晶高分子的应用

(1)强度高模量材料　分子主链或侧链带有刚性基元的液晶高分子,在外力场容易发生分子链取向。利用这一特性可制得高强度高模量材料,例如聚对苯二甲酸对苯二胺(PPTA)在用浓硫酸溶液纺丝后,可得到著名的 Kelvar 纤维,比强度和比模量均达到钢的 10 倍,而密度只有钢丝的 1/5。此纤维可在 $-45 \sim 200℃$ 的温度范围内使用,阿波罗登月飞船软着陆降落伞带就是用 Kelvar29 制备的;Kelvar 纤维还可用于制造防弹背心,飞机、火箭外壳材料和雷达天线罩等。

(2)图形显示　液晶高分子在电场作用下从无序透明态到有序不透明态的性质使其可用于显示器件。用于显示的液晶高分子主要为侧链型,它既具有小分子液晶的回复特性和光电敏感性,又具有低于小分子液晶的取向松弛速率,同时具有良好的加工性能和机械强度。Kubota 利用聚合物分散型液晶较大的温度范围实现了动态图像显示,使液晶高分子有可能用于液晶电视和电脑显示器中。

(3)信息储存　热熔型侧链液晶高分子通常用作信息储存材料。液晶高分子一般利用其热光效应实现光存贮。向列、胆甾和近晶相液晶高分子都可以实现光存贮。例如 Shibaev 使用向列型液晶聚丙烯酸酯,采用激光寻址写入图像,可在明亮背景上显示暗的图像,并可存贮较长时间。

(4)功能液晶高分子膜　由液晶高分子制成的膜材料具有较强的选择渗透性,可用于气、液相体系组分的分离分析。如聚碳酸酯(PC)与液晶 EBBA 制成的复合膜可用于气体分离;高分子－液晶－冠醚复合膜在紫外线(360 nm)和可见光(460 nm)照射下,钾离子(K^+)会发生可逆扩散,因此它可用于人工肾脏和环境保护工程。

(5)生物性液晶高分子 细胞膜中的磷脂可形成溶致型液晶。构成生命的基础物质 DNA 和 RNA 属于生物性胆甾液晶,它们的螺旋结构表现为生物分子构造中的共同特征。植物中起光合作用的叶绿素也表现液晶的特性。

液晶高分子是一类全新的功能材料,在高科技领域具有广阔的应用前景,随着研究的深入和应用的拓展,我们期待更好功能液晶材料的问世。

10.4　医用生物材料

医用生物材料属于用途较为特殊的一类功能材料,这种功能材料以人体为使用对象,以研制人工器官为基本内容,以延长人的生命或改善人的健康状况为目标。它又被称为医学生物材料、生物材料、仿生材料或医用功能材料。

医用生物材料兴起于 20 世纪 60 年代,在 80 年代获得高速发展。目前,人工器官已大量用于临床,使用心脏起搏器、人工心瓣膜、人工心脏、人工血管、介入性治疗导管、血管内支架等拯救了成千上万心脏病人的生命;用人工关节和功能性假体使许多伤残人肢体形态与功能得到了恢复;人工肺使心脏外科手术进入了一个全新的境界;用人工肾挽救了许多尿毒症患者;用人造角膜、人工晶体使许多的眼病患者重见光明;用人工喉头、人工食道、人造肠、人造肛门、人造膀胱、人造乳房、人工隆鼻等使器官先天畸形或患恶性肿瘤病人的生活质量提高或生命得到延长;用人造血液使因外伤及其它原因大量失血或处于休克状态的生命从死神手中夺回。

10.4.1　医用生物材料的基本特征及其分类

1.医用生物材料的基本特征

由于医用生物材料的使用对象是生物体,主要是人体,故其最基本特征就是:与生物系统直接结合,必须与生物体具有组织相容性。所谓组织相容性是指:能被人体接受、不致癌、不引起中毒、血栓和血凝等副作用,不会引起急性或慢性危害。

除此之外,对医用生物材料还有一些要求。

(1)生物适应性和化学稳定性。即要无毒副作用,能抗体液、血液和酶的生物体内老化作用,在使用期间不分解、不产生沉淀物和吸收物等。

(2)具有必要的力学性能。即应具有必要的强度、耐磨性、耐蚀性和耐疲劳性能等。

(3)与软组织有良好的粘连性。

2. 医用生物材料的分类

医用生物材料的品种繁多,涉及的材料有一千多种,最常用的也有几十种,有多种分类方法,归纳如下。

(1)按化学组成和来源分为:无机医用生物材料、天然医用生物材料、合成高分子医用生物材料、复合医用生物材料。

(2)按用途分为:医用生物材料、医疗用生物材料、药用生物材料。医疗用材料是指用在人体上以医疗为目的和人体不接触或短暂接触的材料如一次性注射器、导液管等;医用材料则是长期与人体接触的材料如人工脏器、陶瓷充填材料、医用粘合剂、人造血液等。

(3)按作用效果分为:生物相容性材料(包括血液相容性材料、组织相容性材料和生物降解吸收材料)、硬组织相容材料、血液净化材料、药用高分子材料。

(4)但最常用的分类包括:生物医用金属材料、生物医用陶瓷材料、生物医用高分子材料、生物医用复合材料和生物医用衍生材料。

10.4.2　常用医用生物材料

1. 生物医用金属材料

生物医用金属材料是以金属或合金为基本组成的生物材料,它是最早使用的生物材料。它作为人工器官的修复和代用材料被广泛使用已有非常久远的历史。生物医用金属材料作为生物材料具有较高的机械强度、抗疲劳性能和良好的生物相容性,是临床应用较多的植入材料。

最早广泛用于临床治疗的金属是金、银、铂等贵重金属,之后是铜、铅、镁、铁和钢等,以后又发展了钴基合金和钽合金,近年来钛和钛合金也被采用。目前用于修补骨骼系统的金属材料主要有医用不锈钢、医用钴基合金、钛合金、形状记忆合金、医用磁合金等,在诸如关节修复、脊柱矫形、断骨接合、颅骨修补、畸齿整形、血管支撑等方面有广泛的应用。但是,将其植入人体后,仍存在一些问题。所植入的材料并没有如设想的那样完全发挥作用,相反,还产生或多或少的副作用,给人体带来不适。因此,进一步改善植入材料的生物相容性、抗腐蚀能力,增强其与肌体组织的结合力,提高安全使用性能仍是金属生物材料推广应用所面临的主要问题。

2. 生物医用陶瓷材料

生物陶瓷作为生物材料的研究始于 20 世纪 60 年代初。1963 年和 1964 年,多晶氧化铝陶瓷分别应用于骨矫形和牙种植。1967 年,低温各向同性碳成功地应用于临床。1969 年,生物玻璃研制成功。1971 年,羟基磷灰石陶瓷获得了临床应用,从此开始了生物活性陶瓷发展的新纪元。进入 20 世纪 80 年代,人们对生物陶瓷复合材料进行了大量研究,以便在保持生物陶瓷良好的生物相容性条件下,提高其韧性与抗疲劳性能,改善其脆性。20 世纪 90 年代,生物陶瓷的一个重要研究方向是与生物技术相结合,在生物陶瓷构架中引入活体细胞或生长因子,使生物陶瓷具有生物学功能。

生物陶瓷是生物医用材料的重要组成部分,生物陶瓷是指用于人体器官替补、修补及外科矫形手术的陶瓷材料。陶瓷材料在生物体内极为稳定,与生物组织有良好的亲和性,特别适合用作人体硬组织如骨和齿的替换及修补材料。在人体硬组织的缺损修复及重建已丧失的生理功能方面起着重要的作用。几十年来,生物陶瓷的研究和应用取得了很大的进展,已从短期替换和填充,发展为永久性牢固填入,从生物惰性材料发展到生物活性材料、生物可降解材料及多相复合材料。生物陶瓷材料已广泛用于人工牙齿(根)、人工骨、人工关节和人工眼等方面。根据生物陶瓷骨替换材料在人体内引起的组织与材料反应情况,可将他们分为惰性生物陶瓷、活性生物陶瓷和可吸收生物陶瓷三类。这类材料主要有氧化铝、羟基磷灰石、生物活性玻璃及生物或玻璃陶瓷、生物活性骨水泥等。

3. 生物医用高分子材料

高分子材料作为生物材料的发展略晚于金属材料。虽然有机玻璃和赛璐珞薄膜先后于上世纪 30 年代和 40 年代应用于临床,但医用高分于材料取得广泛应用则始于 50 年代有机硅聚合物的发展。60 年代初,聚甲基丙烯酸甲酯(又称骨水泥)开始用于髋关节的修复,有力地促进了医用高分子材料的发展。从 70 年代起,随着高分子化学工业的发展,医用高分子材料逐渐地成为生物材料发展中最活跃的领域。一些重要的医疗器械与器材,如人工心瓣膜、人工血管、人工肾用透析膜、心脏起搏器、植入型全人工心脏、人工肝、肾、胰、膀胱、皮、骨、接触镜、角膜、人工晶体、手术缝合线等相继研制成功,并得到了广泛应用,有力地促进了生物医用高分子材料的发展。

生物医用高分子材料在合成血液相容材料、组织相容材料、生物降解材料以及高分子药物等方面有广泛应用。所谓血液相容性材料是指那些能与血液较好地融合,不会发生凝血、溶血等不良反应的材料。而凝血则是指血浆中的可溶性纤维蛋白原转变为不溶解的纤维蛋白,血液从溶胶形态变为凝胶状。异物表面对促成凝血栓塞具有决定性作用。人工血管植入体内,在假内膜未形成之前,最主要的是要防止凝血栓塞;人工心瓣膜也会遇到同样的问题。

组织相容性材料包括软组织材料和硬组织材料两种。其中软组织材料是指那些用于人工皮肤、人工气管、人工食道、接触镜片等的材料。而用于人工关节、骨头及牙科材料则为硬组织材料。要求这类材料对周围组织无毒副作用、无刺激性,同时要求材料与周围组织能较好地粘结。对于整形外科及牙科来说,人工材料与组织的粘合至关重要。

生物降解材料是指暂时存在体内,最终在体内降解消失的医疗用材料。包括以下几个方面。

(1)吸收型缝合线、粘合剂、药物缓释基材料、导向药物载体等,要求材料本身及降解产物对肌体无毒副作用。

(2)用于人体硬组织器官损伤部位修复。生物降解材料可以保持一定的强度和功能。随着肌体组织的逐渐生长,材料不断降解并被肌体吸收,最终植入的材料完全被新生组织取代。例如,人们希望植入体内的人造骨骼的降解速度与组织生长速度相一致,随着组织内部的降解吸收,原来的组织得以再生,与生物体组织结成一体。可以作为生物降解材料的聚合物有聚酯树脂、聚氨基酸、交联白蛋白、骨胶原、明胶等。

(3)人造血浆。要求这种代血浆必须在生物体内降解或完全除去,并与血液有相同的粘度,无抗原性。临床应用的有羟乙基淀粉,右旋糖酐$(C_6H_{10}O_5)_n$。

(4)作为软组织材料的一个重要组成部分的人工脏器,其应用前景已为人们所看好。随着人工脏器性能的不断完善,其在临床上的应用指日可待。人工脏器包括人工心脏、人工肺、人工肝脏、人工胰脏、人工肾等。就目前的研究水平而言,人工脏器的各种功能还有待进一步完善。同时还有许多难题有待克服。应该说,人工脏器的前景是光明的,但道路是曲折的,还有许多工作要做,有很多难题要解决。

4. 生物医用复合材料

由于人体功能的复杂性,随着生物材料在人体具体应用形式和场合的不同,对材料各项性能指标的要求也不尽相同。另外,即便是某一特定应用场合,对生物材料的性能要求也不是单一的,而是多样性能的综合平衡。例如人体组织的修补材料,理想的组织修补材料随着人体新组织的长出,应逐渐被人体吸收,直至完全被新组织替代。在这一替代过程中,修复材料的降解速度要适应于机体对材料机械力学性能的要求。对于缺损的硬组织来说,修补材料要承受一定的载荷,因此必须有一定的起始强度和韧性,而且其强度随降解过程的衰减要与新组织的形成速度相匹配。而对于受到损害的软组织来说,修复材料也需在一定的降解周期内保持适当的强度,从而可以将生物力学的刺激传递给活细胞,引导新组织在基体材料内定向生长。然而在很多应用场合下,单一组分或单一结构的材料都无法很好满足机体对材料性能多样性的要求。这时就需要综合多种组分或结构的性能优势,形成所谓的复合生物材料,更好地实现对人体受损组织的修复作用。例如,将磷酸钙材料与高分于材料进行了复合,形成了各种各样的基于磷酸钙的有机/无机复合材料,形成可降解性的骨修复材料。

5. 生物医用衍生材料

生物医用衍生材料是由经过特殊处理的天然生物组织形成的生物医用材料,又称为生物再生材料。生物组织来源于同种或异类动物体的组织。特殊处理包括:轻微处理和强烈处理。轻微处理是指维持组织原有结构,对它进行固定、灭菌等处理。如经过戊二醛处理固定的猪心瓣膜、牛心包、人脐动脉以及冻干的骨片、猪皮、羊皮、胚胎皮等。强烈处理是指拆散原有构型,重建新的物理形态的处理。如用再生的胶原、弹性蛋白和聚壳糖等构成的粉体、纤维和海绵体等。经过处理的生物组织已失去生命力,但它有类似于自然组织的构型和功能,在维持人体动态修复和替换过程中起着重要作用。

习题 10

1. 讨论经典理论和能带理对电阻来源的解释和差别。

2. 讨论为何金属材料与其它材料最显著的区别是电阻温度系数的正负?

3. 合金化对金属的电阻率影响规律和机制是什么? 为何金属化合物的电阻一定大于组成这个化合物的任一组元?

4. 简述常用电阻材料的分类和特点。

5. 简述超导体的基本物理性质。

6. 简述超导材料的分类、特点和用途。

7. 何谓磁耦极矩? 磁耦极矩是如何产生的?

8. 何谓磁导率和真空磁导率? 真空磁导率数值是多少?

9. 铁磁材料的磁化曲线和磁滞回线是怎样产生的? 画出一个典型的磁滞回线。

10. 磁性材料根据磁化率是如何分类的? 讨论抗磁性与反铁磁性的区别。

11. 说明软磁材料和硬磁材料的磁性特点。

12. 常用的软磁材料和硬磁材料有哪些?

13. 讨论稀土永磁合金的发展现状。
14. 简述导电高分子材料的导电机理。
15. 什么是电致发光高分子材料？
16. 什么是液晶高分子材料？其分类如何？
17. 简述液晶高分子材料的性能及其应用。
18. 生物医用材料有哪些基本要求？生物医用材料可分为哪些种类？
19. 生物医用金属材料和生物医用高分子材料的特点各是什么？
20. 为什么要发展生物医用复合材料和生物医用衍生材料？

第 11 章

纳米材料

任何至少有一个维度的尺寸小于 100 nm 或由小于 100 nm 的基本单元（building blocks）组成的材料都称作纳米材料。纳米材料既可包括金属材料，也可包括无机非金属材料和高分子材料。其组成可以有晶体、准晶或非晶；基本单元或组成单元可以是原子团簇、纳米微粒、纳米线或纳米膜。近年来，纳米材料的基本单元尺寸有大幅降低的趋势，例如 Coch 认为基本单元的典型尺寸小于 50 nm，而 Gleiter 认为纳米材料基本单元的典型尺寸应在 1～10 nm 之间。

纳米材料亦可定义为具有纳米结构的材料。纳米结构（nanostructure）是一种显微组织结构，其尺寸介于原子、分子和小于 $0.1~\mu m$ 的显微组织结构之间。原子团簇、纳米微粒、纳米孔洞、纳米线、纳米薄膜均可组成纳米结构。应用纳米结构可组装成各种包覆层和分散层、高表面材料、固体材料和功能纳米器件。纳米结构的基本特性，特别是电、磁、光等特性是由量子效应所决定的，因此纳米材料的性能具有尺寸效应。纳米结构具有许多大于 $0.1~\mu m$ 的显微组织所不具备的奇异特性。

纳米材料通常按照维度分类。原子团簇、纳米微粒等为 0 维纳米材料，纳米线为 1 维纳米材料，纳米薄膜为 2 维纳米材料，纳米块体为 3 维纳米材料。0 维纳米材料通常又称为量子点，因其尺寸在 3 个维度上与电子的德布罗意波的波长或电子的平均自由程相当或更小，因而电子或载流子在三个方向上都受到约束，不能自由运动，即电子在 3 个维度上的能量都已量子化。1 维纳米材料称为量子线，电子在两个维度或方向上的运动受约束，仅能在一个方向上自由运动。2 维纳米材料称为量子面，电子在一个方向上的运动受约束，能在其余 2 个方向上自由运动。0 维、1 维和 2 维纳米材料又称为低维材料。对于 2 维和 3 维纳米材料，当其组成单元或组元的成分不相同时，即构成纳米复合材料。例如将纳米粒子和纳米线弥散分布到不同成分的 3 维纳米或非纳米材料中时，即可构成 0-3、1-3 型的纳米复合材料；将 0 维纳米粒子弥散分布到 2 维纳米薄膜中时，即可构成 0-2 型纳米复合材料；将两种纳米膜交替复合即为 2-2 维复合纳米材料。此外，还有一类广义的二维纳米材料，即二维的纳米结构仅局限于 3 维固体材料的表面。例如采用等离子气相沉积（PCVD）、化学气相沉积（CVD）、离子注入、激光表面处理等方法在块体材料表面获得纳米结构,以增加硬度,改善抗腐蚀性能或其它性能。

20 世纪 80 至 90 年代是纳米材料和纳米科技迅猛发展的时代。1984 年,德国 Gleiter 教授等人首先采用惰性气体凝聚法制备了具有清洁表面的纳米粒子,然后在真空中原位加压制备了 Pd、Cu、Fe 等金属纳米块体材料。1987 年,美国 Siegel 等用同样的方法制备了纳米陶瓷 TiO_2 多晶材料。这些研究成果促进了世界范围的三维纳米材料的制备和研究热潮。1980 年以后 STM、AFM 的出现和应用,为纳米材料的发展提供了强有力的工具,使人们能观察、移动和重新排列原子。

1990 年 7 月在美国巴尔的摩召开了世界上第一届纳米科技学术会议,会议正式提出了纳米材料学、纳米生物学、纳米电子学、纳米机械学等概念,并决定正式出版《纳米结构材料》、《纳米生物材料》和《纳米技术》等学术刊物。这是纳米材料和纳米科技发展的另一个重要的里程碑,从此纳米材料和科技正式登上科学技术的舞台,形成了全球性的"纳米热"。

11.1　纳米材料的奇异特性

纳米材料具有许多不同于常规材料的性能特性,突出表现在强烈的尺寸效应、量子效应和表面(或界面)效应方面。

1. 尺寸效应

所谓尺寸效应就是当纳米材料的组成相的尺寸如晶粒的尺寸、第二相粒子的尺寸减小时,纳米材料的性能会发生变化,当组成相的尺寸小到与某一临界尺寸相当时,材料的性能将发生明显的变化或突变。如 α-Fe、Fe_3O_4、α-Fe_2O_3 的矫顽力随着粒径的减小而增加,但当粒径小于临界尺寸后它们将由铁磁体变为超顺磁体,矫顽力接近于零。此外,当 $BaTiO_3$、$PbTiO_3$ 等典型的铁电体在尺寸小于临界尺寸后就会变成顺电体。纳米材料的尺寸效应还涉及纳米结构的稳定性。对纳米晶体材料和与其相应的非晶态的自由能进行的计算机模拟计算结果表明,当纳米结构的尺寸小于某一临界尺寸后就要发生纳米晶向非晶态转变的相变。Raman 光谱分析表明,当 Si 晶体小于某一临界尺寸(约几纳米)后,多晶 Si 就会相变成非晶 Si。

2. 量子效应

所谓量子效应是电子的能量被量子化,电子的运动受到约束。量子效应还可称为量子限域效应、量子尺寸效应或量子尺寸限制等。

随着金属微粒尺寸的减小,金属费米能级附近的电子能级由准连续变为离散能级的现象和半导体微粒存在不连续的最高被占据分子轨道和最低未被占据分子轨道,能隙变宽的现象均称为量子效应。孤立的原子、微粒和块体金属与半导体材料具有不同的电子能带结构和态密度。对于块体金属,其费米能级位于导带的中心,导带的一半被占据。金属超细微粒费米面附近的电子能级变为分立的能级,出现能隙 E_g。

在大块体半导体材料中,价带和导带被能带宽度为 E_g 能隙或禁带分离。在价带的顶部或最高被占据分子轨道和导带的底部或最低未被占据的分子轨道之间的能隙称为带隙(Band Gap)。在光和热的作用下价带中的电子可被激发跃迁至导带使半导体材料具有导电性,同时在价带形成相对应的空穴。纳米半导体微粒的导带和价带间带隙变宽且出现能级分离的量子效应。对于半导体材料,出现量子效应的尺寸要比金属粒子的尺寸大得多。

3. 界面效应

界面效应是纳米材料的另一基本效应。纳米晶体材料中含有大量的晶界,因而晶界上的原子占有相当高的比例。例如对于尺寸为 5 nm 的晶粒,大约有 50% 的原子处于晶粒最表面的一层平面(原子平面)和第二层平面;对于晶粒为 10 nm,晶界宽为 1.0 nm 材料,大约有 25% 原子位于晶界。由于大量的原子存在于晶界和局部的原子结构不同于大块晶体材料,必将使纳米材料的自由能增加,使纳米材料处于不稳定的状态,如晶粒容易长大,同时使材料的宏观性能如机械变形发生变化。

界面效应使纳米材料具有很高的扩散速率。通过多种方法,已观察到 Al、Cu、Bi 在纳米晶 Pd 中具有很高的扩散系数。对于多晶物质,扩散可沿自由表面、晶界和晶格扩散三种形式进行,其中沿表面的扩散系数最大,晶格扩散系数最小。一般金属的界面体积分数值很小,晶界扩散不易表现出来。而在纳米晶体中,由于晶界所占的比例很大,晶界扩散可能占绝对优势。有人测量出纳米晶沿晶界扩散的激活能与沿自由表面的相当,当晶界宽为 1 nm 时,在 293~353K 范围内,纳米晶 Cu 的扩散系数比多晶的高出几个数量级。

界面效应能使异质原子在晶界的偏析大幅度提高。例如室温下 Bi 在 Cu 中的溶解度小于 10~4,而在 8 nm Cu 多晶中溶解度为 4%,其中部分或大部分 Bi 原子位于晶界。此外,有意识的选择和控制某些原子在晶界的偏析,可有效的阻止纳米晶的长大。

纳米材料的晶界是空位、空位团、微孔洞等缺陷的集中地点,因此造成了纳米材料密度的降低,这种负面影响在纳米块体材料的前期研究中更为突出,造成了纳米块体材料的许多性能,如弹性模量等严重失真。随着材料合成技术的进步,晶界所包含的各类缺陷已大大减少。

纳米材料中晶界占有很大的体积分数,这是评定纳米材料的一个重要参数。表 1 给出了当晶界厚度为 0.6 nm 时晶界所占的体积分数,其中晶粒为 2 μm 的普通细晶材料中,晶界的体积分数小于 0.09%。因此,晶界在常规粗晶材料中仅仅是一种面缺陷。当晶粒小于 10 nm 时,晶界所占的体积分数大于 18%。因此,对纳米材料来说,晶界不仅仅是一种缺陷,更重要的是构成纳米材料的一个组元,即晶界组元(grain boundary component)。

表 11-1 晶界的体积分数与晶粒直径的关系

晶粒/nm	2000	20	10	4	2
晶界厚度/nm	0.6	0.6	0.6	0.6	0.6
晶粒个数/$2\times2\times2\mu m^3$	1	106	0.8×107	1.3×108	109
晶界体积分数/%	0.09	9.0	18.0	42.6	80.5

11.2　纳米材料的合成与制备

纳米材料的合成与制备有两种途径:即从下到上和从上到下的途径。所谓从下到上,就是先制备纳米结构单元,然后将其组装成纳米材料。例如,先制备成纳米粉体再将其固化成纳米块体,或直接将原子和分子组装成纳米结构。从上到下就是先制备出前驱体材料,再从材料上取下有用的部分。

1. 纳米材料的气相合成与制备

气相法主要包括物理气相沉积(PVD)和化学气相沉积(CVD)。在一些情况下可采用其它能源来加强 CVD,如用等离子体增强 CVD 称作 PE-CVD 或 PCVD。

(1)物理气相沉积(PVD)　在 PVD 过程中没有化学反应产生,其主要过程是固体材料的蒸发和蒸发蒸气的冷凝或沉积。采用 PVD 法可制备出高质量的纳米粉体。制备过程中原材料的蒸发和蒸气的冷凝通常在充有低压高纯惰性气体(Ar,He 等)的真空容器内进行。在蒸发过程中,蒸气中原材料的原子由于不断地与惰性气体原子相碰撞损失能量而迅速冷却,这将在蒸气中造成很高的局域过饱和,促进蒸气中原材料的原子均匀成核形成原子团,原子团长大形成纳米粒子,最终在冷阱或容器的表面冷却、凝聚。收集冷阱或容器表面的蒸发沉积层就可获得纳米粉体。通过调节蒸发的温度和惰性气体的压力等参数可控制纳米粉的粒径。PVD 或气相冷凝法可制备出粒径为 1~10 nm 的超细粉末,粉末的纯度高,圆整度好,表面清洁,粒度分布比较集中,粒径的变化通常小于 20%,在控制较好的条件下可小于 5%。该方法的缺点是粉体的产生率低,实验室条件下一般产出率为 100 mg/h,工业粉的产出率可达 1 kg/h。采用 PVD 法,可以制备出各种纳米薄膜或纳米复合膜。

（2）脉冲激光沉积（PLD）　近十几年来，PLD 已发展成为最简单和多用途的气相沉积成膜技术。它制备的金属氧化物薄膜的性能要优于用其它方法制备的同种膜的性能。其缺点是在用激光烧蚀目标靶的过程中在等离子体中经常可观察到微米尺度的液滴，这些液滴沉积到膜上将显著影响膜的质量。此外，很难从原子的尺度上对成膜过程进行控制。这些都限制了 PLD 在制备可控超晶格膜和高级别纳米结构中的应用。

（3）化学气相沉积（CVD）　在 CVD 过程中当前驱体气相分子被吸附到高温衬底表面时将发生热分解或与其它气体或蒸气分子反应然后在衬底表面形成固体。在大多数 CVD 过程中应避免在气相中形成反应粒子，因这不仅降低了气体的浓度而且在形成的薄膜中可能带入不希望出现的粒子。CVD 过程包括 3 步：①气体利用扩散通过界面层达到生长表面；②在生长表面反应形成新的材料并进入生长的前沿；③排除反应的副产品气体，其中最重要的是第二步。

衬底表面反应物的生长有三种模式，这取决于生成物与衬底的表面能和晶格的错配度。当衬底的表面能 γ_s 大于薄膜的表面能 γ_f，且晶格错配度小于 0.2% 时，衬底表面的反应生成物以 Frank-van der Morve 的二维平面方式生长成膜。随着晶格错配度的增大，二维平面生长方式变得不稳定，转化为 Stranski-Krastanov 模式，即先生长出几个原子平面，再转为岛状生长。如果衬底的表面能小于可能成膜的表面能，则反应生成物直接以 Volmer-Weber 模式进行岛状生长。随着晶格错配度的增大，即使衬底的表面能大于膜的表面能，仍可能维持三维岛状生长。

（4）分子束外延（MBE）　分子束外延可以制备出二维平面生长的超晶格薄膜。传统的气相外延半导体薄膜生长技术的层厚控制精度仅能达到 0.1 μm 左右，难以用来制备超晶格材料。在超高真空系统中相对地放置衬底和几个分子束源炉（喷射炉），将组成化合物的各种元素和掺杂元素等分别放入不同的炉源内，加热炉源使它们以一定的速度和束流强度比喷射到加热的衬底表面上，在表面互相作用进行晶体的外延生长。各喷射炉前的快门用来改变外延膜的组分和掺杂。根据制定的程序控制快门、改变炉温和控制生长速度，可制备出不同的超晶格材料，外延表面和界面可达原子级的平整度。结合适当的掩膜、激光诱导技术，还可实现三维图形结构的外延生长。但是 MBE 的生长速率较低，一般为 0.1～1 $\mu m/h$。

（5）金属有机化合物化学气相沉积（MOCVD）　它是与 MBE 同时发展起来的另一种先进的外延生长技术。MOCVD 是用 H_2 将金属有机化合物蒸气和气态的非金属氢化物经过开关网络送入反应室中加热的衬底上，通过加热分解在衬底表面生长出外延层的技术。合金的组分和掺杂水平由各种气源的相对流量来控制。MOCVD 设备主要包括气体源及其输送、控制系统，反应室及衬底的高频加热系统，尾气处理和排放系统以及监控系统等四大部分。与 MBE 相比，MOCVD 的主要优点是采用气态源,因而可以源源不断地供应,生长速率比 MBE 快得多,有利于大面积超薄层、超晶格等材料的批量生产。其不足之处在于平整度、厚度的控制精度及异质结合界面的陡度不如 MBE,特别是所用气体源有毒、易燃,因此使用中必须特别注意安全。

采用 MBE、MOCVD 等设备可制备出多种半导体超晶格量子阱材料。其中除 GaAlAs/GaAs、InGaAs/GaAs、InGaAs（P）/InP、InGaAlP/GaAs、GaInAs/InP、AlInAs/GaInAs/InP 等 GaAs 和 InP 基材料体系等研究的比较深入,并逐步进入使用阶段外,其它多数材料还处于生长机理及工艺、结构性能及光电性能等实验室研究阶段。我国 AlGaInAs、AlGaInP 等超晶格材料已实现产业化并用于激光器和发光二极管(LED)。量子点在国外已有许多公司用于制造快速记忆器(Flash Memory)。

2. 纳米材料的液相合成与制备

液相法制备纳米材料的特点是先将材料所需组分溶解在液体中,形成均相溶液,然后通过反应沉淀,得到所需组分的前驱物,再经过热分解得到所需物质。液相法制得的纳米粉纯度高,均匀性好、设备简单、原料容易获得、化学组成控制准确。根据制备和合成过程的不同,液相法可分为沉淀法、微乳液法、溶胶—凝胶法、电解法、水解法、溶剂蒸发法等。

(1)沉淀法　沉淀法是以沉淀反应为基础。根据溶度积原理,在含有材料组分阳离子的溶液中,加入适量的沉淀剂(OH^-、CO_3^-、SO_4^{2-}、$C_2O_4^{2-}$ 等)后,形成不溶性的氢氧化物或碳酸盐、硫酸盐、草酸盐等盐类沉淀物,所得沉淀物经过过滤、洗涤、烘干及焙烧,得到所需的纳米氧化物粉体。在含有多种阳离子的溶液中加入沉淀剂后,形成单一化合物或单相固溶体的沉淀,称为单相共沉淀。这种方法生成的纳米粉末化学均匀性可以达到原子尺度,所得化合物的化学计量也可以得到保证。另外,形成单一化合物可以使中间沉淀产物具有低温反应活性。

一般的化学沉淀过程中,沉淀速度是不均匀的,整个溶液范围的成分也不均匀。如果使溶液中的沉淀剂缓慢地、均匀地增加,溶液中的沉淀反应处于一种近似平衡状态,使沉淀能在整个溶液中均匀地产生,这种方法就称为均相沉淀法。这种方法克服了由外部向溶液中加沉淀剂而造成的局部沉淀不均匀性。通常,均相沉淀法采用尿素为沉淀剂,由于尿素水溶液在 70℃附近发生分解,生成$(NH)_4OH$和 CO_2。由此生成的$(NH)_4OH$ 在金属盐的溶液中均匀分布,且浓度很低,使得沉淀物均匀地生成。

用均相沉淀法可制备出氧化铝球形颗粒。按一定比例配制硫酸铝和尿素的混合溶液,加热搅拌,使尿素在水溶液中缓慢释放出 OH^- 离子,使溶液的 PH 值均匀、缓慢地上升,从而使 $Al(OH)_3$ 沉淀同时在整个溶液中生成,形成均相沉淀。

反应完成后,分离过滤出沉淀,经过去离子水洗涤后,用无水乙醇除去去离子水,烘干后煅烧,可得到尺寸分布均匀的球形氧化铝颗粒。

(2)微乳液法　微乳液是指在表面活性剂作用下由水滴在油中(W/O)或油滴在水中(O/W)形成的一种透明的热力学稳定体系。表面活性剂是由性质截然不同的疏水和亲水部分构成的两亲分子。当加入水溶液中的表面活性剂浓度超过临界胶束或胶团的浓度 CMC 时,表面活性剂分子便聚集形成胶束,表面活性剂的疏水碳氢链朝向胶束内部,而亲水的头部朝向外面接触水介质。在非水基溶液中,表面活性剂分子的亲水头朝向内,疏水链朝向外聚集成反相胶束或反胶束。形成反胶束时不需要 CMC,或对 CMC 不敏感。无论是胶束或反胶束,其内部包含的疏水物质如油或亲水疏油物质如水的体积均很小。但当胶束内部的水或油池的体积增大,使液滴的尺寸远大于表面活性剂分子的单层厚度时,则称这种胶束为溶胀(swollen)胶束或微乳液,胶团的直径可在几 nm 至 100 nm 之间调节。由于化学反应被限制在胶束内部进行,因此,微乳液可作为制备纳米材料的纳米级反应器。

微乳液法已被广泛地应用于制备金属、硫化物、硼化物、氧化物等多种纳米材料。利用反胶束制备纳米材料有三种基本的方法:沉淀法、还原法和水解法。沉淀法常用于制备硫化物、氧化物、碳化物等纳米粒子。

(3)溶胶-凝胶法　溶胶-凝胶法(Sol-Gel)是制备纳米材料的重要手段。与其它方法相比,Sol-Gel 法可使多组分原料之间的混合达到分子级水平的均匀性,合成温度低,获得的超细粉纯度高,粒度、晶型可以控制。它的基本原理是:前驱体溶于溶剂中,形成均匀溶液,溶质与溶剂发生水解或醇解反应,生成物聚集成 1 nm 左右的粒子并形成溶胶,经蒸发干燥转变为凝胶,再经热处理得到所需的晶体材料。前驱体一般是金属醇盐或烷氧基化合物。醇盐 Sol-Gel 法制备纳米材料的过程是,首先制备出金属醇盐,将醇盐溶于有机溶剂,加入所需的其它无机和有机材料配成均质溶液,在一定的温度下进行水解、缩聚反应,将溶胶转变成凝胶,最后干燥、预烧、焙烧制成所需的晶体材料。以上过程关键是要精确控制溶胶转变为凝胶和凝胶转变为材料的过程。

一般而言,溶胶-凝胶转变包括水解、缩聚和络合三个化学反应,向反应体系中加入酸或碱作为催化剂,可以缩短由溶胶形成凝胶的时间。凝胶向材料的转变包括干燥和烧结两个过程。干燥过程受许多因素的影响,可能因凝胶在各个方向上收缩不一致产生龟裂。目前,人们主要采用超临界溶剂清洗和控制化学添加剂等来防止龟裂。研究发现由多孔疏松凝胶转变成致密玻璃需要经过毛细孔收缩、缩聚、结构松弛、粘性烧结四个阶段。

Sol-Gel 方法还可广泛用于制备各种薄膜。可采用提拉、涂覆等简单的方法将溶液覆盖在衬底上,但更好的方法是喷涂法。

　　(4)电解沉积法　电解沉积又称为电化学沉积,是在溶液中通以电流后在阴极表面沉积大量的晶粒尺寸在纳米量级的纯金属、合金以及化合物。电解沉积法的投资少,生产效率高,不受试样尺寸和形状的限制,可制成薄膜、涂层或块体材料,所得样品疏松孔洞少,密度较高,且在生产过程中无需压制,内应力较小,适当的添加剂可控制样品中的少量杂质(如 O、C 等)和结构。用该方法大多数可获得等轴结构的纳米晶体材料,但同时也可获得层状或其它形状结构的材料。纳米晶体材料的电解沉积过程是非平衡过程,所得材料是很小的晶粒尺寸、高的晶界体积百分数和三叉晶界占主导的非平衡结构。这种方法制备的材料表现出较大的固溶度范围。

3. 纳米材料的固相法合成与制备

　　机械合金化　机械合金化(MA)是 20 世纪 60 年代后期 Benjamin 为合成氧化物弥散强化的高温合金而发展出的一种新的粉末冶金方法。将磨球和材料粉末一同放入球磨容器中,利用具有很大动能的磨球相互撞击,使磨球间的粉末压延,压合,破碎,再压合,形成层状复合体。这种复合体颗粒再经过重复破碎和压合,如此反复,随着复合体颗粒的层状结构不断细化、缠绕,起始的颗粒层状特征逐渐消失,最后形成非常均匀的亚稳态结构。根据球磨材料的不同,机械粉碎过程可分为三种类型:(1) 韧性-韧性系统:在相互碰撞的磨球间的韧性组元,变形冷焊,形成复合层状结构。随球磨的进一步进行,复合粉末进一步细化,层间距减小,产生了更短的扩散途径。借助于球磨过程提供的机械能,组元原子间的互扩散更易于进行,最后达到原子层次的互混合。(2) 韧性-脆性系统:脆性组元在球磨过程中被逐渐破碎,碎片嵌入韧性组元中。随球磨进行,它们之间焊合更加紧密,最后脆性组元弥散分布在韧性组元基体上,起弥散强化作用。(3) 脆性-脆性系统:其机理目前不太清楚。一般认为脆性材料在球磨过程中只是粒子尺寸连续下降至某一尺寸达到稳定。

　　MA 过程中晶粒细化而形成纳米结构的过程可分成三个阶段。第一阶段,在含有高密度位错、宽度大约 $0.5\sim1\ \mu m$ 的剪切带内部发生局域形变;第二阶段,通过位错的湮灭、再结合和重排形成纳米尺度上的晶胞或亚晶粒结构,进一步研磨漫延至整个颗粒;第三阶段,晶粒的取向变成随机的或任意的,即通过晶界的滑移或旋转使低角度晶界转变成高角度晶。MA 常用的设备为高能研磨机,有搅拌式、振动式、行星轮式、滚卧式、振摆式、行星振动式等。利用高能机械研磨方法人们已制备出纳米金属、纳米金属间化合物、纳米过饱和固溶体等多种纳米材料。

　　MA 法的优点是操作简单、实验室规模的设备投资少、适用材料范围广,而且有可能实现纳米材料的大批量生产(乃至吨级)以满足各种需求。MA 法的主要缺陷是研磨时来自球磨介质(球与球罐)和气氛(O_2、N_2、H_2O)的污染。使用钢球和钢质容器,极易被 Fe 污染。污染程度取决于球磨机的能量、被磨材料的力学行为以及被磨材料与球磨介质的化学亲和力。MA 法的另一问题是如何将球磨形成的纳米结构粉末固结成为接近理论密度的块体材料,而不产生明显的晶粒粗化。目前,比较成功的固结方法主要有热挤压、冲击波压制、热等静压、烧结锻造等。

大塑性变形　俄罗斯科学家 Valiev1988 年首先报道了利用大塑性变形方法(Severe Plastic Deformation,SPD),获得纳米和亚微米结构的金属与合金。SPD法可以采用压力扭转(Torsion Straining)和等通道角挤压(Equal-Channel Pressing,ECA)两种方式实现。在大塑性变形过程中,材料产生剧烈塑性变形,导致位错增殖、运动、湮灭、重排等一系列过程,晶粒不断细化达到纳米量级。这种方法的优点是可以生产出尺寸较大的样品(如版、棒等),而且样品中不含有孔隙类缺陷,晶界洁净。缺点一个是样品中含有较大的残余应力,适用范围受到材料变形难易程度的限制;另一个是晶粒尺寸稍大,一般为 100～200 nm。

非晶晶化　非晶晶化法是将非晶态材料作为先驱材料,通过适当的晶化处理,控制晶体在非晶固体内形核、生长而使材料部分或完全地转变为具有纳米尺度晶粒的多晶材料。我国科学家卢柯等首先在 Ni-P 合金系中,将非晶合金晶化得到了完全纳米晶体,随后非晶晶化法作为一种制备理想的模型纳米晶体材料的方法得到了很快的发展。

非晶晶化有多种类型。按晶化过程和产物可分为多晶型晶化、共晶型晶化和初晶型晶化。多晶型晶化指纯组元或者成分接近于纯化合物成分的非晶相晶化成相同成分的结晶相。目前,此晶化类型已制备出纳米 $NiZr_2$、$FeZr_2$、$CoZr_2$、CoZr、Si、Se 晶体等。共晶型晶化指在共晶成分的非晶合金晶化时同时析出两相或多相纳米晶,如 Ni-P、Fe-B、Fe-Ni-P-B 等的纳米晶化。偏离共晶、多晶型晶化成分的非晶合金一般分步晶化。先析出初晶型纳米晶相,再以共晶型或多晶型方式晶化为纳米相,如 Fe-Mo-Si-B、Al-Y-Ni、Al-Y-Fe 等的纳米晶化。在非晶晶化法制备的纳米晶体材料中,晶粒和晶界是在晶化过程中形成的,所以晶界清洁,无任何污染,样品中不含微空隙,而且晶粒和晶界未受到较大外部压力的影响,因而能够为研究纳米晶体性能提供无孔隙和内应力的样品。

非晶晶化法的不足主要在于必须首先获得非晶态材料,因而局限于那些在化学成分上能够形成非晶结构的材料,且大多只能获得条带状或粉状样品,很难获得大尺寸的块状材料。近年来,随着大块非晶合金研究的迅速进展,非晶晶化的作用越来越重要,而且为制造高强、高韧的大块纳米非晶复合材料提供了重要途径。

4. 自组装与模板合成

纳米材料的自组装是在合适的物理、化学条件下,原子团、大分子、纳米丝或纳米晶体等结构单元通过氢键、范德瓦尔斯键、静电力等非共价键的相互作用，亲水-疏水相互作用自发地形成具有纳米结构材料的过程。

　　20 世纪 80 年代末，自组装技术应用于胶体与表面化学后，形成了自组装纳米团簇的研究趋势。在自组装的有序纳米团簇结构中，当粒子的尺寸小于 10 nm时，电子的能级发生分裂，具有类似于单个原子的性质，纳米粒子可以看成是人造原子。因此，自组装的有序纳米半导体和金属纳米粒子在光、电、磁及催化等领域具有很大的潜在应用价值。虽然选择不同的参数可以实现纳米晶的二维有序自组装，然而自组装的过程基本上是随机的。因此，对于实际应用而言，怎样实现在衬底确定位置或表面的自组装以获得所需的结构是一个关键的技术问题。

　　自组装技术的另一重要应用领域是合成有序多孔材料。合成过程中加入溶液的模板剂分子具有亲水头和疏水的长尾。当它们与前驱体材料混合后，疏水或亲油的尾部聚集在中间，亲水头在外边组成胶束，再形成一维胶杆或二维层状结构或各种形状的三维立体结构。这些含有有序胶束结构的溶液脱水后变为凝胶，再经过干燥、培烧，如果骨架不塌陷，就成为有序的介孔材料。

　　模板合成已发展成为合成纳米材料和结构的通用前沿技术。模板合成首先需要制备模板，模板根据其结构的不同可分为软模板和硬模板两大类。表面活性剂和嵌段共聚物的液晶体系、胶体颗粒和乳液液滴等均属于软模板体系。硬模板则通常指多孔的薄膜或厚膜。微孔费石分子筛、介孔分子筛、多孔的 Si 和高分子膜、具有有序孔洞陈列的 Al_2O_3 膜以及金属膜等皆属于硬模板。Al_2O_3 及高分子硬模板主要采用化学腐蚀方法来制备。低温下在草酸或硫酸溶液中，退火的高纯 Al膜经阳极腐蚀可获得有序的六角柱孔洞，孔洞垂直于膜面的模板。通过控制溶液的浓度、腐蚀速率等参数，可使孔洞的直径在几纳米至上百纳米之间变化。在Al_2O_3 模板孔隙内注入有机玻璃（PMMA）制成负型模板，再经无电金属沉积后，可制备出孔径大小和分布与原 Al_2O_3 模板一致的金属模板。将高分子薄膜经核裂变轰击后，再用化学法将击痕腐蚀，可制备出高分子模板。这种模板上的孔洞呈圆形，许多孔洞与膜面斜交，孔洞呈无序分布。化学腐蚀制备模板的主要缺点是孔径的大小和分布的随机性较大、重复制造性较差。

11.3　纳米材料的特异性能

1. 纳米材料的力学性能

　　自从 1984 年 Gleiter 在实验室人工合成出 Pd、Cu 等纳米晶块体材料以来，人们对纳米材料的力学性能产生了极大的兴趣。1996 至 1998 年，美国一个八人小组考察了全世界纳米材料的研究现状和发展趋势后，Coch 对前期关于纳米材料的力学性能的研究总结出以下四条与常规晶粒材料不同的结果。

(1)纳米材料的弹性模量较常规晶粒材料的弹性模量降低了 30％～50％。

(2)纳米纯金属的硬度或强度是大晶粒金属硬度或强度的 2～7 倍。

(3)纳米材料可具有负的 Hall-Petch 关系,即随着晶粒尺寸的减小材料的强度降低。

(4)在较低的温度下,如室温附近脆性的陶瓷或金属间化合物在具有纳米晶时,由于扩散相变机制而具有塑性,或者是超塑性。

20 世纪 90 年代后期的研究工作表明,纳米材料的弹性模量降低了 30％～50％的结论是不能成立的。不能成立的理由是前期制备的样品具有高的孔隙度和低的密度及制样过程中所产生的缺陷,从而造成的弹性模量的不正常的降低。弹性模量 E 是原子之间的结合力在宏观上的反映,取决于原子的种类及其结构,对组织的变化不敏感。由于纳米材料中存在大量的晶界,而晶界的原子结构和排列不同于晶粒内部,且原子间间距较大,因此,纳米晶的弹性模量要受晶粒大小的影响。晶粒越细,所受的影响越大,E 的下降越大。

普通多晶材料的屈服强度随晶粒尺寸 d 的变化通常服从 Hall-Petch 关系,即 $\sigma_y = \sigma_0 + kd^{-1/2}$,其中 σ_0 为位错运动的摩擦阻力,k 为一正的常数。显然,按此推理当材料的晶粒由微米级降为纳米级时,材料的强度应大大提高。然而,多数测量结果表明纳米材料的强度在晶粒很小时远低于 Hall-Petch 公式的计算值,甚至有些材料的硬度降低($k < 0$),例如 Ni-P 等合金;还有些是硬度先升高后降低,k 值由正变负,如 Ni、Fe-Si-B 和 TiAl 等合金;也有些纳米材料显示 $k = 0$。人们对纳米材料表现出的异常的 Hall-Petch 关系进行了大量的研究,总结出除了晶粒大小外,影响纳米材料的强度的客观因素还有以下几点。

(1)试样的制备和处理方法不同。这必将影响试样的原子结构特别是界面原子结构和自由能,从而导致试验结果的不同。特别是前期研究中试样孔隙度较大,密度低,试样中的缺陷多,造成了一些试验结果的不确定性和无可比性。

(2)实验和测量方法所造成的误差。前期研究多用在小块体试样上测量出的显微硬度值 H_v 来代替大块体试样的 σ_y,很少有真正的拉伸试验结果。这种替代本身就具有很大的不确定性,而且 H_v 的测量误差较大。同时,对晶粒尺寸的测量和评价中的变数较大而引起较大的误差。

除了上述客观影响因素外,有人从变形机制上来解释反常的 Hall-Petch 关系。例如,在纳米晶界存在大量的旋错,晶粒越细,旋错越多。旋错的运动会导致晶界的软化甚至使晶粒发生滑动或旋转,使纳米晶材料的整体延展性增加,因而使 k 值变为负值。

然而,产生反常 Hall-Petch 关系的机制或本质是当纳米晶粒小于位错产生稳定堆积或位错稳定的临界尺寸时,建立在位错理论上的变形机制不能成立。Hall-Petch 公式是建立在位错理论基础上的,在位错堆积不稳定或位错不稳定的条件下,Hall-Petch 公式本身就不能成立。从这里也可看出,人们对纳米材料的强度、变形等现象还缺乏很好的了解,还需进行深入的实验和理论研究。

　　纳米材料的硬度和强度大于同成分的粗晶材料的硬度和强度已成为共识。纳米 Pd、Cu 等块体试样的硬度试验表明,纳米材料的硬度一般为同成分的粗晶材料硬度的 2～7 倍。纳米 Pd、Cu、Au 等的拉伸试验表明,其屈服强度和断裂强度均高于同成分的粗晶金属。含碳为 1.8% 的纳米 Fe 的断裂强度为 6000 MPa,远高于微米晶的 500 MPa。用超细粉末冷轧合成制备的 25～50 nm Cu 的屈服强度高达 350 MPa,而冷轧态的粗晶 Cu 的强度为 260 MPa,退火态的粗晶 Cu 仅为 70 MPa。然而上述结果大多是用微型样品测得的。众所周知,微型样品测得的数据往往高于常规宏观样品测得的数据,且两者之间还存在可比性问题。目前,有关纳米材料强度的实验数据非常有限,缺乏拉伸特别是大试样拉伸的实验数据,更为重要的是缺乏关于纳米材料强化机制的研究。究竟是什么机制使纳米材料的屈服强度远高于微米晶材料的屈服强度,目前还缺乏合理的解释。因此,有关纳米材料的强化机理应是一个重要的研究课题。

　　在拉伸和压缩两种不同的应力状态下,纳米金属的塑性和韧性显示出不同的特点。在拉应力作用下,与同成分的粗晶金属相比,纳米晶金属的塑、韧性大幅下降,即使是粗晶时显示良好塑性的 fcc 金属,在纳米晶条件下拉伸时塑性也很低,常呈现脆性断口。

　　粗晶金属的塑性随着晶粒的减小而增大是由于晶粒的细化使晶界增多,而晶界的增多能有效地阻止裂纹的扩展。而纳米晶的晶界似乎不能阻止裂纹的扩展。导致纳米晶金属在拉应力下塑性很低的主要原因有以下几点。

　　(1)纳米晶金属的屈服强度的大幅度提高使拉伸时的断裂应力小于屈服应力,因而在拉伸过程中试样来不及充分变形就产生断裂。

　　(2)纳米晶金属的密度低,内部含有较多的孔隙等缺陷,而纳米晶金属由于屈服强度高,因而在拉应力状态下对这些内部缺陷以及金属的表面状态特别敏感。

　　(3)纳米晶金属中的杂质元素含量较高,从而损伤了纳米金属的塑性。

　　(4)纳米晶金属在拉伸时缺乏可动的位错,不能释放裂纹尖端的应力。

　　在压应力状态下纳米晶金属能表现出很高的塑性和韧性。例如:纳米 Cu 在压应力下的屈服强度比拉应力下的屈服强度高 2 倍,但仍显示出很好的塑性。纳米 Pd、Fe 试样的压缩实验也表明,其屈服强度高达 GPa 水平,断裂应变可达 20%,这说明纳米晶金属具有良好的压缩塑性。其原因可能是在压应力作用下金属内部的缺陷得到修复,密度提高,或纳米晶金属在压应力状态下对内部的缺陷或表面状态不敏感。总之,在位错机制不起作用的情况下,在纳米晶金属的变形过程中,少有甚至没有位错行为。此时晶界的行为可能起主要作用,这包括晶界的滑动、与旋错有关的转动,同时可能伴随有由短程扩散引起的自愈合现象。此外,机械孪生也可能在纳米材料变形过程中起到很大的作用。因此,要弄清纳米材料的变形和断裂机制,人们还需要做大量的探索和研究。

2. 纳米材料的热学性能

纳米材料是晶粒尺寸在纳米数量级的多晶体材料,具有很高比例的内界面。由于界面原子的振动焓、熵和组态焓、熵值明显不同于点阵原子,使纳米材料表现出一系列与普通多晶体材料明显不同的热学特性,如比热值升高、热膨胀系数增大、熔点降低等。

随粒子尺寸的减小,熔点降低。当金属粒子尺寸小于 10 nm 后熔点急剧下降,其中 3 nm 左右的金微粒子的熔点只有其块体材料熔点的一半。用高倍率电子显微镜观察尺寸 2 nm 的纳米金粒子结构可以发现,纳米金颗粒形态可以在单晶、多晶与孪晶间连续转变。这种行为与传统材料在固定熔点熔化的行为完全不同。伴随着纳米材料的熔点降低,单位质量粒子熔化时的潜热吸收(熔变)也随尺寸的减小而减少。人们在具有自由表面的共价半导体的纳米晶体、惰性气体和分子晶体也发现了熔化的尺寸效应现象。

近几年来人们尝试适当约束粒子的自由表面,以实现晶体的过热并使熔点升高。人们最先发现用 Au 包覆的 Ag 单晶粒子,可以过热 24 K,并维持 1 分钟。对于用熔体急冷法获得均匀分布于 Al 基体中的纳米 In 粒子,原位电镜观察和热分析均发现部分 In 粒子可以过热,过热的 In 粒子与 Al 基体形成了外延取向关系,且过热度与粒子尺寸成反比。采用相同方法,人们发现了 Pb 和 In 在 Al 基体中的过热。采用离子注入方法形成的 Pb 纳米粒子镶嵌于 Al 单晶中的结构,同样实现了 Pb 的过热,类似地实现了 In、Tl 注入 Al 中的过热。在 Al 基体中能被过热的纳米粒子与 Al 均形成二元不互溶体系,液相区存在互溶度间隙,固态明显相分离。被束缚的纳米粒子与 Al 基体形成 Cube-Cube 取向关系,界面为半共格界面。即使基体材料为非密排结构的 In(斜方),被 fcc-Al 基体束缚则显示出 fcc 密排结构特征。

用熔体急冷和球磨的方法分别制备的 In/Al 镶嵌粒子/基体的样品,结构表征显示急冷样品存在半共格界面,而球磨样品只有随机取向的界面。界面结构不同的两种样品中粒子的熔化行为完全不同,急冷样品观察到粒子过热,球磨样品粒子熔点降低。随粒子尺寸的变化,过热熔化温度和熔点降低表现出相反的变化趋势。

3. 纳米材料的磁学性能

在磁学性能中,矫顽力的大小受晶粒尺寸变化的影响最为强烈。对于大致球形的晶粒,矫顽力随晶粒尺寸的减小而增加,达到一最大值后,随着晶粒的进一步减小,矫顽力反而下降。由于热运动能 $k_B T$ 大于磁化反转需要克服的势垒,微粒的磁化方向做"磁布朗运动",热激发导致超顺磁性。

超顺磁性是当微粒体积足够小时,热运动能对微粒自发磁化方向的影响引起的磁性。处于超顺磁状态的材料具有两个特点:(1)无磁滞回线,2)矫顽力等于零。材料的尺寸是该材料是否处于超顺磁状态的决定因素,同时,超顺磁性还与时间和温度有关。

对于一单轴的单畴粒子集合体,各粒子的易磁化方向平行,磁场沿易磁化方向将其磁化。当磁场取消后,剩磁 $M_r(0) = M_s, M_s$ 为饱和磁化强度。磁化反转受到难磁化方向的势垒 $\Delta E = KV$ 的阻碍,只有当外加磁场足以克服势垒时才能实现反磁化。如果微粒尺寸足够小,可出现热运动能使 M_s 穿越势垒 ΔE 的几率。若经过足够长的时间 t 后剩磁 M_r 趋于零,其衰减过程为

$$M_r(t) = M_r(0)\exp(-t/\tau) \tag{11-1}$$

式中: τ 为弛豫时间,即

$$\tau = \tau_0 \exp(KV/k_B T) = f_0^{-1}\exp(KV/k_B T) \tag{11-2}$$

式中: f_0 为频率因子,其值约为 10^9s^{-1}。根据弛豫时间 τ 与所设定的退磁时间 t_m (实验观察时间)的相对大小不同,对超顺磁性可有不同的实验结论。

(1)当 $\tau \leqslant t_m$ 时,在实验观察时间内超顺磁性有充分的表现。设 $t_m \approx 100 \text{ s}$,将 $\tau = t_m = 100 \text{ s}$ 代入式(11-2),可计算出具有超顺磁性的临界体积 V_c

$$V_c = \frac{25 k_B T}{K} \tag{11-3}$$

当粒子的体积 $V < V_c$ 时,粒子处于超顺磁状态 V。对于给定的体积 V,上式可确定超顺磁性的冻结温度 T_B(blocking temperature)。当 $T < T_B$ 时, $\tau > t_m$,超顺磁性不明显。当温度确定时,则可利用上式计算出超顺磁性的临界尺寸。

(2)当 $\tau \gg t_m$ 时,在实验中观察不到热起伏效应,微粒为通常的稳定单畴。

超顺磁性限制对于磁存贮材料是至关重要的。如果 1bit 的信息要在一球形粒子中存贮 10 年,则要求微粒的体积 $V > 40 k_B T/K$。对于典型的薄膜记录介质,其有效各向异性常数 $K_{eff} = 2 \times 10^6 \text{ erg/cm}^3$。在室温下,微粒的体积应大于 828 nm^3,对于立方晶粒,其边长应大于 9 nm。此外,超顺磁性是制备磁性液体的条件。

4. 纳米材料的电学性能

由于纳米晶材料中含有大量的晶界,且晶界的体积分数随晶粒尺寸的减小而大幅度上升,因此,纳米材料的电导具有尺寸效应。由此纳米材料的电导将显示出许多不同于普通粗晶材料电导的性能。例如纳米晶金属块体材料的电导随着晶粒度的减小而减小,电阻的温度系数亦随着晶粒的减小而减小,甚至出现负的电阻温

度系数。金属纳米丝的电导被量子化，并随着纳米丝直径的减小出现电导台阶、非线性 I-V 的曲线及电导振荡等粗晶材料所不具有的电导特性。

纳米金属块体材料的电导随着晶粒尺寸的减小而减小而且具有负的电阻温度系数，已被实验所证实。Gleiter 等人对纳米 Pd 块体的比电阻的测量结果表明，纳米 Pd 块体的比电阻均高于普通晶粒 Pd 的比电阻，且晶粒越细，比电阻越高。随着晶粒尺寸的减小，电阻温度系数显著下降，当晶粒尺寸小于某一临界值时，电阻温度系数就可能变为负值。我国的研究者研究了纳米晶 Ag 块体的组成粒度和晶粒度对电阻温度系数的影响。当 Ag 块体的组成粒度小于 18 nm 时，在 $50 \sim 250$ K 的温度范围内电阻温度系数就由正值变为负值，即电阻随温度的升高而降低。将一个电子注入一个纳米粒子或纳米线等称之为库仑岛的小体系时，该库仑岛的静电能将发生变化，变化量与一个电子的库仑能大体相当，即 $E_c = e^2/(2C)$，其中 e 为电子的电量，C 为库仑岛的电容。当 C 足够小时，只要注入一个电子，它给库仑岛附加的充电能 $E_c > k_B T$，从而阻止第二个电子进入该岛，这就是库仑阻塞效应，E_c 称作库仑阻塞能。库仑阻塞效应造成了电子的单个传输。库仑阻塞效应使电流和电压不再呈现线性关系，而在 I-V 曲线上出现锯齿形的台阶，被称为库仑平台。库仑阻塞效应是单电子晶体管的基础。

5. 纳米材料的光学性能

纳米材料的量子效应、大的比表面效应、界面原子排列和键组态的较大无规则等特性对纳米微粒的光学特性有很大影响，使纳米材料与同质的体材料有很大不同。

（1）蓝移及红移　当半导体粒子尺寸与其激子玻尔半径相近时，随着粒子尺寸的减小，半导体粒子的有效带隙增加，其相应的吸收光谱和荧光光谱发生蓝移，从而在能带中形成一系列分立的能级。与体材料相比，纳米微粒的吸收带普遍存在向短波方向移动，即蓝移现象。纳米微粒吸收带的蓝移可以用量子限域效应和大的比表面来解释。由于纳米颗粒尺寸下降，能隙变宽，这就导致光吸收带移向短波方向。已被电子占据能级与未被占据的宽度（能隙）随颗粒直径减小而增大，所以量子限域效应是产生纳米材料谱线"蓝移"和红外吸收谱宽化现象的根本原因。由于纳米微粒颗粒小，大的表面张力使晶格畸变，晶格常数变小。如对纳米氧化物和氮化物小粒子研究表明，第一近邻和第二近邻的距离变短。键长的缩短导致纳米微粒的键本征振动频率增大，结果使红外光吸收带移向了高波数，界面效应引起纳米材料的谱线蓝移。

在有些情况下，粒径减小至纳米级时，可以观察到光吸收带相对粗晶材料呈现"红移"的现象，即吸收带移向长波方向。从谱线的能级跃迁而言，谱线的红移是能隙减小，带隙、能级间距变窄，从而导致电子由低能级向高能级及半导体电子由价带到导带跃迁引起的光吸收带和吸收边发生红移。

纳米材料的每个光吸收带的峰位由蓝移和红移因素共同作用而确定,当蓝移因素大于红移因素时会导致光吸收带蓝移,反之红移。例如,在 200～1400 nm 波长的范围,单晶 NiO 呈现 8 个光吸收带,它们的峰位蓝移分别为 3.52、3.25、2.95、2.75、2.15、1.95 和 1.13eV,纳米 NiO(粒径在 54～84 nm 范围)不呈现 3.52eV 的吸收带,其它 7 个带的峰位分别为 3.30、2.93、2.78、2.25、1.92、1.72 和 1.07eV,前 4 个光吸收带相对单晶的吸收带发生蓝移,后 3 个光吸收带发生红移。

(2)吸收带的宽化　纳米结构材料在制备过程中要求颗粒均匀、粒径分布窄,但很难做到完全一致,其大小有一个分布,使得各个颗粒表面张力有差别,晶格畸变程度不同,引起纳米结构材料键长有一个分布,这就导致了红外吸收带的宽化。

纳米结构材料比表面占有相当大的权重,界面中存在空洞等缺陷,原子配位数不足,失配键较多,这就使界面内的键长与颗粒内的键长有差别。就界面本身来说,庞大比例的界面结构并不是完全一样,它们在能量、缺陷的密度、原子的排列等方面很可能有差异,这也导致界面中的键长有一个很宽的分布,以上这些因素都可能引起纳米结构材料红外吸收带的宽化。当然,分析纳米结构材料红外吸收带的蓝移和宽化现象要综合考虑。

(3)强吸收　大块金属具有不同颜色的光泽,表明它们对可见光范围各种波长光的反射和吸收能力不同。当金(Au)粒子尺寸小于光波波长时,会失去原有的光泽而呈现黑色。实际上,所有的金属超微粒子均为黑色,尺寸越小,色彩越黑。银白色的铂(白金)变为铂黑,铬变为铬黑等,这表明金属超微粒对光的反射率很低,一般低于 1%。大约几 nm 厚度的微粒即可消光,金纳米粒子的反射率小于 10%。对可见光低反射率、强吸收率导致粒子变黑。

(4)纳米微粒的发光　从紫外到可见光范围内材料的发光一直是人们感兴趣的热点课题。所谓的光致发光是指在一定波长光照射下被激发到高能级激发态的电子重新跃入低能级被空穴捕获而发光的微观过程。从物理机制来分析,电子跃迁可分为两类:非辐射跃迁和辐射跃迁。当能级间距很小时,电子跃迁可通过非辐射性级联过程发射声子,在这种情况下不发光,只有当能级间距较大时,才有可能发射光子,实现辐射跃迁,产生发光现象。

超晶格是指由交替生长的两种半导体材料薄层组成的一维周期性结构,其薄层厚度的周期小于电子的平均自由程的人造材料。超晶格概念的提出及实现标志着人工低维、纳米结构研究与应用的开端与迅速兴起。超晶格材料的发光波长比相应体材料的发光波长蓝移,为量子尺寸限域效应提供了有力证据。

在纳米材料的发展中,人们发现有些原来不发光的材料,当使其粒子小到纳米尺寸后,可以观察到从近紫外光到近红外光范围内的某处发光现象,尽管发光强度不算高,但纳米材料的发光效应却为设计新的发光体系和发展新型发光材料提供了一条新的道路。例如,硅是具有良好半导体特性的材料,是微电子的核心材料之一,可硅材料不是好的发光材料。当硅纳米微粒的尺寸小到一定值时可在一定波长的光激发下发光。1990 年,日本发现粒径小于 6 nm 的硅在室温下可以发射可见光,随粒径减小,发射带强度增强并移向短波方向。当粒径大于 6 nm 时,这种光发射现象消失。硅纳米微粒的发光是载流子的量子限域效应引起的。大块硅不发光是它的结构存在平移对称性,由平移对称性产生的选择定则使得大尺寸硅不可能发光,当硅粒径小到某一程度时(6 nm),平移对称性消失,因此出现发光现象。类似的现象在许多纳米微粒中被观察到,使纳米微粒的光学性质成为纳米科学研究的热点之一。

习题 11

1. 简述纳米材料的特征。
2. 简述纳米材料的制备方法
3. 简述纳米材料的性能奇异特性。

主要参考文献

1. 刘智恩. 材料科学基础[M]. 西安:西北工业大学出版社,2003.
2. 邢建东. 工程材料基础[M]. 北京:机械工业出版社,2004.
3. 石德珂. 材料科学基础[M]. 北京:机械工业出版社,2003.
4. 冯端,师昌绪,刘治国. 材料科学导论[M]. 北京:化学工业出版社,2002.
5. P. 哈森. 材料的相变[M]. 北京:科学出版社,1998.
6. 崔忠析. 金属学与热处理[M]. 北京:机械工业出版社,1988.
7. 丁秉钧. 纳米材料[M]. 北京:机械工业出版社,2004.